纺织高职高专"十一五"部委级规划教材

针织服装设计与生产实训教程

彭立云 董 薇 等编著

中国纺织出版社

内 容 提 要

　　本书是纺织高职高专"十一五"部委级规划教材中的一种,全书共分四章,分别介绍针织服装基础知识、针织服装缝制基础实训、针织服装样板设计与生产工艺实训、针织服装设计综合实训。书中配以大量来自生产一线的实例,有很强的针对性和可操作性,每个实例后都附有作业与指导,使读者在掌握本书案例的基础上能够开拓思路,达到融会贯通的目的。

　　本书既可作为纺织服装高职高专院校针织专业、服装专业教材,也可作为中职院校相关专业的培训教材,同时可供针织、服装企业的技术人员阅读参考。

图书在版编目(CIP)数据

针织服装设计与生产实训教程/彭立云等编著.—北京:中国纺织出版社,2008.6(2023.1 重印)

纺织高职高专"十一五"部委级规划教材

ISBN 978-7-5064-5146-8

Ⅰ.针…　Ⅱ.彭…　Ⅲ.①针织物:服装—设计—高等学校:技术学校—教材②针织物:服装—生产工艺—高等学校:技术学校—教材　Ⅳ.TS186

中国版本图书馆 CIP 数据核字(2008)第 067132 号

策划编辑:孔会云　　责任编辑:魏　萌　　责任校对:余静雯
责任设计:李　然　　责任印制:何　艳

中国纺织出版社出版发行

地址:北京市朝阳区百子湾东里 A407 号楼　邮政编码:100124

邮购电话:010—67004422　传真:010—87155801

http://www.c-textilep.com

中国纺织出版社天猫旗舰店

官方微博 http://weibo.com/2119887771

北京虎彩文化传播有限公司印刷　各地新华书店经销

2008 年 6 月第 1 版　2023 年 1 月第 8 次印刷

开本:787*1092　1/16　印张:16.75

字数:259 千字　定价:35.00 元

凡购本书,如有缺页、倒页、脱页,由本社图书营销中心调换

2005年10月,国发［2005］35号文件"国务院关于大力发展职业教育的决定"中明确提出"落实科学发展观,把发展职业教育作为经济社会发展的重要基础和教育工作战略重点"。高等职业教育作为职业教育体系的重要组成部分,近些年发展迅速。编写出适合我国高等职业教育特点的教材,成为出版人和院校共同努力的目标。早在2004年,教育部下发教高［2004］1号文件"教育部关于以就业为导向　深化高等职业教育改革的若干意见",明确了促进高等职业教育改革的深入开展,要坚持科学定位,以就业为导向,紧密结合地方经济和社会发展需求,以培养高技能人才为目标,大力推行"双证书"制度,积极开展订单式培养,建立产学研结合的长效机制。在教材建设上,提出学校要加强学生职业能力教育。教材内容要紧密结合生产实际,并注意及时跟踪先进技术的发展。调整教学内容和课程体系,把职业资格证书课程纳入教学计划之中,将证书课程考试大纲与专业教学大纲相衔接,强化学生技能训练,增强毕业生就业竞争能力。

2005年底,教育部组织制订了普通高等教育"十一五"国家级教材规划,并于2006年8月10日正式下发了教材规划,确定了9716种"十一五"国家级教材规划选题,我社共有103种教材被纳入国家级教材规划。在此基础上,中国纺织服装教育学会与我社共同组织各院校制订出"十一五"部委级教材规划。为在"十一五"期间切实做好国家级及部委级高职高专教材的出版工作,我社主动进行了教材创新型模式的深入策划,力求使教材出版与教学改革和课程建设发展相适应,充分体现职业技能培养的特点,在教材编写上重视实践和实训环节内容,使教材内容具有以下三个特点:

(1)围绕一个核心——育人目标。根据教育规律和课程设置特点,从培养学生学习兴趣和提高职业技能入手,教材内容围绕生产实际和教学需要展开,形式上力求突出重点,强调实践,附有课程设置指导,并于章首介绍本章知识点、重点、难点及专业技能,章后附形式多样的思考题等,提高教材的可读性,增加学生学习兴趣和自学能力。

(2)突出一个环节——实践环节。教材出版突出高职教育和应用性学科的特点,注重理论与生产实践的结合,有针对性地设置教材内容,增加实践、实验内容,并通过多媒体等直观形式反映生产实际的最新进展。

(3)实现一个立体——多媒体教材资源包。充分利用现代教育技术手段,将授课知识点、实践内容等制作成教学课件,以直观的形式、丰富的表达充分展现教学内容。

教材出版是教育发展中的重要组成部分,为出版高质量的教材,出版社严格甄选作者,组织专家评审,并对出版全过程进行过程跟踪,及时了解教材编写进度、编写质量,力求做到作者权威,编辑专业,审读严格,精品出版。我们愿与院校一起,共同探讨、完善教材出版,不断推出精品教材,以适应我国高等教育的发展要求。

中国纺织出版社

教材出版中心

为适应我国高等职业教育教学改革的需要,按照"以能力为本位,以职业实践为主线,以项目课程为主体的模块化专业课程体系"的总体设计要求,本教材在编写过程中打破了专业知识纵向完整的体系,将相关知识进行横向构建。按照项目课程的产品,从简单到复杂,从单一到综合,将完成各个工作任务(项目)的学习内容,分步进行编写。本书主要突出以下几个特点:

1. 该门课程以培养针织服装结构设计、样板制作与推板、排料、裁剪与缝制、生产工艺设计等能力为基本目标,彻底打破学科课程的设计思路,紧紧围绕工作任务完成的需求来选择和组织课程内容,突出工作任务与知识的联系,让学生在职业实践活动的基础上掌握知识,增强课程内容与职业岗位能力要求的相关性,提高学生的就业能力。

2. 学习项目选取的基本依据是该门课程涉及的工作领域和工作范围,同时遵循高等职业学校学生的认知规律,紧密结合职业资格证书中相关考核要求,确定本课程的工作任务模块和课程内容。充分体现任务引领、实践导向的课程思想,使工作任务具体化,产生具体的学习项目。

3. 每一个实训都是典型工作任务,将工作任务作为学习的载体或学习的中心,实现学习内容与企业实际运用的新知识、新技术、新工艺、新方法的同步,学习与就业的同步。

4. 大部分实训案例来自企业生产第一线,体现地区产业特点,具有很强的针对性和可操作性,每个案例后都附有作业与指导,使读者在掌握本书案例的基础上能够开拓思路,达到融会贯通的目的。

本书第一章,第二章的实训六~实训十一,第三章的实训十二、实训十七~实训二十四、实训二十六由南通纺织职业技术学院彭立云编写;第二章的实训一、实训二,第三章的实训十三、实训十四由南通纺织职业技术学院王军编写;第二章的实训三~实训五由南通纺织职业技术学院吉利梅编写;第三章的实训十五、实训十六、实训二十五、实训二十七~实训二十九由浙江纺织服装职业技术学院董薇编写;第四章由南通纺织职业技术学院陈伟伟编写,全书由彭立云统稿。

本教材在编写过程中参考了多种书籍和资料,在此向有关作者和单位表示感谢。

　　由于编者水平有限,书中难免存在不足和疏漏,恳请各位读者批评指正。

编　者

2008年3月

课程设置指导

课程设置意义 本课程为针织技术与针织服装专业的一门专业必修核心课程。本课程旨在培养学生针织服装设计、样板制作、排料与裁剪、缝制工艺设计等方面的能力。本课程以《针织工艺学》和《服装材料应用》的学习为基础,同时与《服装生产管理》、《服装CAD》以及《顶岗实习》与《毕业设计》等课程相衔接,共同打造学生的专业核心技能。

- -

课程教学建议 本课程教学建议采取项目教学法,以工作任务为出发点来激发学生的学习兴趣,教学中要注重创设教育情境,采取理论实践一体化教学模式,要充分利用挂图、投影、多媒体等教学手段。

教学评价采取阶段评价和目标评价相结合,理论考核与实践考核相结合,学生作品的评价与知识点考核相结合。

该课程作为针织技术与针织服装专业的主干课程,建议110~120学时,其中实践教学55~60学时;作为服装设计专业与服装工程专业的主干课程,建议40~50学时,主要学习针织面料特殊的服用性能和裁缝性能、针织服装款式设计、结构设计和生产工艺设计与机织服装的不同特点,掌握代表性针织服装样板设计制作方法和缝制工艺设计方法。

- -

课程教学目的 通过本课程的学习,使学生具备本专业高级技术应用性人才所必需的针织服装设计与生产基本理论和针织服装的打板及缝制基本方法。同时培养学生爱岗敬业、团结协作的职业精神。具体应重点掌握如下知识和能力:

1. 掌握针织面料的服用性能与选用、针织面料的缝制特性。

2. 掌握针织服装款式和结构设计的特点。

3. 能独立进行针织服装规格设计。

4. 能独立进行代表性针织服装的款式设计和样板设计制作。

5. 掌握针织成衣制作中用料计算、排料与裁剪、缝制工艺设计与设备运用,具有常用针织缝纫设备的使用与调试能力,能较熟练地动手缝制针织服装。

6. 掌握针织服装生产管理基本知识。

Contents
目 录

第一章　基础知识

· 本章知识点 ·

1. 针织服装的种类及生产工艺流程。
2. 针织面料的缝制特性。
3. 针织服装结构设计的方法与步骤。
4. 服装制图工具、符号、线条、代号及其说明,服装制图中衣片各主要部位名称。
5. 针织服装工业制板的准备、样板标位方法、文字标注的内容及要求。
6. 样板规格放缩(推板)的方法,针织服装的排料及用料计算。

第一节　针织服装基础知识

用针织面料或针织的方法制成的服装统称为针织服装。随着人们生活水平的不断提高,纺织纤维、针织服装面料的不断创新以及针织技术、成衣加工技术的不断发展,针织服装以其款式多变、穿着舒适、价格适宜而备受广大消费者的喜爱,针织服装已成为人们日常生活中不可缺少的一部分。同时市场需求的多元化和个性化,使针织服装的品种和款式越来越丰富。

一、针织服装的分类

针织服装按照服用用途分为针织内衣、针织外衣、羊毛衫和针织配件四大类,见图 1 - 1。

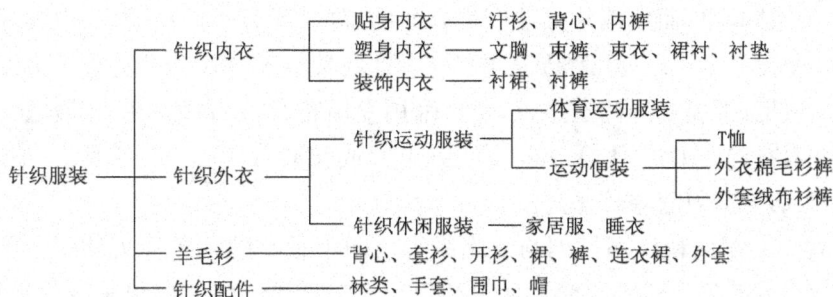

图 1 - 1　针织服装的分类

二、针织服装生产工艺流程

针织服装生产工艺流程是指根据工艺要求将染整加工后的针织坯布(即光坯布)裁剪成衣片并缝制加工成针织服装的生产过程。针织服装生产一般可分为三大主要工段:裁剪、缝制和整烫包装。针织服装的生产工艺流程为:

光坯布准备→坯布检验→配料复核及对色检验→排料与裁剪→缝制加工→半成品检验→整烫→成品检验及等级分类→折叠包装→入库。

三、针织面料的缝制特性

缝制,就是将平面的衣片缝合,使之成为适合穿着的立体服装。缝制特性主要指面料衣片在缝合加工中的变形和缝制难度等,考虑缝制特性和面料性能的关系,有助于成衣工艺的合理制订,完善服装的服用性能。

在针织成衣中,应特别注意针织面料本身所具有的一些特殊性质,如脱散性、延伸性、卷边性、抗剪性、纬斜性和工艺回缩性、悬垂性等,采取一定的措施以提高针织成衣的缝制质量。

1. 脱散性。针织面料在裁剪后,切断处织线因失去穿套连接会按一定方向脱散,尤其是纬编面料较容易脱散,基本组织比变化组织或花色组织易脱散。由于脱散性的存在,在设计和缝制时要对面料边缘采用防止脱散的线迹结构,如包缝或绷缝线迹,或采用滚边、卷边、缲罗纹边等措施防止布边脱散。同时,应注意缝针的粗细,不能刺断纱线形成针洞而引起线圈脱散。因此,针织坯布在后处理时常常进行柔软处理。

2. 延伸性。针织面料具有较大的延伸性。延伸性好的面料,在裁剪、缝制和整烫过程中均应加以注意,防止产品因拉伸而使规格尺寸发生变化。缝制时,要选用与缝料拉伸性能相适应的弹性缝线及线迹结构,选择适宜的设备增加缝口强度等,以防止服装产生缝线断裂或面料被抽紧的现象。

3. 卷边性。卷边性一般发生在单面针织面料的边缘,裁剪后衣片边缘包卷会影响缝纫操作,应予以注意。国外有采用一种喷雾式黏合剂喷洒于开裁后的面料边缘上,可有效克服卷边现象,从而提高缝制质量。

4. 抗剪性。表面光滑的化纤长丝或真丝针织面料、天鹅绒织物等,在电刀开裁时容易发生坯布上、下层因滑移而使裁片尺寸产生差异的现象,或者因铺料过厚,电刀速度过快与面料摩擦发热使化纤发生熔融、黏结,影响裁剪,这两种情况统称为抗剪性。克服抗剪性的主要措施是面料上、下层之间铺上垫纸,也可采用专用布夹将面料夹住后开裁,或者降低铺料厚度。化纤面料选用 150~180r/min 的低速电刀或波形刀口的刀片裁剪。小批量的高级面料,采用手工切刀裁剪效果较好。

5. 纬斜性。针织面料线圈横列与线圈纵行之间不垂直的现象称为纬斜。单面针织面料和多路进纱形成的色织横条圆筒形坯布纬斜现象较严重。缝制前要采取整纬措施,圆筒形坯布剖幅后应进行拉幅整纬,或者采用树脂扩幅整理。色织面料为了消除纬斜,还常常采用沿纵行剖幅的方法。裁剪时应特别注意,样板上的纱向标记与面料的纱向需一致,以保证服装质量。

6. 工艺回缩性。针织面料在缝制过程中,长度与宽度方向会发生一定程度的回缩,其回缩量与原长度尺寸之比称为缝制工艺回缩率。它是针织面料的重要特性,回缩率的大小与坯布组织结构、织物密度、原料种类、染整加工方式等有关,一般纬平面料为 2% ~5% 左右,印花布、弹力罗纹、本色棉毛面料回缩较大。缝制工艺回缩率是样板设计时必须考虑的参数。

7. 悬垂性。某些组织结构的针织面料,具有较好的悬垂性,特别是真丝针织面料比棉、毛、化纤类针织面料具有更好的悬垂性。对这类针织面料在进行款式设计时,应考虑悬垂方向适当缩小尺寸,其样板尺寸设计、缝制工艺设计时也应考虑这一因素。

掌握上述缝制特性,就可以在缝制过程中进行适当控制,确保成品规格的准确和服装加工质量。

四、针织服装结构设计

针织服装结构设计可以采用平面构成法和立体构成法。本书主要介绍针织服装结构设计常用的规格演算法。规格演算法是平面构成法中的一种,平面构成法还有比例分配法、原型法和基样法等多种。

1. 规格演算法的概念。规格演算法是指根据服装款式的要求与适穿对象的体型来确定服装的规格尺寸,以规格尺寸、衣片形状及测量部位为主要依据,结合其他影响因素进行样板设计的方法。多年来,针织服装的样板设计一直采用这种方法。主要原因如下:

(1)针织面料柔软、易变形,需要用明确的规格尺寸来确定服装主要部位的尺寸。

(2)针织服装的主要特点是款式造型较简单,衣片形状大多数是由直线与斜线组成。因此,这类产品便于用规格尺寸进行控制。

(3)针织服装结构线的形状不像机织面料那么严格,稍有一点变化,可由面料的弹性来弥补,因此,经过多年的生产实践证明,采用规格演算法基本可以满足针织服装样板设计的要求。

2. 规格演算法的特点。采用规格演算法进行针织服装样板设计的主要特点如下:

(1)准确掌握各部位尺寸,能保证成品的规格。

(2)规格演算法的样板设计方法简单易学,容易掌握,特别适合一般工厂使用。

(3)规格演算法适应性广,适合所有的针织面料。

3. 规格演算法样板设计的方法与步骤。

(1)服装款式设计。

①画服装款式效果图。根据设计的意图和设计目的画出服装效果图,它是设计者对设计款式具体形象的表达,是款式设计部门与样板设计部门之间传递设计意图的技术文件。

②对服装效果图进行修改。依据针织内衣结构设计的特点,在不影响整体效果的基础上,对款式中不合理的结构进行修改。例如,对款式中很复杂的曲线用简单的曲线或直线代替。

③主料、辅料的选择。根据服装效果图分析服装应该具有的风格、特点,然后选择服装的面料、色彩和辅料等,使它们从各个方面都充分体现服装的风格,从而使所设计的服装更好地符合设计意图。

④画款式示意图。根据服装效果图,结合人体的体型特点绘出服装款式示意图。

(2)平面样板的分解与规格尺寸的确定。

①分解样板。根据样板设计的原则,仔细分析服装款式示意图,将其分解为若干块平面样板。

②确定测量部位与测量方法。用规格演算法进行样板设计时,必须与测量部位相结合,否则规格尺寸将失去意义。因为即使是同一个部位,如前领深,因为款式不同,其测量方法也不同;所得的规格尺寸就不同。因此,传统针织服装应按国家标准规定的测量部位和测量方法进行测量,对于国家标准中没有规定的部位,可参考行业标准或同类产品,由企业自行确定。

③确定主要部位的规格尺寸。在规格演算法中,规格尺寸的制订是非常重要的,它是设计样板的主要依据,同时也是产品出厂前检验的标准。规格尺寸的来源主要有国家标准、地方标准、企业标准、客供标准和实际测量。对于一些传统的产品,应首先从国家标准或地方标准中选取规格尺寸,如果国家标准和地方标准中没有的,可以通过实际测量或参考以往类似的款式结合经验确定。而对于来样加工的新型款式的产品,可以执行客户提供的标准。

④绘制系列产品各种规格尺寸表。工业化生产必须满足大多消费者对服装的需求,服装作为一种商品,每一个品种的规格必须齐全。为了设计和样板制作的方便,应将该产品各个规格系列不同部位的规格尺寸绘制成表格,表格中的部位代号应与款式示意图中所标明的测量部位代号相一致。

(3)样板的设计步骤。

①根据选用的坯布原料及组织结构等因素,选取工艺回缩率。

②根据面料的悬垂性、拉伸性等,确定样板某些部位尺寸的修正值。

③根据选用的缝迹类型及缝纫设备,确定缝纫损耗值。

④计算制图时所用尺寸。根据以上工艺设计所确定的规格尺寸、缝制工艺回缩率以及产品的款式要求等,计算出制图时所用尺寸。

⑤从所绘制的结构图中分解出各衣片的结构图,然后考虑缝迹类型、缝纫损耗、折边、滚边等因素,对各结构图加放缝份即为各衣片的毛板。

⑥画样裁剪,小批量试制。按设计的样板画样裁剪,缝制少量的服装,在缝制过程中要不断地进行抽查,发现问题要及时解决。

⑦修改复制。对试制的样衣,发现有不合理之处,应对样板进行修改,然后再重复进行试制,直到符合要求为止。

⑧排料套料。用修改后的合格样板进行排料和套料,并在此过程中对套弯部分进行修改,以达到省料的目的。

(4)缝制工艺的设计。缝制工艺的设计是根据面料的弹性、厚度、服装的款式要求与缝制的部位等,选择合适的线迹类型和线迹密度;根据面料的厚度,确定使用缝针的号型;根据服装面料和服装的档次,确定所用缝线的类型;根据线迹结构的要求、企业现有设备的情况及产品的质量要求,确定所用的设备型号;根据产品的类型、设计产品的工艺流程,排列出生产工艺流程图。

第二节　服装制图基础知识

一、制图工具

1. 铅笔。使用专用的绘图铅笔。绘图铅笔笔芯有软硬之分,标号 HB 为中等硬度,标号 B ~ 6B 的铅芯渐软,笔色粗黑。标号 H ~ 6H 的铅芯渐硬,笔色细淡。在服装结构制图中常用的有 H、HB、B 三种,根据结构图对线条的不同要求来选择使用。

2. 橡皮。一般选用绘图橡皮。

3. 尺。常用的有直尺、三角尺、软尺、袖窿尺、弯尺、多用曲线尺等。

(1)直尺。直尺的材料有钢、木、塑料、竹、有机玻璃等。材料不同,用途也不同。在面料上直接裁剪一般采用竹尺,而在纸上绘制服装结构制图时一般采用有机玻璃尺,因其平直度好,刻度清晰,不遮挡制图线条。有机玻璃直尺常用的规格有 20cm、30cm、60cm、100cm 等。

(2)三角尺。在服装结构制图中一般采用有机玻璃三角尺,且多用带量角器的成套三角尺,规格有 20cm、30cm、35cm 等,可根据需要选择(图 1 - 2)。

(3)软尺。软尺俗称皮尺,多为塑料质地,尺面涂有防缩树脂层,但长期使用会有不同程度的收缩现象,因此应经常检查、更换。软尺的规格多为 150cm,常用于测量人体或结构图中曲线的长度等,见图 1 - 3。

(4)袖窿尺。用有机玻璃制成,用于绘制袖窿、袖山弧线等特别方便。

(5)弯尺。划衣服和裙、裤的曲线部位,长度为 50 ~ 60cm,见图 1 - 4。

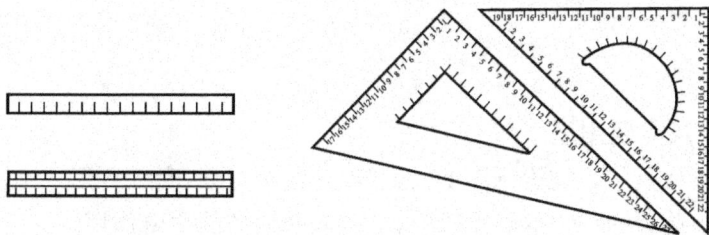

图 1 - 2　直尺、三角尺

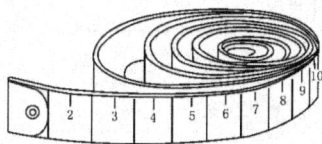

图 1 - 3　软尺

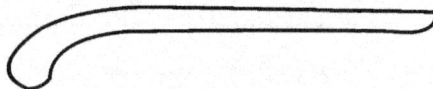

图 1 - 4　弯尺

（6）多用曲线尺。它是为服装制图设计的专用尺，适合绘制前后领口、袖窿、袖肥、翻领外口、圆摆等处的弧线，见图1-5。

图1-5　多用曲线尺

4. 剪刀。剪刀应选择缝纫专用剪刀，是剪纸样的必备工具。有24cm（9英寸）、28cm（11英寸）、30cm（12英寸）等几种规格，可根据需要选择使用，见图1-6。

5. 圆规。一般采用不锈钢制成。在服装结构制图中用于画圆、弧线及确定定长线的交点。

6. 墨线笔。墨线笔根据笔尖的粗细不同分为0.3～0.9cm等不同的型号，0.3cm的较细，用于绘制结构线与标注尺寸线，而0.6～0.9cm的多用于绘制轮廓线。

7. 描线器。描线器是通过齿轮滚动留下齿痕来拓印线迹进而复制纸样的，见图1-7。

图1-6　剪刀　　　　　　　　　　　　　图1-7　描线器

二、制图线条及主要用途

所谓制图线条就是服装结构制图的构成线，它具有粗细、断续等形式上的区别。一定形式的制图线条能正确表达一定的制图内容，这是制图线条的主要作用。

服装制图线的具体形式、名称及主要用途见表1-1。

表1-1　制图线条及主要用途

序　号	名　　称	形　　式	粗细（mm）	用　　　　途
1	粗实线	——————	0.9	（1）服装和零部件轮廓线 （2）部位轮廓线

序 号	名 称	形 式	粗细(mm)	用 途
2	细实线	——————	0.3	(1)图样结构的基本线 (2)尺寸线和尺寸界线 (3)引出线
3	虚 线	— — — — —	0.9	叠层轮廓影示线
4	点划线	— · — · —	0.9	对称连折的线,如领中线、背中线等
5	双点划线	··········	0.3	折转线,如驳口线、袖弯线等

三、制图符号及主要用途

制图符号是指具有特定含义的约定性记号,其具体形式、名称及其用途见表1-2。

表1-2 制图符号及主要用途

序 号	名 称	形 式	用 途
1	等分		表示该段距离等分
2	等长		表示两段长度相等
3	等量	○ △ □ ▭	表示两个以上部位等量
4	省缝		表示这个部位需缝去
5	裥位		表示这一部位有规则折叠
6	缩缝		表示面料缝合时收缩
7	直角		表示两线互为垂直
8	连接		表示两个部分在裁片中连在一起
9	归拢		表示该部位熨烫后收缩
10	拔伸		表示该部位经熨烫后伸展拔长
11	经向		两端箭头对准面料经向
12	倒顺		表示各衣片相同取向
13	对折		表示该部位面料对折裁剪

序　号	名　称	形　式	用　途
14	拉链	⊓⊔⊓⊔⊓⊔⊓⊔	表示该部位装拉链
15	花边	∽∽∽∽∽	表示该部位装花边
16	对格	╫	表示该部位对格纹裁制
17	对条	╪	表示该部位对条纹裁制
18	间距	↤↦ ↔ ↗↙ ↔	表示两点间的距离

四、部位代号及其说明

在结构制图中引进部位代号,主要是为了书写方便,同时,也为了制图画面的整洁。大部分的部位代号都是以相应的英文名词首位字母(或两个首位字母的组合)表示的,见表1-3。

表1-3 服装主要部位代号

中文名	英文名	字母代号	中文名	英文名	字母代号
胸围	Bust Girth	B	肩颈点	Side Neck Point	SNP
腰围	Waist Girth	W	肩端点	Shoulder Point	SP
臀围	Hip Girth	H	前颈窝点	Front Neck Point	FNP
腹围	Middle Hip	MH	后颈椎点	Back Neck Point	BNP
领围	Neck Girth	N	袖窿弧长	Arm Hole	AH
线、长度	Line	L	后腰节长	Back Waist Length	BWL
肘线	Elbow Line	EL	背宽	Back Bust Width	BBW
乳高点	Bust Point	BP	胸宽	Front Bust Width	FBW
膝线	Knee Line	KL	袖口宽	Cuff Width	CW

五、服装结构制图中衣片各部位名称

在服装结构制图过程中,为使制图的规格能够与测体所得的净体尺寸配合,主要的结构线都被赋予了与人体相应位置相似或相关的名称。下面分别介绍裙子、裤子、上装结构制图中各主要部位的名称。

1. 裙子、裤子结构图中各主要部位名称分别见图1-8和图1-9。

2. 上衣结构图中各主要部位名称见图1-10。

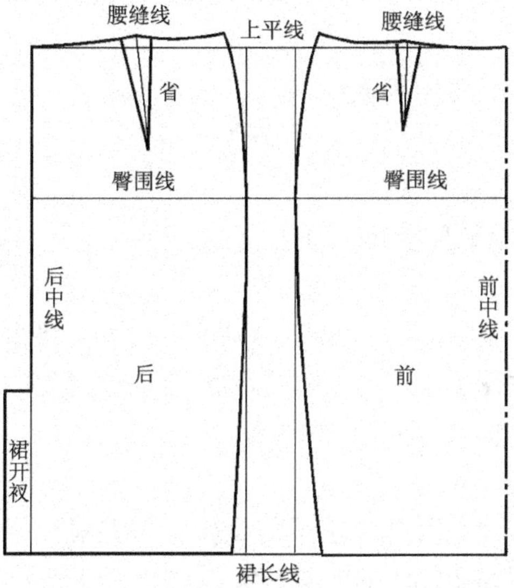

图 1-8 裙子结构图中各主要部位名称

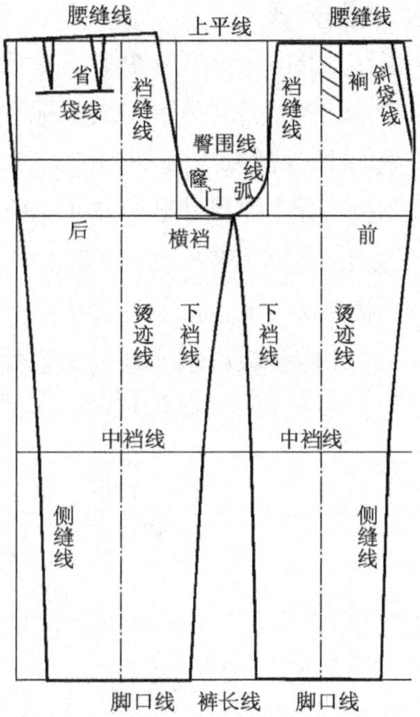

图 1-9 裤子结构图中各主要部位名称

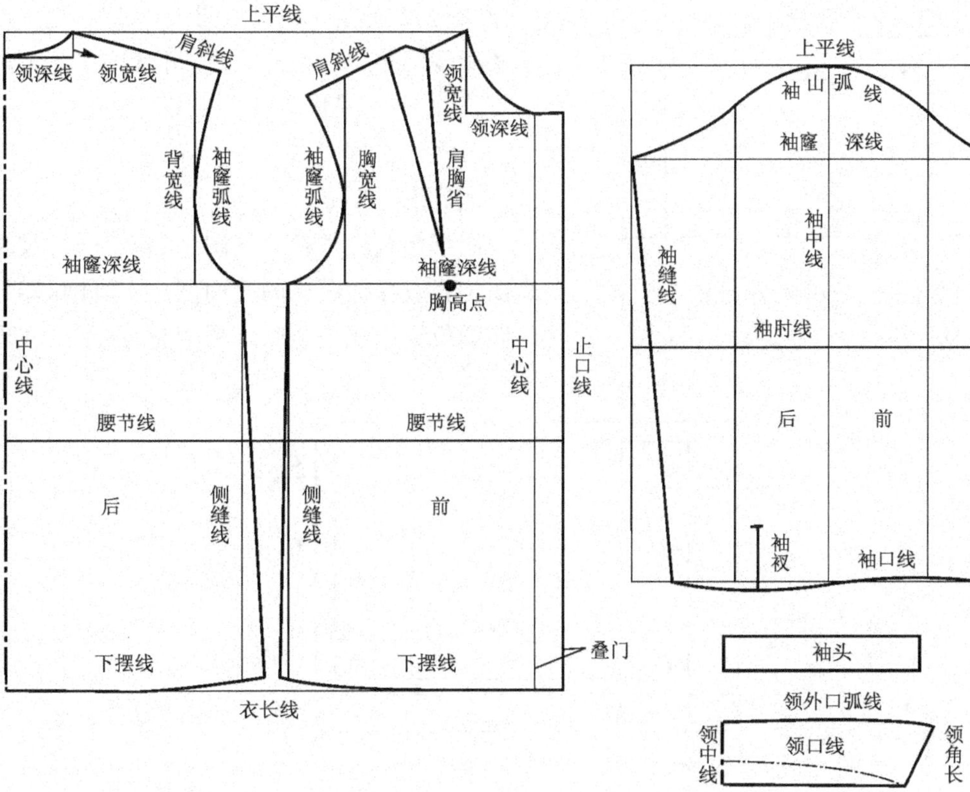

图 1-10 上装结构图中各主要部位名称

六、制图格式

在服装制图中,线条及图形仅是用来反映服装的造型轮廓和结构的,而具体的比例关系并没有表达出来,所以必须在图中标注尺寸及比例。

1. 标注尺寸的基本规则。

(1)图上所注的尺寸数值为服装各部位和零部件的实际大小。

(2)图纸中的所有尺寸,一律以厘米为单位。

(3)服装制图中各部位和部件的尺寸,一般只标注一次。

(4)尺寸标注线用细实线绘制,其两端箭头应指到尺寸界线为止。

(5)标注尺寸线不得与其他图线重合。

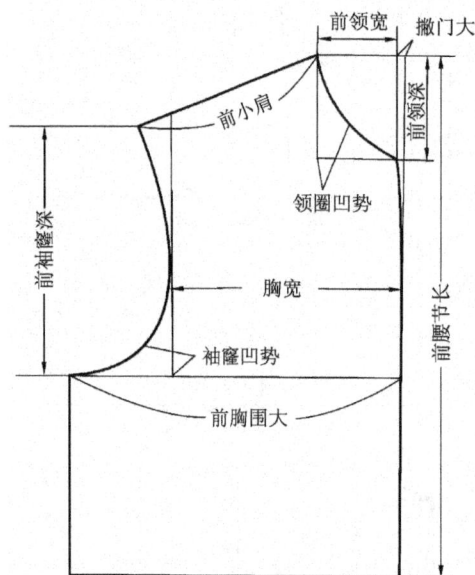

图 1-11 尺寸标注方法

2. 标注尺寸线的不同画法。这里主要指如何标注图形中点与点间的距离、点与线之间的距离、轮廓直线与弧线的长度、线与线之间的角度关系等。

标注书写的文字不能旋转。即书写文字方向必须与所标注的方向一致,如图 1-11 所示。

3. 点与线间的距离。若距离较小,难以容纳所需标注的文字,则可分别从点和相应线处引线,在适当的地方标注,见图 1-11 中的袖窿凹势和领围凹势。若距离较远,可直接在此距离内引直线并标注,见图 1-11 中的前袖窿深。

七、图纸布局

图纸标题栏位置应在图纸的右下角,服装款式图位置应在标题栏的上面,服装部件和零部件的制图位置应在服装款式图的左边(图1-12)。

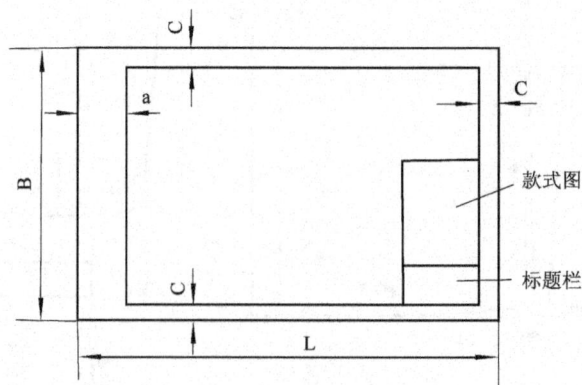

图 1-12 图纸布局

B—图纸宽 L—图纸长 C—图纸边框 a—图纸装订边

第三节　针织服装工业制板基础知识

一、技术文件的准备

1. 服装封样单。服装封样单是针对具体服装款式制作的详细书面工艺要求,服装封样单中的尺寸表内容也是制板的直接依据。服装封样单主要内容包括:尺寸表(具体尺寸要求)、相关日期、制单者、款式设计者、制板者、产品名、款式略图、缝制要求、面料小样、工艺说明、用布量等。

2. 服装生产通知单　服装生产通知单又称生产通知书,它是针对为生产某服装款式的一种书面形式要求。它具有订货单的技术要求功能和服装生产指导作用。服装生产通知单有国内的也有国外的,但无论哪种都是根据生产服装的要求而拟订的,其内容主要包括:品牌、单位、数量、尺寸要求、合同编号、工艺要求、面辅料要求、制作说明、交货日期、制表人员、制表日期、包装要求等。

二、工具、器具准备

在服装工业制板中,虽然没有对制板工具做严格规定,但制板人员必须具有熟练使用工具的能力,除上节介绍的制图工具外,常用的工具还有:

1. 打板纸。由于工业化生产的特点,打板纸使用的纸张一般都是专用纸板。因为在裁剪和后整理时,纸样的使用频率较高,且保存时间较长,以后有可能还要继续使用,所以纸样的保形很重要,制板用纸必须有一定的厚度,有较强的韧性、耐磨性、防缩水性和防热缩性。常用的样板纸,软样板用 120~130g 的牛皮纸,硬样板用 250g 左右的裱卡纸及 600g 左右的黄板纸。工艺样板由于使用频繁且兼作胎具、模具,更要求耐磨、结实,要用坚韧的纸板或白铁皮制成。而在服装 CAD 中,纸样以文件方式保存在计算机中,存取非常方便,对纸张要求没有上面要求的那么高。

2. 笔。制板中可使用的笔很多,常用的有铅笔、蜡笔、碳素笔或圆珠笔,初学者及绘制基础纸样时,较多地使用铅笔;蜡笔则主要用于裁片的编号和定位,如把纸样上的袋位复制在裁片上;碳素笔或圆珠笔多用于绘制裁剪线和推板。

3. 辅助工具。在工业制板中,使用较多的辅助工具有针管笔、花齿剪、对位剪(剪口剪)、描线器(滚轮器)、锥子、订书机、透明胶带、大头针、冲机或凿子(标准打孔 φ3~6mm 及串板打孔的 φ10~15mm 皮带冲机)、砂布、砂纸(修板边)、橡皮章、工作台和人台,等等。

三、坯布缝制自然回缩率的确定

在缝制加工过程中,针织衣片在长度和宽度方向会发生一定程度的回缩,这种回缩称为缝制工艺回缩,也称坯布自然回缩。回缩量的大小通常用坯布缝制自然回缩率来描述(企业简称回缩率)。在样板规格设计计算时,必须考虑坯布缝制自然回缩率的影响,以保证成衣规格的准确。

1. 坯布缝制自然回缩率的计算公式。

$$坯布缝制自然回缩率 = \frac{缝制后的自然回缩量}{裁片长度 - 缝纫损耗}$$

2. 坯布缝制自然回缩率的影响因素。坯布缝制自然回缩率的影响因素很多,主要有以下几方面:

(1)针织坯布的原料种类、纱线的线密度,织物组织结构及织物密度。

(2)针织坯布的染整加工工艺,特别是烘干、定形、轧光工艺及坯布放置形式。

(3)坯布的干燥程度及轧光后停放的时间。

(4)车间的温湿度。

(5)缝制工艺流程的长短。

(6)裁片印花花型覆盖面积的大小及印花与裁剪的先后顺序等。

3. 常用的针织坯布自然回缩率见表1-4,供计算时参考。

表1-4 常用坯布自然回缩率

坯布类别	回缩率(%)	坯布类别	回缩率(%)
精漂汗布	2.2~2.5	罗纹弹力布	3左右
双纱布、汗布(包括多三角机织物)	2.5~3	纬编提花布	2.5左右
腈纶汗布	3	绒布	2.3~2.6
深、浅色棉毛布	2.5左右	经纬编布(一般织物)	2.2左右
本色棉毛布	6左右	经纬编布(网眼织物)	2.5左右
腈纶、腈棉交织棉毛布	2.5~3	印花布	2~4

四、制作裁剪样板

制作裁剪样板的一般方法与程序,是先依照结构图轮廓,将其逐片拓绘在样板用纸上,再各按净样线条在周边加放出缝份、折边等所需宽度,再连画成毛样轮廓线,然后在折边、口袋及其他标记处剪口、钻孔。制作裁剪样板的关键是掌握由净样到毛样的周边加放量,加放量包含着多种不相同的因素,必须全面准确掌握。

1. 缝份。在针织服装中,缝份也可称为缝纫损耗,是衣片在缝制过程中做缝和切边两种损耗的总和。缝份的大小主要取决于缝合方式、缝合部位、缝制设备以及缝制工艺等。因此,确定缝份大小时,要进行综合分析后再确定。根据经验,一般缝份的规定见表1-5。

表 1 - 5　一般缝份规定　　　　　　　　　　　　　　　单位：cm

缝合方式	缝　份	缝合方式	缝　份
包缝缝边（单层）	0.75	双针、三针折边缝	折边宽 +0~0.5
包缝合缝（双层）	1	双针、三针拼缝	0.5
平缝机合缝	1	平缝机折边缝	折边宽 +0.75~1
滚边	0		

2. 缝份的画法（图 1 - 13）。

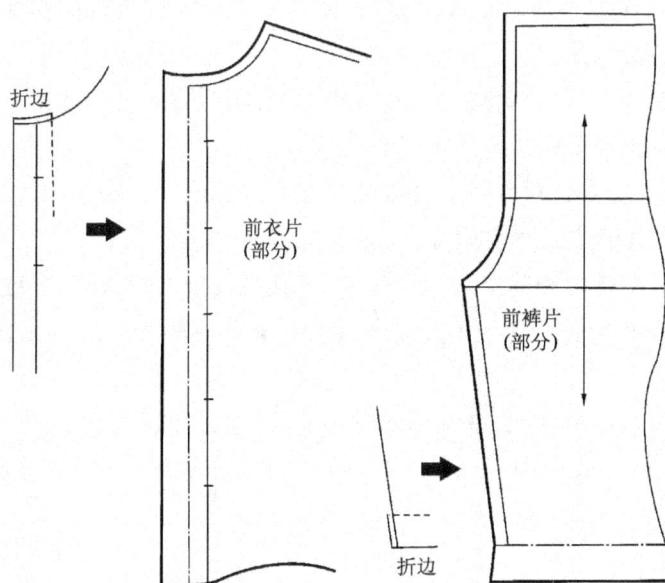

图 1 - 13　折边的画法

五、样板的标位

在净样周边加出缝份、折边等所需放量，画剪成毛样板后，还须在样上做出各定位标记，以作为推板、排料画样及裁剪时的标位依据，而在以后的缝制过程中，对于各主要毛坯裁片中各具体部位的掌握，也是以定位标记为根据，这样才能保证产品规格的准确性。因此，样板中的准确标位是十分重要的。

1. 标位方法。样板的标位，是以排料画样时便于按位标画印记为目的。一般有如下两种方法：

（1）剪口。俗称刀眼，在样板边缘需要标位处剪成三角形缺口，剪口深、宽度一般为0.5cm 左右，样板用于厚衣料或用画粉画样者，剪口可大些；如薄料剪口可小些。

（2）打孔。针对样板需标位处，用冲机冲孔或用凿子手工打眼，样板打孔用的范围较广，可用于样板中标记无法剪口的部位，如袋位、省位等，也可用剪口代替靠近边缘的标位，并能按标位长度，打出断续可连的孔眼。打孔的大小以方便画印为宜，一般孔径在 0.5cm 左右。

此外,需要着重说明的是样板的标位不同于裁片的标位:样板是排料画样的依据,要求标位准确,剪口、打孔较大,利于画样,裁片的标位是缝制工艺的依据,刀眼应剪直口,深度须窄于缝份宽度, 一般为缝份宽的一半,钻眼宜小,约 $\phi1.5mm$,并按样板标位缩进、缩短少许,以免缝后钻眼外露。

2. 标位范围。裁剪样板的标位,主要在衣身、袖片及裤片、裙片上,针织服装常见的标记部位如下:

(1)折边。凡有折边的部位,包括门襟连挂面等,都应做标记,以示折边宽度。

(2)褶、裥。一般活褶只标上端宽度,而死褶,如裤前身的腹侧死褶应标终止处,贯通衣片的长褶、裥,如裙子的褶、对裥,上衣的背裥,还有宽、窄"塔克",都应在两端做标记,局部抽碎褶可标抽褶范围的起止点。

(3)袋位。一般暗挖袋,只对袋口及其大小标位;明贴袋除了对袋口及大小标位外,还应对其前边位置标位;借缝袋只对袋口长度两端标位。

(4)开口、开衩。主要是对开口或开衩的长度终点标位。有些搭门式开口或开衩的里襟与衣片连料,还需对其搭位及宽度标位。

(5)对刀。服装结构中一些主要的结构缝,尤其是较长的缝,在两片缝合时,除了要求两端对齐,往往还要求在当中某些环节、部分按定位标记对准缉线。这种两侧片的对位标记即称对刀。

(6)缩位。缩位与对刀类同,主要用于较小部件与衣身的对位缝合中,如缩领子,除了领前边与领口缺嘴对位外,还有领中点与无背缝的后领口中点对位;缩袖子则需在袖山头和袖窿前腋下标位。

六、文字标注

1. 文字标注的内容。

(1)产品编号及名称。

(2)号型规格。

(3)样板的结构、部件名称。

(4)标明面、里、衬袋布等各式样板。

(5)左右片不对称的产品,要标明左、右、上、下及正、反面等。

(6)丝缕的经向标志。

(7)不是固定片数的或里、面同料的部件(如裤门襟、带袢等),应标明每件应裁的片数。

(8)需要利用面料光边的部件,应标明边位。

2. 文字标注的要求。

(1)标字常用的外文字母和阿拉伯数字,应尽量用单字图章拼盖。其余文字用正谐或仿宋体书写。

(2)拼盖图章及手写文字,要端正、整洁,勿潦草、涂改、模糊不清。

(3)标字、符号要准确无误。

第四节　服装工业推板基础知识

推板是打板的继续,是制作全套号型规格的裁剪样板。推板的根本依据是标准母板与全套规格系列。

一、标准母板

母板用于推板,它是全套规格系列样板中的基准样板,它具有标准的结构设计制图、完整的标注并加放了标准的缝份。同批产品中的各个号型有长、短、肥瘦的风格差别,但其表现形式,则必须是"如出一辙"地形似标准"母型"。故母板是推板的基础依据,以母板为标准,逐部位地按规格系列的档差进行推移放缩,按其构图轮廓推移画线或直接剪制出各号型衣片系列,这就是推板的一般过程。离开了标准母板,是无从进行推板工作的。

二、规格系列

同批产品的全套规格系列,是推板的推移变化依据,没有系列的规格,也是无从进行规格系列推板的。

制作母板的主要任务是确定样板的基础标样,而推板的主要任务,是解决全套的样板系列,制作各个号型的裁剪样板。因此,在有了母板作为款式的基础依据之后,推板的大量工作就是对全套规格系列进行逐部位地系统分析、计算与分配处理。这包括以下几方面的内容及应掌握的相关基础知识。

1. 服装规格分类。一般服装的规格尺寸,按其内容范围及用法,可分为三类。

(1)号型规格。是以人体的高度和主要围度区分人体的类型,也是制订相应服装成品规格的根据。但不能直接用于结构设计制图,因而也不能与打板、推板发生直接联系。

(2)成品规格。是按款式与穿用要求加放松度而酌定长度、围度,制订服装各主要部位的成衣规格尺寸。成品规格的部位尺寸是以服装的品种、款式而定。一般上装、大衣类,有衣长、袖长、领大、肩宽、胸围、胸宽、背宽、袖口等部位;下装类有裤长、裙长、立裆、下裆、腰围、臀围、脚口等部位。有些品种因款式变化,亦可增加一些相关部位的尺寸,如上装类中有加腰节长、乳位、乳距、摆围等,下装类有加膝位、围裆、腹围、横裆、中裆等。

成品规格是衡量服装成品质量的准绳,因而也是服装结构设计制图及打板、推板的直接尺寸依据。

(3)配属规格。也属成品尺寸,但它是主要部位以外的较小部位的成品尺寸。它不是事先提供的,而是在结构设计制图过程中,由服装款型及主要部位成品规格,按比例计算或推导出来的,是配合并从属于款型要求及各主要部位成品规格的具体小部位尺寸,故统称为配属规格。在服装成品的构成中,配属规格是大量的,并分布于服装的各个部位,如袖窿深、袖肥、袖山深、领宽、领嘴、搭门、驳头宽、扣位、袋大、袋位、省大、褶量及位置、衣摆、底边翘、袖口斜、偏袖宽,以及一些细小的倾斜、起翘、角度、弧度等。

配属规格虽然一般不是主要尺寸,但对服装总体的规格组合起着不可或缺的协调配合作用,故往往将一些较重要部位的配属规格、纳入成衣检验的考核规格,如领子的前、后宽,驳头的长与宽,袖肥、袋大及袋位等。因此,在规格系列推板工作中,应当谨慎对待各配属规格系列的配置问题。

2. 规格系列及档差。在同批产品中,各个号型由小到大的系列区别,是由各同一部位由短到长或由瘦到肥的系列差距的总和所决定的,并具体表现在每一部位的系列差数上。同一部位系统排列相互之间的差数为档差。不同部位各有其独自的档差排列。而同一部位的档差,虽然一般都是相同的,但也有不均等的。凡是一套规格系列中,所有部位的规格是均衡地增减,档差都相等,即为完全规格系列,如衣长、胸围;凡是有一个或几个部位的档差不完全相等,即为不完全规格系列。

推板工作中首要的一环是计算档差。在档差计算中,主要部位的成品规格易于进行,求出各号型之间的差数就可以了,但各配属部位的规格,多无现成数据,就需要按照结构制图的原理与方法求取,并须保持与母板造型的一致性。一般的方法是先按母板中该部位的原计算公式计算出最大与最小两端号型的数值,再将中间各个号型以均值档差排列就可以了。

3. 档差分配。对于一套规格系列,在计算档差、分析性质后,可用于放缩推板。按档差放缩,一般不是直接将档差数在该部位的一个方向进行放缩,而多是区别部位进行不同方向地分配,或上、下两方分配,或前后左右两侧分配,使档差数合理地分布在样板中,达到放缩后的样板与号型的规格完全相符,与母板的造型基本相同。

三、推板要求

(1)把各部位的档差合理地进行分配,根据需要放缩。使放缩后的规格系列样板与标准母板的造型、款式相似或相同。

(2)在放缩样板时,根据各部位的规格档差和分配情况,只能在垂直或水平的方向上取点放缩,而不能斜线上取点为放缩的档差。

(3)某一部位的档差分配在几个部位,则这几处放缩的档差之和,等于该部位总档差。

(4)相关联的两个部位(如落肩档差和袖窿深档差,领口深档差与袖窿深档差)在放缩推移时如果方向相反,则档差大的部位按档差数值放缩,档差小的部位放缩值,则为两个部位档差之差。放缩方向和档差大的部位方向一致。

(5)某些辅助线或辅助点如腰节高、袖肘线、中裆线等,也需要根据服装的比例推移、放缩。但这些辅助部位的放缩值不能加在部位总档差的"和"内。

四、推板方法

本书主要介绍推画法。用推画法推板,是对标准母板的每一衣片分别先按母板各线条准确地拓画出来,然后在这同一图面上,根据计算出的各部位档差及其分配数值,逐部位地依次推移放缩,画出各个号型的衣片轮廓、线条,显示为同一衣片由小到大层次错落的"一图全号"图面;再以此作为"底板",按各个号型,依次把样板纸铺在"底板"下面,用点线器或锥子等工具,按各个号型的样板轮廓线及省、褶、口袋等位置线条轧印或锥孔,再按轧印或锥孔进行画线连接与标记,制成裁剪样板。各衣片、部件的各个号型拓画齐全,即得整套样板。

对于在衣片周边确定何处为固定不动的推画基准点,由于各衣片的放缩基准点的选位不同,所以推画基准点(线)就有所不同。

1. 推画基准点的选位。各衣片的推画都是以各号型档差逐部位地按层次排列画放缩量,但在图面中,总有一点是串联各层号型的固定坐标心点,成为统一由此向外推移放缩的基准点。各衣片都可有多种不同的基准点选位。如以简单的正方形为例:可以一角为基准点,制约两边平齐地向对边推移放缩,见图1-14(a);也可选在一边的中点为基准,向对边推移放缩该档差长,而向两侧各推移该档差之半,见图1-14(b);又可以中心为基准点,向四周放缩各自档差,见图1-14(c);还可在图中任何一处选定基准点,而各自按合理分配的档差数放缩,见图1-14(d)、图1-14(e)。

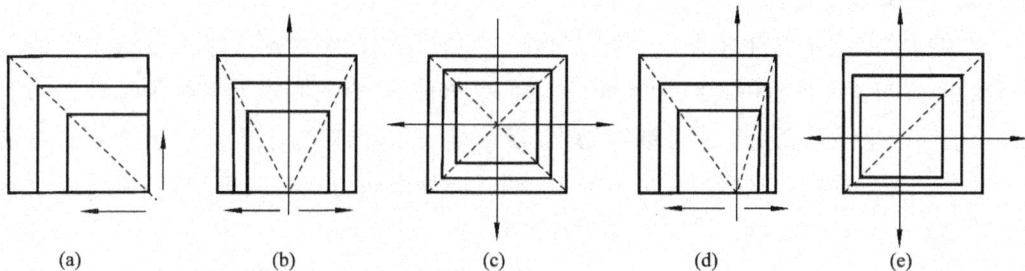

| (a) | (b) | (c) | (d) | (e) |

图1-14　推画基准点的选位

由此可见,每一衣片在一张图面上,集中显示出由小到大的全套规格系列的图样,可有多种不同的摆置形式,而决定的因素是推画基准点的定位。

同部位的不同档差及不同的分配要求,可有放缩推画基准点的不同选择。但并非可任意指定,而应符合人体体型的变化规律,利于确切保持服装结构、造型的形式特征,便于放缩推画的进行及图面一目了然的显示等方面权衡选优,服装的各衣片选择推画基准点可从三个方面考虑:

(1)是简单地从衣片纵向长度的上、下与横向宽度的前、后,选定一边为基准线(公共线),并向另一边放缩档差,简称为单向放缩。如前衣片纵向以上平线或底边为基准线,其身长的各号档差都向对边推画而全部显示;在底边或肩缝一边,其中的落肩,领口深、袖窿深、腰节、袋位等,也都按各自的档差向同一方向推移放缩,若横向基准选在门襟上口线或摆缝一侧,则前胸围也是对向摆缝或门襟止口一边按档差推画。其中领口宽、胸宽、肩宽省位等,也都同向一侧放缩推画。

(2)是对各衣片的主要长、宽规格按造型因素考虑档差分配。凡衣片纵长的上部与下部、横宽的前部与后部各有型变时,可从中选定相宜的分界部位为基准线,并合理分配档差,向上、向下或前、后两边推画,称之双向放缩。如在衣片纵向的身长中,可考虑以袖窿深一侧的胸围横线或腰节线为基准线;袖片的袖长中,可考虑选以袖根线或袖肘线为基准线;裤片的裤长,可从用臀围、横裆、中裆各线中选定基准线等。如横向考虑前衣片胸围,可以袖窿的胸宽直线为基准线;大袖片可以前偏袖线或袖中线为基准线,裤片可以前、后烫迹中线或者前缝、后臂宽线为基准线等。

(3)是从便于准确推移拓画方面考虑。由于各衣片的轮廓线条既有平缓直线,也有各种弯曲弧线,故基准线尽量选在曲边、弧线部位,以保持这些部位各号型的一致性。如前衣片做单向放缩,从纵向无论选择上平线还是底边线为基准线,袖窿都较难推画,而横向也是如此。如做双向放缩,取袖窿深的胸围横线与胸宽直线为纵、横基准线,虽然各需向两方推画,却能稳定地保持袖窿的前下半圈不移动变形,而若选腰节与省道为纵、横基准线,袖窿等其他部位都须推移变动,显然是不可取的。

2. 推画方法介绍。综上所述,推画法的关键在于档差放缩基准点的选定,它决定着具体推画方向、方法的区别,虽然各衣片都可有多种不同的定位与相应的不同放缩画法,但常见的方法主要有以下两种:

(1)单向放缩为主的推画法。用于上装的主要是"中上基准法",即衣身的横向是以人体中线的前襟与背缝或背中折线为基准线,各向摆缝放缩;纵向则以上平线为基准线向下推画;袖片也以上平线与底袖缝或外袖缝为纵、横基准线,各向对边推画。用于下装的主要是"侧上基准法",即纵向以腰缝为基准线向下放缩;裤片横向由侧缝向里推画,由侧缝或者前后中线为基准,向对边推画。

(2)双向放缩为主的推画法。用于上装的是"胸腋基准法",即衣身的纵向是以袖窿深的胸围横线为基准,按档差分配分别向上、向下放缩;横向则是前片以胸宽直线,后片以背宽直线为基准,各按档差分配向前、向后两侧推画。袖片纵向是以袖山深的袖根横线为基准做上、下放缩;横向是以袖中线或者以前偏袖线为基准线向两侧推画。用于裤子的则为"裆中基准法",即纵向以横裆线为基准向上下放缩,横向以前后片烫迹中线为基准线,分别向裤片两侧推画;或用"裆臀基准法",以横裆线与前后裆的臀宽线为前后片的纵横基准线,分别向上、向下与两侧放缩(由于前片的小裆宽一般很少调变,故前片主要是向外侧推画)。

(3)可采取单向放缩与双向推画结合的方法。如上装的衣身用双向的"胸腋基准法",而大、小袖片的横向,则用袖底缝为基准做单向放缩;裤片在腰缝做纵向单向放缩,横向却以烫迹线做双向推画。当然,无论选位何处,推画何法,都应达到档差放缩准确无误、图样轮廓保持一致的目的。

五、推板常用符号

服装工业推板符号与服装制图符号不同,它具有明显的方向性,这是在推板时应着重注意的一点,如表1-6所示,是本书所使用的推板符号,其目的是为了整体统一、规范,便于识别样板。

表1-6 推板符号

符 号	名 称	用 途
	坐标基点	推板时的固定点,其他点扩缩时都以此点为坐标
	纵向标记	箭头在右侧为放大标记 箭头在左侧为缩小标记
	横向标记	箭头在上方为放大标记 箭头在下方为缩小标记
	扩缩点放大图样	为了视觉需要,把原来需要扩缩的点放大,锯齿边与两直角边所构成的图形表示衣片部位
	扩缩轮廓线	中间粗线是母板的轮廓线,两边的细线是放大或缩小的轮廓线

第五节 裁剪、排料与用料计算

一、裁剪工艺规程

除了成形编织的针织服装以外,绝大多数针织服装是由针织坯布经过裁剪、缝制加工而成。裁剪工程也称缝制准备工程,是指按照工艺的要求将针织坯布裁剪成衣片的过程。裁剪工程主要包括备料与配料、验布、提缝、铺料与断料、划样与裁剪、打标记与捆扎等工艺内容。

1. 备料与配料。经过染整定形的针织面料(净坯布)需在一定的温湿度条件下放置一段时间才能进行裁剪加工,如棉针织物需放置24小时以上等,以使针织面料得到充分的自然回缩,这一工艺规程可使坯布变形的线圈结构趋于稳定,从而保证成品外观尺寸的稳定性。

在针织坯布的染整加工过程中,由于工艺条件等方面的差异,会使匹与匹之间、批次与批次之间出现色泽上的差异,这种色差若超出允许的范围就会影响成衣的外观质量,因此需要在裁剪前对主料与主料之间、主料与辅料之间、辅料与辅料之间、成套产品备件之间进行色泽差异比较，并按照工艺设计的要求搭配色彩及主、辅料的数量。

因此，应仔细进行坯布的准备和配料，并由专人负责，为以后的顺利裁剪打下良好的基础。

2. 验布。针织坯布在编织和染整加工过程中不可避免地会造成一些残疵，如果不去除这些疵点就会直接影响成品的外观质量，使之降等或成为残次品。因此，在裁剪前应对坯布进行检验，并在有疵点的地方做上明显的记号，以便在断料或排料时去除。

验布可以与铺料同时进行，也可以在专门的验布机上进行，一些企业常用国产 Z882 型针织验布机进行验布。

3. 提缝。提缝就是把圆筒形针织坯布布边的折痕提转到开裁的位置，以便在裁剪时去除。专用的提缝机在我国无定型机种。提缝装置往往与验布机或断料机结合起来，边提缝边验布或边提缝边断料，以简化工艺流程。

4. 铺料与断料。铺料与断料是指在划样开裁前把坯布摊平，并按照排料、套裁的工艺要求，将坯布裁剪成规定长度或形状，然后按规定的层次数和规定的铺料方法摆放整齐。在此操作过程中还要检查布面上的疵点及疵点标记，并根据具体情况采用适当的倒残借裁方法将疵点去除。

（1）常用的铺料方法。

①正面铺料法，也称单程铺料法，是将坯布的正面统一朝一个方向的铺料方法。如图1-15(a)所示。

②往复折叠铺料法，也称双程铺料法，是将坯布按规定长度往复折叠铺料的方法。该方法铺料效率较高，但对面料表面有方向性的坯布不适用。如图1-15(b)所示。

③对合铺料法，是坯布按规定长度断料后，将布边移到起点并将其翻转180°再铺放下一层的铺料方法。这种铺料方法使面料的正面与正面相对，反面与反面相对，如图1-15(c)所示。该方法适用于表面有方向性的面料。

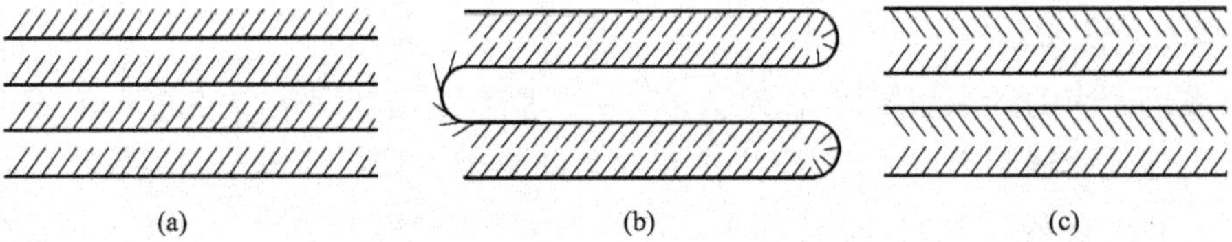

图1-15 铺料方法

（2）铺料、断料注意事项。目前，铺料可采用适合于针织坯布铺料、断料的机器，也可用手工铺料、断料。但无论采用何种方法，操作时必须注意以下几点：

①应考虑针织坯布的延伸性和弹性，特别是易变形、弹性好的针织坯布，用力要轻柔均匀，避免坯布发生扭曲、褶皱。

②要考虑针织坯布的滑移性，特别是表面光滑的坯布，防止在铺料裁剪时各布层之间发生滑移而影响产品质量。

③要注意面料表面的方向性,以免影响成衣的外观。

④应注意不断测量幅宽规格,并且注意布边排齐和两端剪齐。同时采用适当的倒残借裁方法去除坯布上的疵点。

⑤应根据坯布的种类和电裁刀的规格选择适当的铺料层数。一般用 20cm 直刀型裁布机裁剪时,汗布不超过 120 层,棉毛布不超过 60 层,宽幅罗纹布不超过 50 层,薄绒布不超过 30 层,厚绒布不超过 20 层。某些化学纤维针织坯布铺料过厚还会使电刀发生过热而熔融纤维,出现抗剪的现象。因此,在化学纤维针织坯布铺料时,应避免铺料过厚。

⑥要考虑线圈纵行歪斜的问题,并注意条纹和花型图案的对位。此外,针织坯布的卷边性也会影响铺料和断料。

5. 划样与裁剪。在经过断料的一叠坯布上面,按照排料图的要求放上所裁规格品种的样板,并以此作为依据将样板划在坯布上,这一工艺过程称为划样。

划样多为手工操作,此项工作虽然简单,但十分重要,发生任何一点差错都会造成较大的损失。划样时样板要按针织坯布线圈纵行放正,并用手压紧,划粉要经常修削,画线时要与布面垂直,注意线条粗细均匀,以免造成规格不符。

裁剪是将经过上述准备的坯布,使用裁剪工具,沿画线按一定的进刀方向将坯布剪开,成为所要的衣片。

裁剪主要使用直刀型或圆刀型电动裁布机、带刀裁布机,此外还有挖领机、自动切横条机、多刀切竖条机等。

6. 打标记与捆扎。裁剪后的衣片为了便于缝制,确保规格一致,常采用打刀眼的方法在衣片上做记号。裁好后的衣片和附件要按规定数量配套捆扎在一起,并在底边或腰边对处加盖印戳以标明产品规格、编号及工号,以免在缝纫过程中发生差错,也便于质量检查,同时为缝制工序流水作业做好准备。

二、坯布的合理使用与排料

合理使用坯布是企业降低生产成本、提高经济效益的重要手段之一,它主要是通过合理地选择坯布的幅宽并采用恰当的套裁排料方法等手段,来提高坯布的利用率,从而达到降低生产成本的目的。

1. 排料的基本要求。

(1)面料的正反面与衣片的对称。大多数服装面料都有正面、反面区别,排料画样时,一般画在面料的反面,因此排料时要注意样板的方向,特别是对有些不对称性的服装。采用单层排料时,既要保证面料正反一致,又要保证衣片的对称,避免出现"一顺"现象。

(2)面料的经纬纱向。服装产品都有经纬纱向的技术规定。一般情况下,排料时样板的方向不能任意放置。为了排料时确定方向,样板上一般都要画出丝缕方向,排料时应注意将它与面料的线圈纵行方向平行。但在排料画样时经常会出现"摆正排不下,倾斜则有余"的情况,必须参照国家标准,精心设计,反复比较,以求得裁片丝缕既正又能节约原材料。

(3)面料的色差。由于印染过程中的技术问题,有些服装面料往往存在色差问题。例如,有的面料左右两边色泽不同,有的面料前后段色泽不同。当遇到有色差的面料时,在排料过程中必须采取相应的措施,避免在服装产品上出现色差。

(4)节约用料。排料画样就是要定出一种用料最省的样板排放形式。一般是先画主件,后画附件,最后画零部件。在排主要衣片的同时必须考虑到附件和零部件的摆放位置。排料时要做到合理、紧密,注意各衣片及零部件的经纬纱向要求。

①先大后小。排料时,先将面积大的主要衣片样板排放好,然后将面积较小的零部件样板在大片样板的间隙中进行排列。例如,先排前后衣片及袖片,再在间隙中排放领片、袋盖、袋口等。经过反复调整比较,取得最佳的裁剪方案。

②紧密套排。服装样板的形状各不相同,其边缘线有直的、弯的、斜的、凹凸的等。在排料时,应根据各自的形状采用直对直、斜对斜、凸对凹、弯对弯互相套排。这样既可以减少样板之间的空隙,又可以提高面料的利用率。

③大小搭配。可将大小不同规格的样板相互搭配,统一排放,这样可以取长补短,实现合理用料。

要做到充分节约面料,排料时就必须根据上述规律反复进行试排,不断改进,最终制订出最合理的排料方案。

(5)缺口合拼。有的样板具有凹状缺口,但有时缺口内又不能插进其他部件。此时可将两片样板的缺口拼在一起,使样板之间的空隙加大,空隙加大后便可以排放另外的小片样板。

2. 特殊面料的排料。

(1)条、格面料。采用条、格面料裁制服装,不仅能增加服装的装饰美,而且可产生视觉差的外形美、形体美。例如穿带条面料的服装可以使人体显得修长,穿着带格面料的服装可以使人体显得丰满宽阔。尤其是选用纹路明显、色泽鲜亮的条格面料裁制外衣、外套,更能展示外观活跃、美观的装扮效果。

在选用条格面料制作服装时,要求精心对条、对格,防止条格错乱影响外观效果。对于一些条格面料制成的高档服装来说,对条、对格的水平几乎是检验产品档次和质量等级的主要指标。

①对条。条形料一般有竖条、横条形式,画样时应注意左右对称;横向、斜向的条形对称;明贴袋、袋盖嵌条与衣身对条;领面左右及与后中线的对称;挂面的拼接对条;裤后裆缝左右呈人字形的斜向对条等。

②对格。对格的难度较大,除满足对条中的各种要求外,还要横缝、斜缝上下格子相对。左右门襟、摆缝、后领和背缝、袖子和袖窿、大袖和小袖、明贴袋/袋盖/嵌条与衣身、裤子前裆缝、侧缝等,都要对格和对条。

(2)倒顺毛面料。毛向是指面料表面绒毛的倒伏方向,如长绒、长毛绒等,当从两个相反方向观看表面状态时,会因折光不同而产生不同的色泽和外观效果。毛向的测试方法有两种:一是用手在面料的正面沿着经纱方向来触摸,有光滑感的方向为毛的顺向,反之为逆向;二是将面料对折并使正面朝外,垂直悬挂于阳光下观察其色泽变化,颜色浅淡的说明毛向朝下,颜色深而且饱和的说明毛向朝上。

①顺毛排料。对于绒毛较长、倒伏明显的面料,如长毛绒,必须采用毛向下的顺毛排料设计,以便绒毛向下一致,避免倒毛显露绒毛空隙,影响美观。

②倒毛排料。对于绒毛较短的面料,宜采用向上逆毛的倒毛排料设计,能收到光色和顺的审美效果。

③组合排料。对于一些绒毛倒向不明显和没有要求倒顺的面料,为了节约面料,在进行排料设计时,顺向、逆向皆可。但在成衣批量裁剪中,必须是一件产品的毛向全部一致,尤其要注意领面的毛向,在翻领翻下后,其毛向应与后衣身的毛向一致,否则会因出现色差而造成外观质量的问题。

(3)花型图案。服装面料的花型图案可分为两种:一种是无规则和无方向性的花型图案,它的排料与普通排料方式相同;另一种是有规则和带方向性的花型图案,如山水、人物、花卉及龙凤图案等,它必须保持图案的完整性,或与人体方向保持一致,或根据设计安排画样的位置,面料方向放错了,就会头脚倒置。对于一些花型图案倒向不明显和没有要求倒顺的面料,可以一件倒排、一件顺排,以便节约面料,但必须是一件产品的花型图案方向全部一致。

(4)色差面料。面料色差一般分为以下四种:

①匹与匹之间有色差。排料时,匹与匹之间不要衔接,多出的零布不铺,下一匹布应从头开始铺。

②两边有色差。排料时应把需要组合的裁片,放在靠近的地方排料,零部件尽量靠近大身排列,使缝合部位的色差减至最小。

③两端有色差。排料时应将需要组合的裁片,放在相同纬度的地方排料,同件服装的各片,排列时不应前后间隔距离太大,距离越大,色差程度就会越大。

④正反面有色差。排料时应注意面料的正、反面,不要搞错。

三、用料计算

用料计算是针织服装设计的一项重要内容,也是产品成本核算的主要依据。用料计算是在已经确定了样板、排料方法,所用织物幅宽、段长、段数,织物平方米干燥重量及各工序损耗率的基础上,对单位数量产品耗用坯布的重量进行核算。

1. 计算用料时应注意的问题。

(1)对产品的各种主、辅料核算要齐全。例如主料有大身、袖子、裤身等,辅料有领子、门襟、口袋、裆以及各种领口、袖口、脚口、下摆罗纹、滚边、加边布等,都要一一计算,不能遗漏。

(2)计算应采用分类、分段计算的方法。

①分类核算。对采用不同原料或相同原料但纱线线密度不同的主、辅料,要分类分别计算。

②分段核算。对采用相同原料、纱线线密度相同的坯布,当使用不同的幅宽排料时,要按不同的幅宽规格,分别计算各自幅宽的用料。

③计算用料面积时,必须考虑相应的损耗。例如计算净坯布面积时要考虑段耗,计算净坯布重量时要考虑回潮率等。

2. 计算用料中的有关损耗。在生产过程中,由于工艺或操作等原因,将会产生一定的损耗,损耗的大小与工艺条件、工人操作技术水平、机器设备状况、生产组织方式、原料质量以及中间温适度有关。

主要的损耗有无形损耗、络纱损耗、编织损耗、染整损耗、段耗以及裁耗等。损耗的大小则用相应的损耗率来表示。

(1)无形损耗率。由于原料中水分的挥发、加工过程中原料内灰尘、杂质的去除,在络纱或织造过程中均会造成无形损耗,数量大小与管理方法有关。特别是原料中的含水考核,如果计算和考核方法正确,则无形损耗不大,否则将达2%左右。一般细、中特纱的无形损耗率为0.03% ~ 0.05%,粗特纱为0.06% ~ 0.08%。另外,无形损耗还与纱线的质量有关,质量较好的纱线无形损耗率较小,反之则大。化学纤维原料的无形损耗可略去不计。无形损耗率按下式计算:

$$无形损耗率 = \frac{用纱重量 - 织成坯布重量 - 各种回丝重量}{用纱重量} \times 100\%$$

(2)络纱损耗率。络纱损耗是由换纱管或绞纱的回丝、断头打结的纱头和清除不良纱管造成的余纱所造成。络纱损耗率可按下式计算:

$$络纱损耗率 = \frac{络纱前重量 - 络纱后重量}{络纱前重量} \times 100\%$$

络纱损耗率通常本色纱为0.1% ~ 0.5%,色纱为0.17% ~ 0.35%,锦纶弹力丝为0.5% ~ 0.8%,涤纶低弹丝为0.5%左右。

(3)编织损耗率。编织损耗是由换筒子、断纱接头、套布回丝及试车回丝所造成的。编织损耗率的计算公式为:

$$编织损耗率 = \frac{络纱后重量 - 织成织物重量 - 回丝重量}{络纱后重量} \times 100\%$$

汗布一般为0.09% ~ 0.12%,绒布为0.1% ~ 0.13%,棉毛布为0.09% ~ 0.12%,罗纹布为0.10% ~ 0.12%,腈纶棉毛布为0.06% ~ 0.11%。

(4)染整损耗率。染整损耗是指毛坯布经过漂染和后整理加工所损失的重量与毛坯布原重量之比。染整工艺不同,损耗率也不同。染整耗损率的计算公式为:

$$染整损耗率 = \frac{染整前重量 - 染整后重量}{染整前重量} \times 100\%$$

染整损耗率通常与坯布品种及色泽有关。浅色和精漂汗布为6.7% ~ 7.8%,深色布漂底为6.7% ~ 8.2%、不漂底为2% ~ 4.6%,化学纤维布为7.1% ~ 7.3%,绒布拉毛为5.2% ~ 8%,棉毛布为3.3% ~ 6%,罗纹布为5% ~ 6%,腈纶棉毛布为2%。

3. 段耗、裁耗、成衣坯布制成率。成衣损耗是针织生产中损耗最大的部分,主要包括裁耗与段耗两部分。

(1)段耗与段耗率。

①段耗:所谓段耗,是指净坯布经过铺料、断料所产生的损耗。段料多少反映了坯布的疵点率以及倒残借裁的水平,是工厂体现工工艺技术水平的重要指标之一。

段耗发生的主要原因有:

a. 匹端损耗:由匹端盖印、毛边漂染时两端缝合或一些残疵等因素所造成的损耗。

b. 余料损耗:当匹长不是段长的整数倍时,不够成品段长或裁独件产品不能互套的余料以及更改成品规格或裁制附件所剩余的料造成的损耗。

c. 残疵损耗:坯布有残疵而又无法躲开而裁下的横断料或衣片废品所造成的损耗。

d. 操作损耗:因裁剪技术不熟练,落料不齐而修剪下来的横布碎料等造成的损耗。

②段耗率:考核段耗水平的指标为断耗率。在断料过程中,段耗总重量与投料总重量之比为段耗率。段耗率的计算公式为:

$$段耗率 = \frac{段耗重量}{投料重量} \times 100\% = \frac{段耗重量}{落料重量 + 段耗重量} \times 100\%$$

正常生产条件下,常见针织坯布段耗率参考值如表1-7所示。

表1-7 常见针织坯布段耗率

成衣品种	段耗率(%)						
	棉汗布		棉毛布	毛巾布	绒 布		化学纤维布
	平汗布	色织布			薄绒布	厚绒布	
文化衫(短袖无领)	0.5~0.85	0.8~1.1	0.8~0.9	1.2~1.3	—	—	1~1.2
T恤(短袖有领)	0.5~0.8	0.8~1	0.7~0.9	1.1~1.2	—	—	0.9~1.2
运动衫裤(长袖、长裤)	—	—	0.9~1.1	1.2~1.4	0.8~1	1.2~1.4	1~1.3
短裤	0.5~0.8	0.7~0.9	0.8~0.9	1~1.2	—	—	0.8~1.1
背心	0.8~1.2	1~1.3	1.1~1.2	1.5~1.6	—	—	1.2~1.5

(2)裁耗与裁耗率。

①裁耗:在划样开裁中所产生的损耗(如领圈、挂肩以及套弯部位等处挖下的零碎料)总称为裁耗。在正常情况下,裁耗是不可避免的,但合理地设计样板和运用套料方法是可以降低裁耗的。在某种程度上,裁耗的大小可以反映样板的合理性以及套裁的水平。

产生裁耗的主要原因有:

a. 合理的下脚料。

b. 样板设计不合理。

c. 样板排料套料不紧凑。

d. 轧光幅度不准确造成布边不齐而劈条等。

②裁耗率:在裁剪过程中,裁耗总重量与落料总重量之比称为裁耗率。裁耗率的计算公式为:

$$裁耗率 = \frac{裁耗重量}{落料重量} \times 100\% = \frac{裁耗重量}{衣片重量 + 裁耗重量} \times 100\%$$

(3)成衣坯布利成率。制成衣服的坯布重量与投料重量之比称为成衣坯布制成率。这是考核成衣工厂(车间)增长节约效果的一项重要指标。计算公式为:

$$成衣坯布利成率 = \frac{投料重量 - 段耗重量}{投料重量} \times \frac{落料重量 - 裁耗重量}{落料重量} \times 100\%$$

$$= (1 - 段耗率) \times (1 - 裁耗率) \times 100\%$$

严格地讲,上面这个公式只是近似值,还没有包括缝制过程中的工艺消耗。由于工艺消耗的影响因素复杂,而且是属于合理消耗,因此一般都不做考核。

由上式可知,设法降低段耗和裁耗可以提高成衣坯布制成率。

4. 用料计算方法。在针织成衣生产过程中,原料在生产成本中所占的比重很大,因此原材料的消耗是企业重要的经济指标之一。为了便于管理且减少计算误差,在用料计算过程中,一般以10件(套)产品[国外市场一打12件(套)]为单位进行产品的用料核算,进而可以计算出每件产品的用料。通常针织坯布及纱线均按重量出售,因此只要计算出产品用料的重量,就可以估算出产品的原料成本。

在用料计算过程中应特别注意:当产品各部件所用坯布品种、单位面积重量、幅宽、段长不同时,应分别计算各自的用料重量。

(1)主料计算方法。

①主料用料面积计算:

$$每10件产品用净坯布面积(m^2) = \Sigma\ 段长(m) \times 幅宽(m) \times 2 \times \frac{段数}{1 - 段耗率}$$

式中,段数是指10件产品所需的段长数,计算方法为:

$$段数 = 10\ 件 \div 每个段长中的件数$$

注意:圆筒形坯布幅宽应考虑双层,故乘以2;单幅坯布就不必乘2了。

②主料用料重量计算:

$$每10件产品用净坯布重量(kg) = 10\ 件用料面积(m^2) \times 单位面积克重(g/m^2) \times \frac{1 + 坯布回潮率}{1000}$$

$$每10件产品用毛坯布重量(kg) = \frac{10\ 件产品用净坯布重量(kg)}{1 - 染整损耗率}$$

$$每10件产品用纱线重量(kg) = \frac{每10件产品用毛坯布重量(kg)}{1 - 编织损耗率} \times \frac{1 + 纱线回潮率}{1 + 针织物回潮率}$$

由于针织物与纱线的回潮率不同,因此以不同的形式出现时,其回潮率应该进行换算。

(2)辅料计算方法。针织服装中的辅料主要包括衣裤中各种边口罗纹、领子、门襟、口袋以及滚边、加边、贴边等辅料用布。领子、门襟、口袋、贴边等用料计算方法与主料类似,可以通过样板套料等方法计算出其用料面积和用料重量。现将难以用门幅、段长等数据计算用料面积和用料重量的各种罗纹边口、滚边的用料计算方法介绍如下。

①罗纹用料计算。当采用大筒径针织罗纹机生产的大幅宽罗纹布作为衣裤边口罗纹时,罗纹用料的计算方法与主料类似,可以通过样板尺寸确定坯布幅宽,通过排料计算出段长、段数,根据坯布的单位面积重量及加工损耗率计算出其用料面积和用料重量。

当采用与边口部位规格相适应的不需缝合的筒状罗纹作为罗纹边口时,很难以单位面积重量进行核算,因此针织行业,通常以罗纹机针筒的针数及所用原料品种、线密度作为依据,确定其每厘米长度的干燥重量,然后计算每件成品耗用各种罗纹坯布的样板长度,即可算出其罗纹用料的总重量。现将领口、下摆、袖口、脚口每件产品所需罗纹重量的计算方法分别介绍如下。

每件领口(或下摆)罗纹重 = 每件领口(或下摆)罗纹样板长度(cm) ×

克重(g/cm) ×(1 + 坯布回潮率)

每件袖口(或脚口)罗纹重 = 每件袖口(或脚口)罗纹样板长度(cm) ×2 ×

克重(g/cm) ×(1 + 坯布回潮率)

②滚边用料的计算。

a. 幅宽尺寸计算。滚边幅宽是根据滚边部位的尺寸、缝份以及缝制滚边时两件服装衣片部位间的距离(约1 ~ 1.5cm)、坯布受拉伸时的伸长率(一般坯布约为5% ~ 10%,易拉伸的坯布取值较大,不易拉伸的取值较小;罗纹坯布的伸长率一般为15%左右)等因素共同确定的。滚边部位指的是领口、袖口、脚口、下摆等处。袖口、脚口、下摆等处的尺寸,一般等于各部位的成品规格,但是领口弧线尺寸,则须根据前后领深、领宽的尺寸作图,求出半领口弧线,再通过实测得出的半领口弧线长度,作为领口尺寸确定滚边用料的依据。在计算每件产品幅宽用料长度时,除以上影响因素外,还应考虑到滚边部位规格的层数,同时应考虑到一件产品滚边部位的个数,如一件产品袖子、裤腿等部位是成对的,其滚边用料还需再加倍。现将每件产品滚边幅宽用料的计算方法介绍如下。

滚边料幅宽 =(滚边部位规格 + 缝耗) ×(1 - 拉伸率) + 1cm

领口(或下摆)每件滚边幅宽用料 = {[半领口弧线长(或下摆规格) + 缝份] ×

(1 - 拉伸率) + 1cm} ×2

袖口(或脚口)每件滚边幅宽用料 = {[袖口(或脚口)规格 + 缝份] ×(1 -

拉伸率) + 1cm} ×4

b. 滚边用料段长尺寸计算。滚边用料段长尺寸主要是根据滚边部位滚边宽规格、滚边的方式(有滚边正面、反面均为光边和正面光边、反面毛边两种方式)、滚边折边量(一般为 0.5 ~ 0.75cm)以及拉伸扩张损耗(约为 0.5cm)等因素共同确定。现将两种滚边方式用料段长的计算方法介绍如下:

$$双面光边滚边料段长 = 滚边宽成品规格 \times 2 + 滚边折边(0.75cm) \times 2 +$$
$$扩张损耗(0.5cm)$$

$$一面光边一面毛边滚边料段长 = 滚边宽成品规格 \times 2 + 滚边折边(0.75cm) +$$
$$扩张损耗(0.5cm)$$

思 考 题

1. 简述针织服装生产工艺流程。
2. 简述规格演算法制图的方法与步骤。
3. 铺料的形式有哪几种? 实际生产中如何选用?
4. 简述段耗、裁耗、成衣坯布制成率的概念及其影响因素。
5. 简述用料计算的方法。
6. 排料有哪些基本要求? 特殊面料如何进行排料?
7. 样板文字标注的内容有哪些? 有何要求?

第二章　缝制基础实训

●本章知识点●

1. 部分通用、专用及装饰用缝纫机的使用与调节方法。

2. 缝缩率及缝线消耗比值 E 测定方法。

3. 缝型应用及针织服装规格设计方法。

4. 挖袋的缝制方法。

5. 半开襟翻领的缝制方法。

6. 衬衫领的缝制方法。

实训一　平缝机应用练习

一、实训目的

1. 学习平缝机的使用，并能较为熟练地操作。

2. 了解平缝机的线迹成缝过程。

3. 了解并掌握平缝机各机械主要工作构件的配合。

二、实训工具和设备

1. GC 系列平缝机。

2. 缝纫线、30cm×21cm 面料若干块。

3. 牛皮纸、直尺、铅笔、锥子、剪刀、梭芯、梭壳。

三、实训任务

1. 学习平缝机的装针及穿线方法。

2. 观察平缝机线迹成缝过程。

3. 在 30cm×21cm 面料上车缝如图 2 - 1 所示图形。

四、实训报告

1. 独立完成 1 块带有如图 2 - 1 所示线

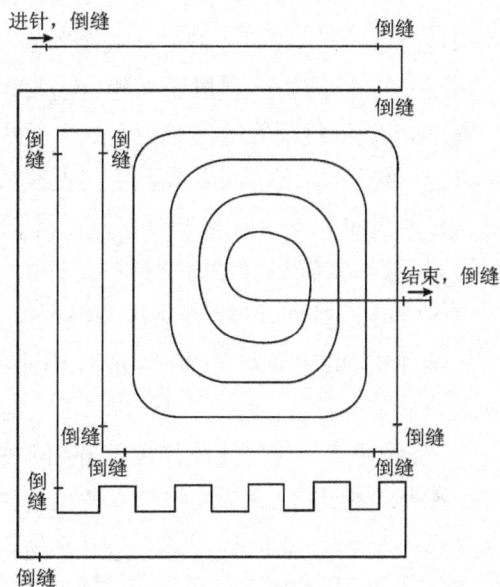

图 2 - 1　缝纫机练习图

迹的面料。

2. 简述平缝机的穿线方法及成缝过程。

3. 总结本次实训的收获。

五、实训步骤和方法

1. 平缝机的装针、穿线方法及线迹形成原理。

（1）装针。转动上轮，使针杆上升到最高位置，旋松装针螺丝，将机针的长槽朝向操作者的左面，然后把针柄插入针杆下部的针孔内，使其碰到针杆孔的底部为止，再旋紧装针螺丝即可，如图 2-2 所示。

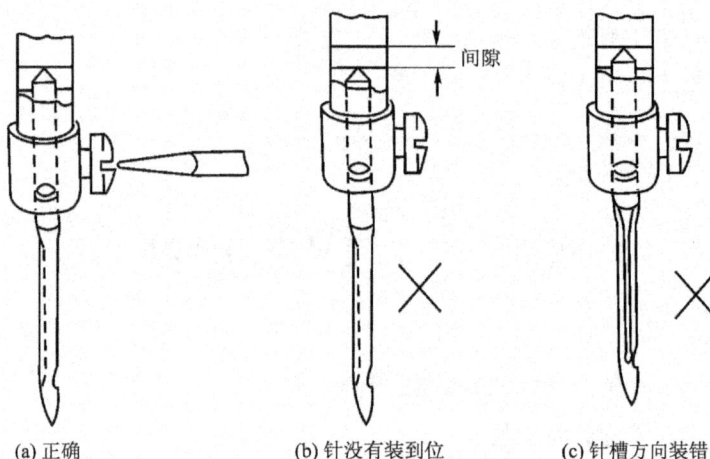

(a) 正确　　　　　(b) 针没有装到位　　　　(c) 针槽方向装错

图 2-2　平缝机装针示意图

（2）穿线。穿面线时针杆应在最高位置，然后由线架上引出线头，按图 2-3 所示顺序穿线。穿面线的顺序是：转动机器上轮，使挑线杆 8 升至最高位置，把缝线由线架的过线钩上拉下来，穿入缝纫机顶部的过线板 1 的右孔中，经过夹线板 2，自左孔中引出，再经过三眼线钩 3 的三个线眼，向下套入夹线器 4 的夹线板之间。再钩进挑线簧 5，绕过缓线调节钩 6，向上钩进右进线钩 7，再穿过挑线杆 8 的线孔，然后向下依次钩左线钩 9、针杆套筒线钩 10、针杆线钩 11，最后将缝线自左向右穿过机针 12 的针孔内，并引出 3cm 左右的线备用。

引底线时，先将面线线头捏往，转动主动轮，使针杆向下运动，再回升到最高位置，然后拉起捏往的面线线头，底线即被牵引上来。最后将底、面两根线头一起置于压脚下前方。

（3）绕线调节。梭芯线应排列整齐而紧密。如松浮不紧，可以加大过线架夹线板 2 的压力。如排列不齐，则要对绕线器轴 4 的位置进行调整，如图 2-4 所示。

注意：梭芯线不要绕得过满，否则容易散落，适当的绕线量为平行绕线至梭芯外径的 80%，绕线量由满线跳板 5 上的满线度调节螺丝加以调节。绕线时抬起压脚，以防送布牙磨损。

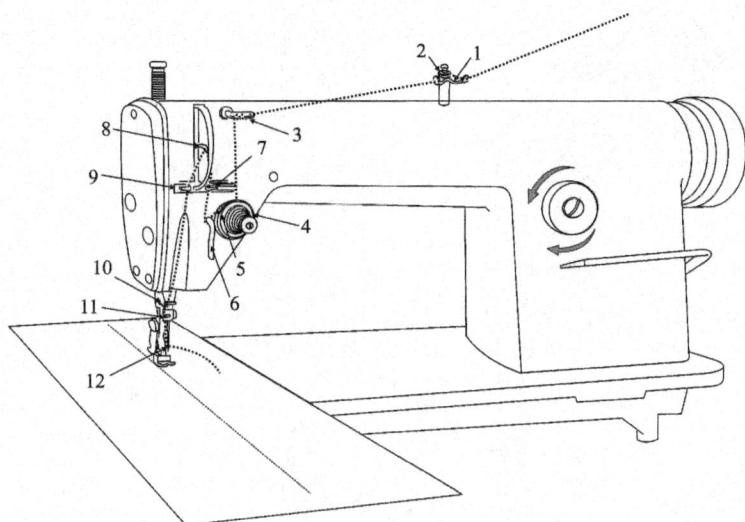

图 2 - 3　平缝机穿面线示意图

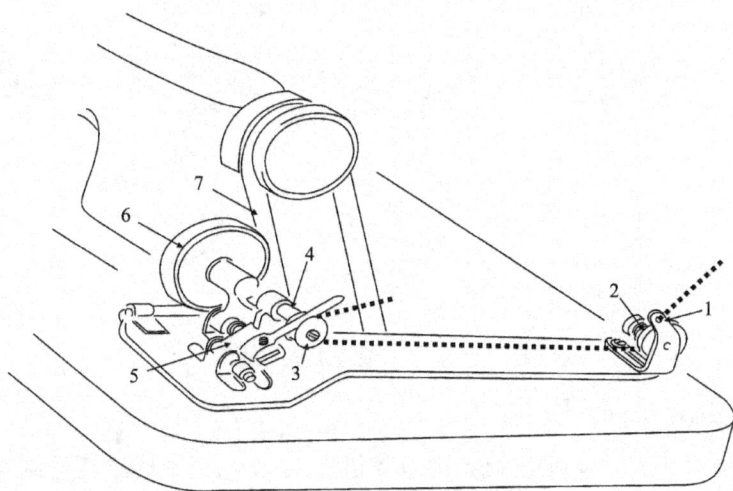

图 2 - 4　平缝机绕梭芯线示意图

1—过线架　2—压线板　3—梭芯　4—绕线器轴　5—满线跳板　6—绕线轮　7—皮带

　　(4)装梭芯。穿梭子线,是将绕满底线的梭芯放入梭子内,再把线头拖进槽中,使线头滑入梭皮的下面,再将其拖进梭皮端部的导线孔内,最后引出 3cm 左右线备用,如图 2 - 5 所示。

　　(5)平缝机线迹的形成原理。工业平缝机完成的线迹大多是双线锁式线迹。双线锁式线迹是由面线和底线组成,其交织点位于缝料厚度中央。该线迹是由带面线的机针上下直线运动和带底线梭子的摆动或旋转准确的运动配合实现的。如图 2 - 6 所示为旋梭与机针配合实现锁式线迹的过程。

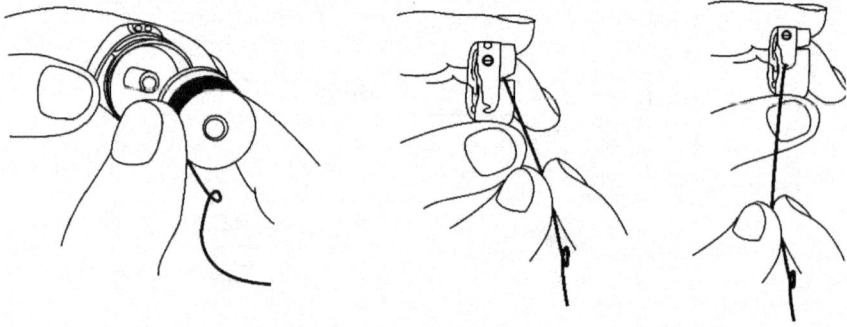

图 2-5 平缝机装梭芯示意图

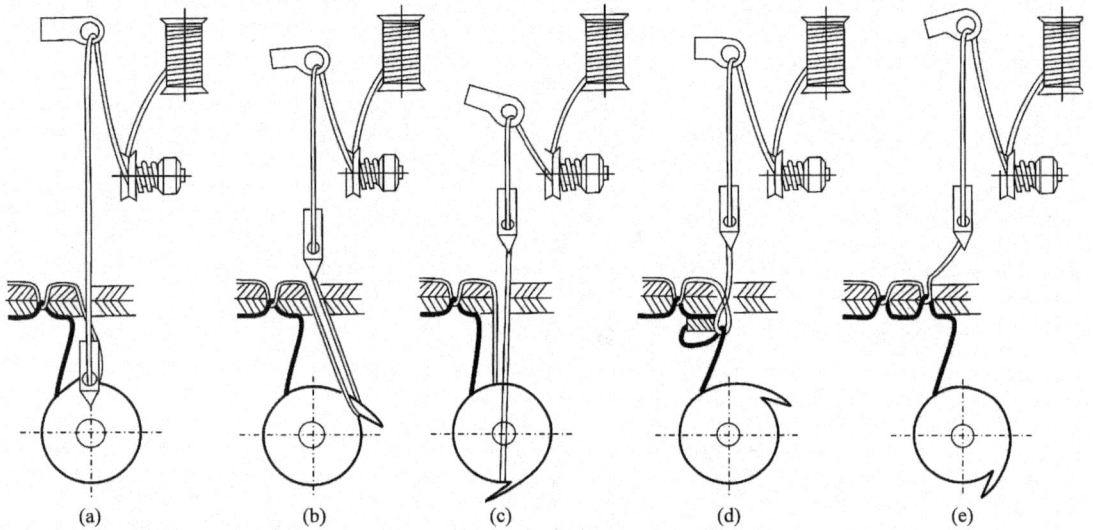

(a)　　　(b)　　　(c)　　　(d)　　　(e)

图 2-6 锁式线迹形成原理图

2. 平缝机的操作练习。

（1）空机操作练习。工业平缝机是由电动机提供动力,通过脚踏板控制离合器而达到控制平缝机的启动、制动及转速的大小。由于离合器的传动很灵敏,平缝机动、停及转速的大小完全与踏动踏板力的大小有关,踏动踏板的力越大,机器的转速越大,反之转速越小。因此,空机练习时主要体会脚下用力的大小与机器转速大小间的关系,直到控制自如,然后练习控制缝纫走向。由于工业平缝机的转速较高,相对来说,缝纫走向较难控制,练习时可从慢至快,从直线到转角逐步练习。

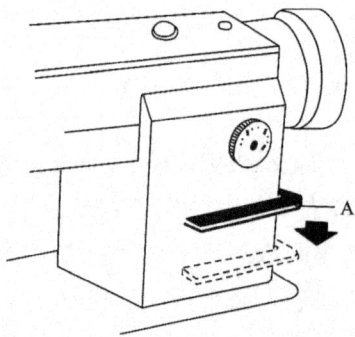

图 2-7 平缝机倒车示意图

（2）缉直线、弯线及倒缝练习。空机练习达到一定时间,对机器的转速控制自如之后,应针对性的进行缝制练习。可以在废布片上画上一些不规则的直线与折角弯线等组合线条,然后按照画线缉压缝线,直到能使缝线完全吻合画线轨迹。其中还要有倒缝的练习,因为缝制成品时常要进行倒缝,以确保缝边牢度。工业平缝机一般都有倒向送料控制机构,需要倒向送料时,如图2-7所示,只要将倒送扳手A向下按压至虚线位置,即能进行倒送。放松后,倒缝扳手自动复位,这时又恢复顺向送料。倒缝要能控制回针数在设定要求之内。

实训二　平缝机的使用与调节练习

一、实训目的
1. 学习平缝机的使用,并能较为熟练地调节其底、面线的松紧度。
2. 学习平缝机的密度调节。
3. 进一步熟悉缝纫机的使用。

二、实训工具和设备
1. GC系列平缝机。
2. 缝纫线、30cm×21cm面料若干块。
3. 直尺、铅笔、锥子、剪刀、梭芯、梭壳。

三、实训任务
1. 学习平缝机的使用与调节方法。
2. 学习各种缝型的缝制工艺。
3. 分别在面料上运用不同缝型车缝一段距离(20cm以上),并注明缝型种类。

四、实训报告
1. 完成九种不同缝型的缝制,并在面料上注明相应的缝型种类。
2. 简述并绘制平缝机底面线、线迹密度的调节方法。
3. 总结本次实训的收获。

五、实训步骤和方法
1. 平缝机面线和底线的松紧度及其调节(表2-1)。
2. 线迹密度的调节。密度调节器在机头右侧,如图2-9所示,密度盘A上有0~4的数字,即针距在0~4mm间调节,调节时只要旋动旋钮,使所需针距数字对准密度板上的箭头,即得相应针距。当顺时针转动旋钮时针距调短,当逆时针转动时针距调长。缝软薄料时,一般6~8针/cm;缝厚料时一般3~4针/cm;缝一般缝料时则为4~6针/cm。
3. 压脚压力调节。压脚压力要根据缝料的厚度加以调节,首先旋松螺母,如图2-10所示。在缝纫厚料时,应加大压脚压力,按图2-10(a)所示方向转动调压螺丝,缝纫薄料时,

表 2-1　平缝机面线和底线的松紧度及其调节方法对照表

线 迹	产生原因	图 示	调整方法
正常	面、底线松紧度合适，两线的绞锁点在缝料的中间，并且两线都与缝料密贴		—
翻底线（浮面线）	面线张力过大或底线张力过小，底线被面线拉在缝料的上面		若面线张力过大，旋松夹线器螺母；若底线张力过小，旋紧梭皮调节螺钉，见图2-8(a)
翻面线（浮底线）	底线张力过大或面线张力过小，面线被底线拉在缝料的下面		若底线张力过大。旋松梭皮调节螺钉；若面线张力过小，旋紧夹线器螺母，见图2-8(b)
浮线	面线和底线张力都过小，虽两线绞锁点在缝料中间，但不与缝料密贴而浮在两表面		同时旋紧夹线器螺母和梭皮调节螺钉
紧线	面线和底线张力都过大，虽两线绞锁点在缝料中间，但线迹很紧并嵌入缝料，产生皱缩和不平直，甚至线崩裂		同时旋松夹线器螺母和梭皮调节螺钉

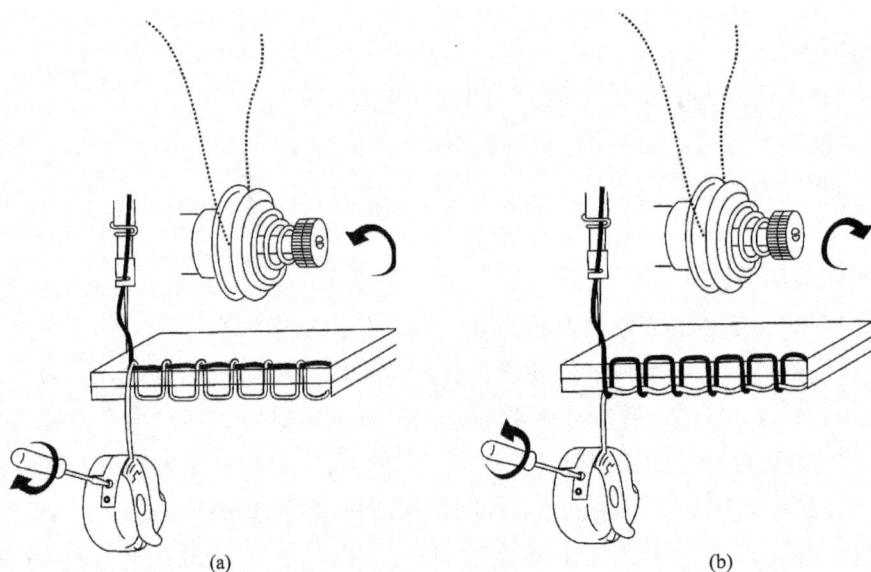

(a)　　　　　　　　　　　(b)

图 2-8　浮面线、浮底线的调节指示图

34

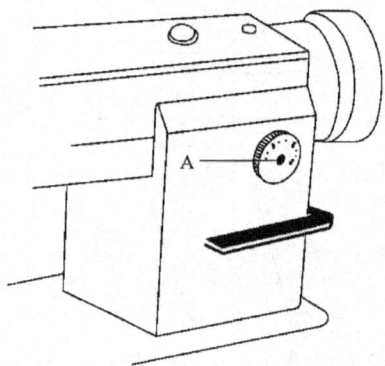

图 2 - 9　密度调节示意图

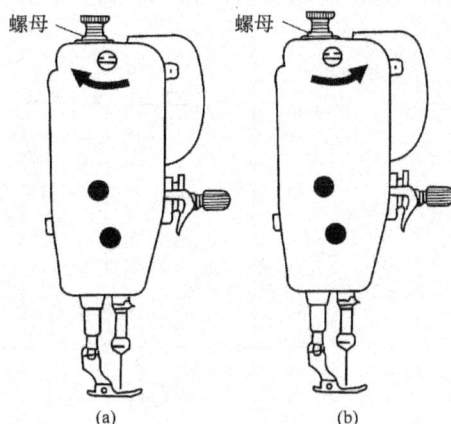

图 2 - 10　压脚压力调节示意图

可按图2-10(b)所示方向转动调压螺丝,以减少压脚压力,应以能正常推进送缝料为宜。

4. 缝型的缝制工艺。衣服是由不同的缝型连接在一起的。由于服装款式以及适用范围的不同,在缝制时,各种缝型的连接方法和缝份的宽度也就不同。缝份的加放对于服装成品规格起着重要的作用。

(1)平缝(合缝)。即将两层缝料面面相对,在反面缉线的缝型,见图2-11。这种缝型宽

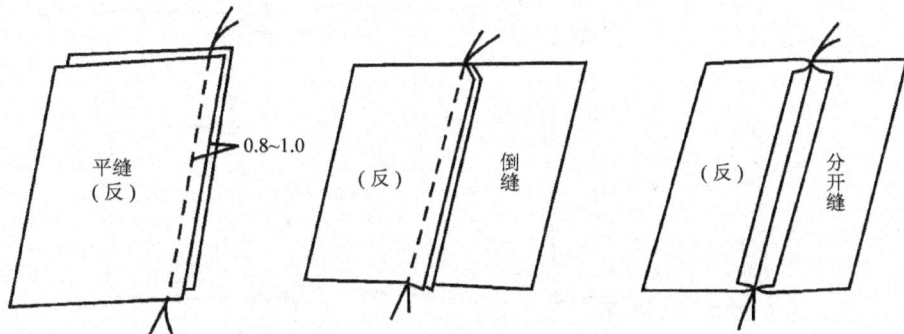

图 2 - 11　平缝

一般为0.8～1.2cm,在缝纫工艺中,这种缝型是最简单的缝型。将缝份倒向一边的称倒缝;缝份分开烫平的称分开缝。平缝广泛使用于上衣衣身的肩缝、侧缝,袖子的内外缝,裤子的侧缝、下裆缝等部位。缝制在开始和结束时需做倒回针,以防线头脱散,并注意上下层缝料的齐整。

(2)扣压缝(克缝)。即先将缝料按规定的缝份扣倒烫平,再把它按规定的位置组装,缉0.1cm的明线,见图2-12。扣压缝常用于男裤的侧缝、衬衫的覆肩、贴袋等部位。

(3)内包缝(反包缝)。即将缝料面面相对重叠,在反面按包缝宽度做成包缝。缉线时缉在包缝的宽度边缘。包缝的宽窄是以正面的缝迹宽度为依据,有0.4cm、0.6cm、0.8cm、1.2cm等,见图2-13。内

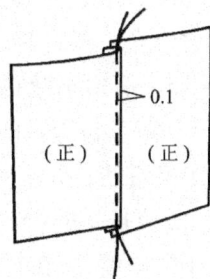

图 2 - 12　扣压缝

35

包缝的特点是正面可见一根线,反面是两根底线。常用于肩缝、侧缝、袖缝等部位。

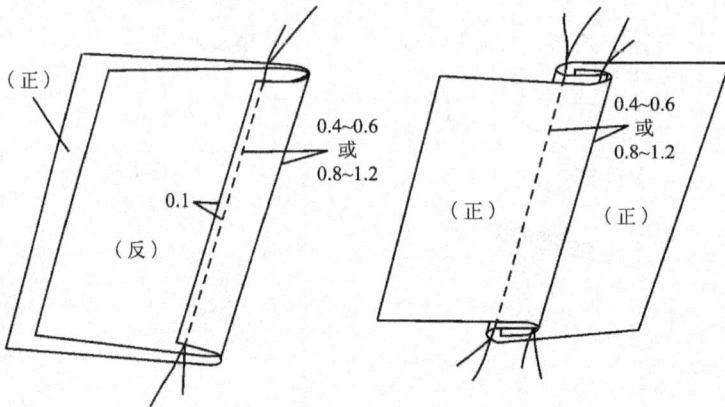

图 2 - 13　内包缝

(4)外包缝(正包缝)。缝制方法与内包缝相同,将缝料的反面与反面相对重叠后,按包缝宽度做成包缝,然后距包缝的边缘缉 0.1cm 明线一道,包缝宽度一般有 0.5cm、0.6cm、0.7cm 等多种,见图 2 - 14。外观特点与内包缝相反,正面有两根线(一根面线,一根底线),反面是一根底线。常用于西裤、夹克等服装中。

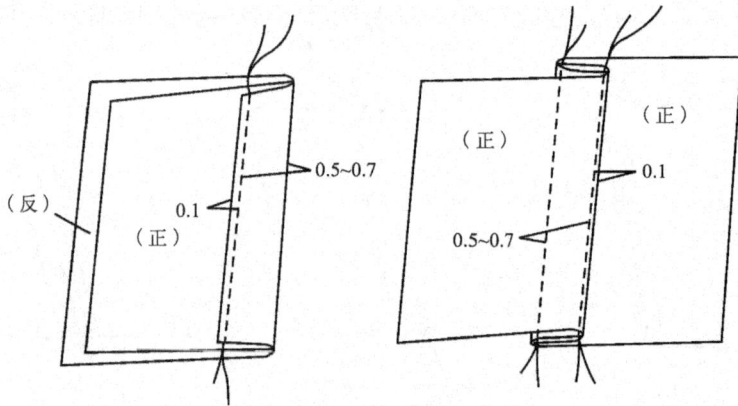

图 2 - 14　外包缝

(5)来去缝。即正面不见缉线的缝型。缝料反面相对后,距边缘缉明线,并将缝料边缘毛屑修光。再将两缝料正面相对后缉 0.7cm 的缝份,且使第一次缝份的毛屑不能露出,见图 2 - 15。适用于缝制薄型面料的服装。

(6)滚包缝。即只需一次缝合,并将两块缝料的毛茬均包干净的缝型,见图 2 - 16。既省工又省线,适宜于薄料服装。

(7)搭接缝(骑缝)。即将两块缝料拼接的缝份重叠,在中间缉一道线将其固定,可减少缝子的厚度,多在拼接衬布时使用,见图 2 - 17。

(8)分压缝(劈压缝)。即先平缝,后向两侧分开,再在分开缝基础上加压一道明线而形成的缝型,见图 2 - 18。其作用一是加固,二是使缝份平整。常用于裤裆、内袖缝等部位。

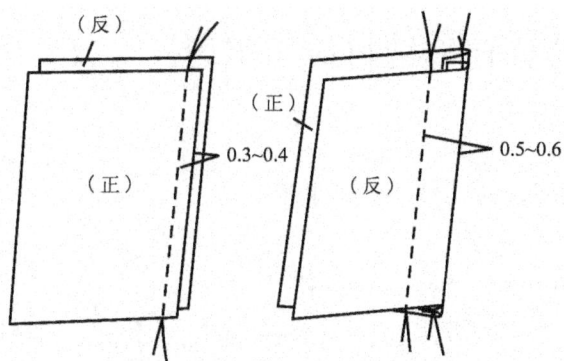

图 2 – 15 来去缝

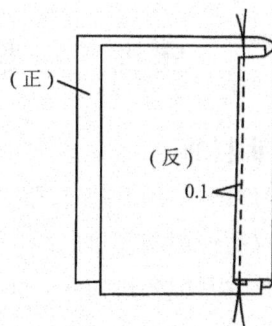

图 2 – 16 滚包缝

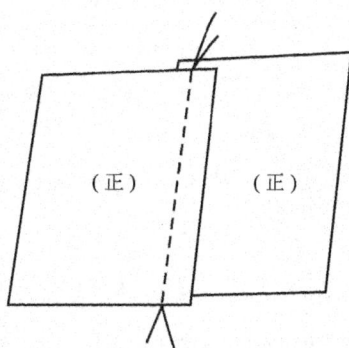

图 2 – 17 搭接缝

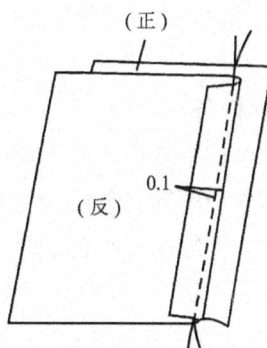

图 2 – 18 分压缝

（9）闷缝。将一块缝料折烫成双层（边缘先折净烫光），下层比上层宽0.1cm，再将包缝料塞进双层缝料中，一次成型，见图2-19。常用于缝制裙、裤的腰或袖克夫等需一次成缝的部位。缝制时注意边车缝边用镊子略推上层缝料，保持上下层松紧一致。

（10）坐缉缝。先平缝，再将缝份朝一边坐倒，烫平后在坐倒的缝份上缉明线，见图2-20。常用于夹克、休闲类衬衣等服装的拼接缝，其主要作用一是加固，二是固定缝份，三是装饰。

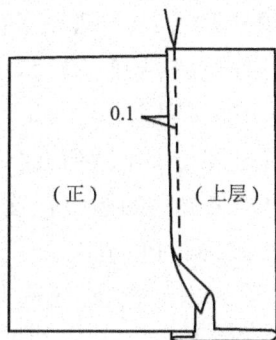

图 2 – 19 闷缝

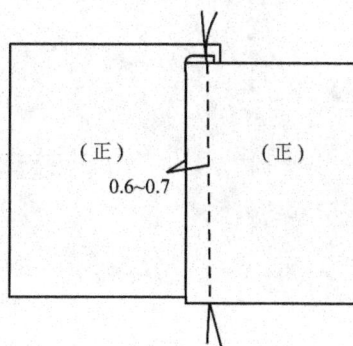

图 2 – 20 坐缉缝

实训三　专用及装饰用缝纫机应用练习

一、实训目的

1. 学习部分专用及装饰用缝纫机的使用,并能较为熟练地操作。
2. 了解所使用缝纫机的线迹成缝过程。
3. 了解并掌握各机械主要工作构件的配合。

二、实训工具和设备

1. 部分专用及装饰用缝纫机,如包缝机、链缝机、绷缝机等。
2. 缝纫线、30cm×21cm 面料若干块。
3. 直尺、铅笔、锥子、剪刀、梭芯、梭壳。

三、实训任务

1. 从流水线中找出属于专用及装饰用缝纫机的机种。
2. 操作各种不同类型的缝纫机,学习各类缝纫机的穿线方法。
3. 观察各类缝纫机线迹成缝过程。
4. 分别在六块面料(双针三线绷缝线迹,三针五线绷缝线迹,三线包缝线迹,四线包缝线迹,单线链式线迹,双线链式线迹)上车缝一段距离(20cm 以上),包括两种以上线迹密度的线迹,并注明线迹类型。

四、实训报告

1. 独立完成六块带有线迹的面料,并标注相应的机械名称和线迹类型。
2. 简述包缝机、绷缝机及链缝机的穿线方法。
3. 总结本次实训的收获。

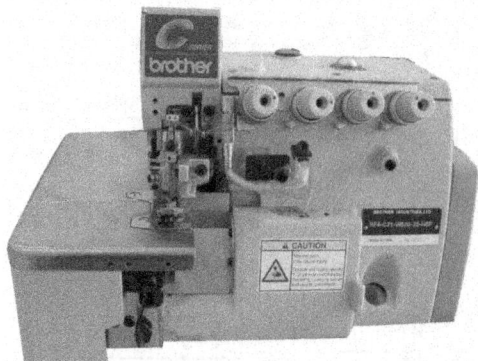

图 2-21　包缝机外形图

五、实训步骤和方法

1. 包缝机的穿线方法及其线迹结构。能够形成各种包缝线迹(500 级线迹)的缝纫机称为包缝机(图 2-21),工厂中俗称拷克车。包缝机属于 GN 系列缝纫机,在缝制过程中线迹能将缝料的边缘包覆起来,防止缝料边缘脱散,同时包缝机上带有刀片,可以切齐并缝合缝料的边缘,缝迹有很好的弹性和强力。

根据形成线迹的类型,包缝机可分为单

线包缝机、双线包缝机、三线包缝机、四线包缝机和五线包缝机等。其中单线包缝机、双线包缝机、三线包缝机都只有一根直针；四线包缝机、五线包缝机都有两根直针。

（1）包缝机的穿线方法。包缝机的外形如图2-21所示，穿线方法如图2-22~图2-25所示。

（2）包缝机的线迹结构。三线包缝、四线包缝、五线包缝实物图及其线迹结构图如图2-26~图2-31所示。

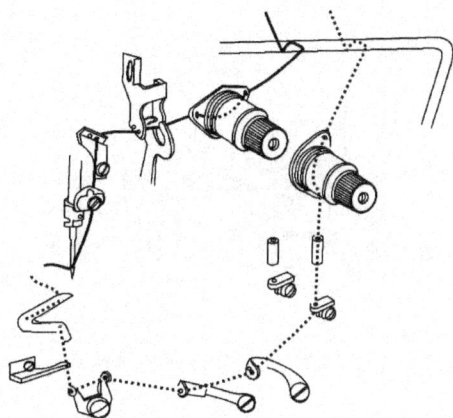

图2-22　两线包缝机穿线图

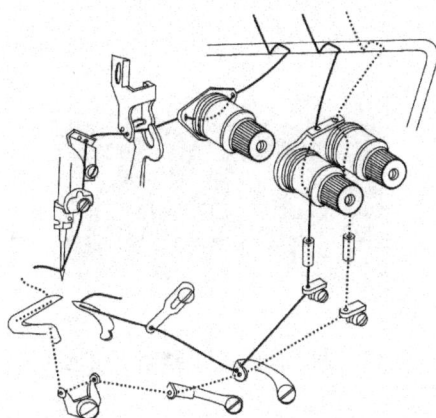

图2-23　三线包缝机穿线图

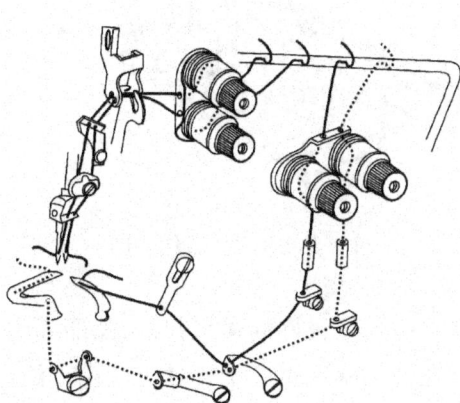

图2-24　四线包缝机穿线图

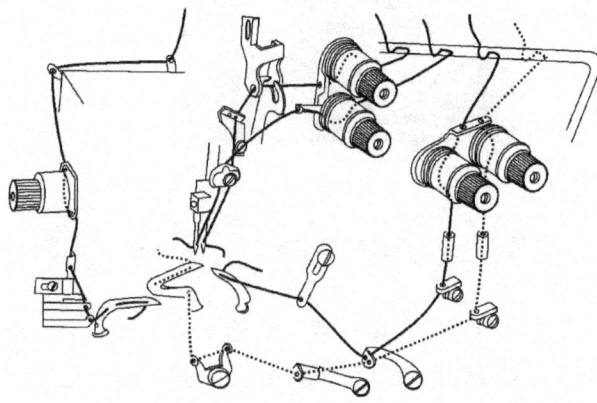

图2-25　五线包缝机穿线图

2. 绷缝机的穿线方法及其线迹结构。绷缝机是由两根及以上直针与一个带线弯针相互配合形成部分400级多针链式线迹和600级覆盖线迹的缝纫机。400级绷缝类线迹一般不带有装饰线，一般在线迹的正面看到的是几根相互平行的直线；而600级绷缝类线迹带有装饰线，而且由于装饰线数不同，所形成的线迹结构也不同，该线迹具极强的装饰性。

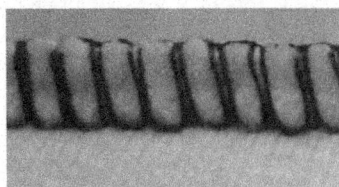

图2-26 三线包缝实物图（正面）

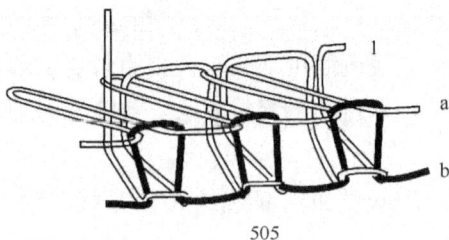

图2-27 三线包缝线迹结构图

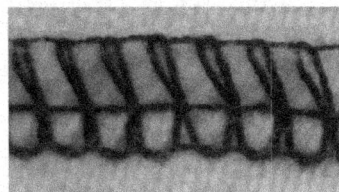

图2-28 四线包缝实物图（正面）

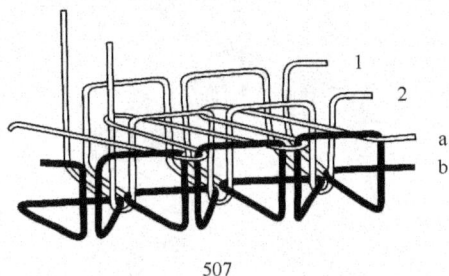

图2-29 四线包缝线迹结构图

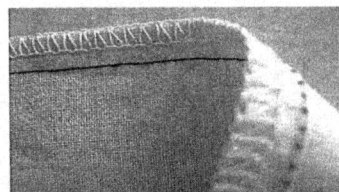

图2-30 五线包缝实物图（正面）

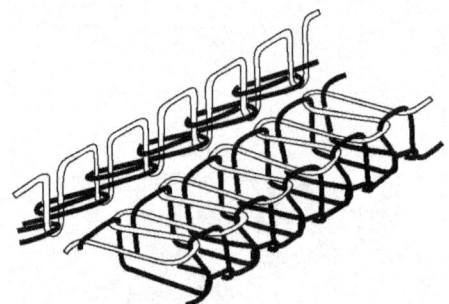

图2-31 五线包缝线迹结构图

绷缝线迹的主要特点是线迹呈扁平网状，可以将缝料的边缘很好的覆盖起来，又能起到很好的装饰作用；同时绷缝线迹强力高、拉伸性好，因此在针织服装生产中绷缝机应用广泛。例如拼接、滚领、滚边、折边、绷缝加固、缩松紧带、饰边等。

绷缝机的分类方式有多种，根据外形可分平式车床绷缝机（图2-32）和筒式车床绷缝机（图2-33）。筒式车床绷缝机主要用于压领圈、肩缝、袖口、脚口等部位。根据饰缝线可将绷缝机分为无饰线绷缝线迹或"单面饰线绷缝线迹"和"双面饰线绷缝线迹"或覆盖线迹。根据针数和总线数可将绷缝机分为双针三线、三针四线、三针五线、三针六线、四针七线等。此外，还可加上绷缝机的特定功能及用途，使人们能很快了解该机器的性能，如四针六线自动切线绷缝机、三针五线滚领机（图2-34）等。

（1）绷缝机的穿线方法。绷缝机的穿线方法如图2-35所示。

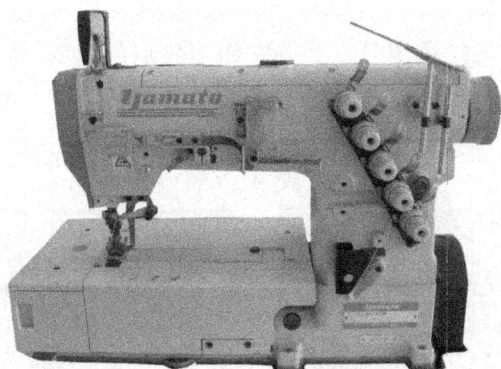

图2-32　平式绷缝机外形图

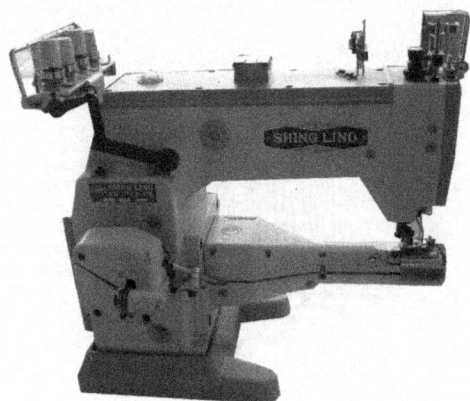

图2-33　筒式绷缝机外形图

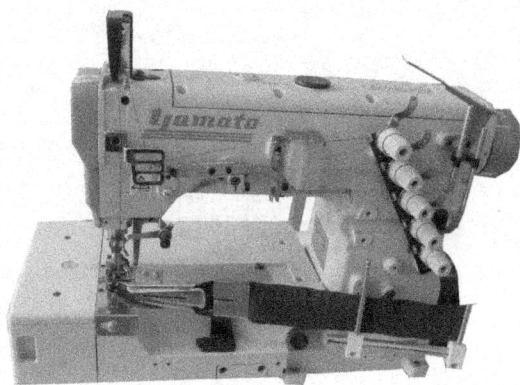

图2-34　三针五线滚领机外形图

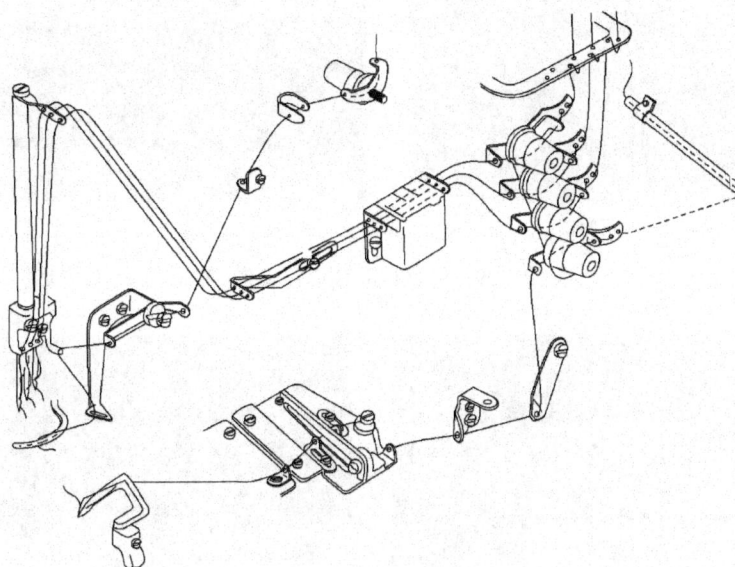

图2-35　绷缝机穿线图

（2）绷缝机的线迹结构。双针三线绷缝线迹实物图及其线迹结构图分别见图 2－36 和图 2－37；三针四线绷缝线迹结构图及其线迹实物图分别见图 2－38 和图 2－39；带饰线的双针四线绷缝线迹实物图及其线迹结构图分别见图 2－40 和图 2－42 所示；带饰线的三针五线绷缝线迹实物图及其线迹结构图分别见图 2－41 和图 2－43 所示。

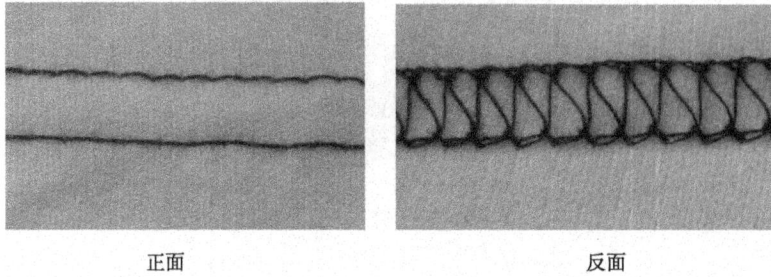

正面　　　　　　　　　　　　　　反面

图 2－36　双针三线绷缝线迹实物图

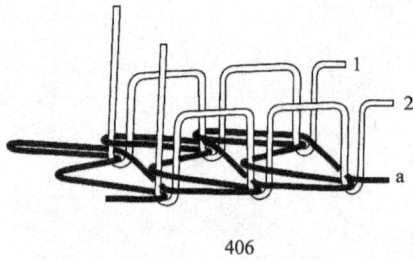

406

图 2－37　双针三线绷缝线迹结构图

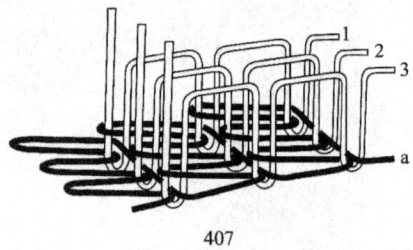

407

图 2－38　三针四线绷缝线迹结构图

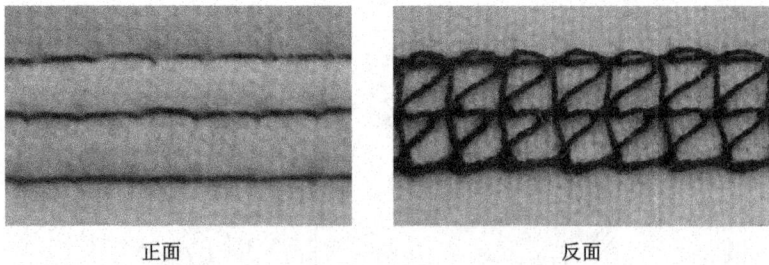

正面　　　　　　　　　　　　　　反面

图 2－39　三针四线绷缝线迹实物图

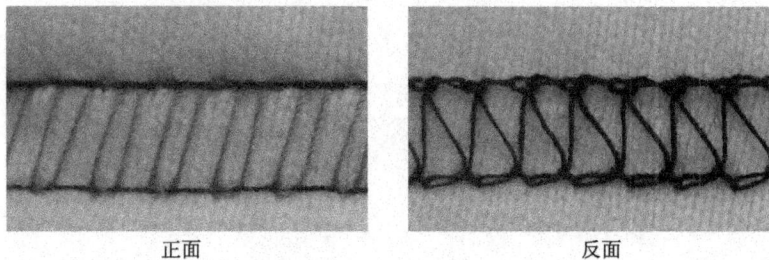

正面　　　　　　　　　　　　　　反面

图 2－40　带饰线的双针四线绷缝线迹实物图

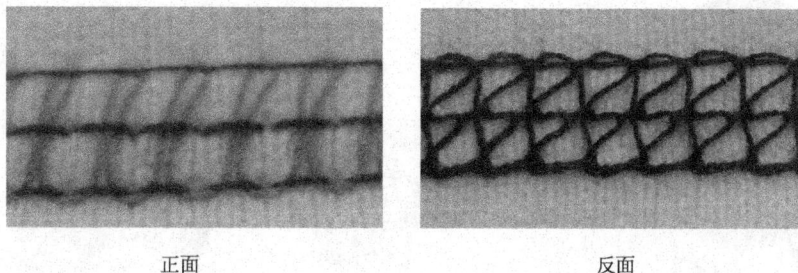

正面　　　　　　　　　　　　　　反面

图 2 - 41　带饰线的三针五线绷缝线迹实物图

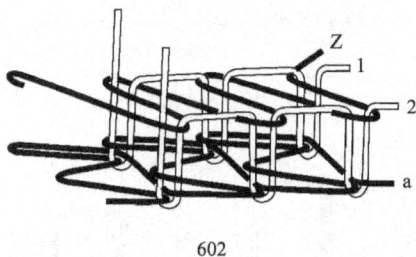

602

图 2 - 42　带饰线的双针四线绷缝线迹

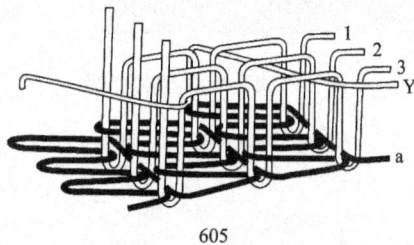

605

图 2 - 43　带饰线的三针五线绷缝线迹

3. 链缝机特点及其线迹结构。形成各种链式线迹的缝纫机统称为链缝机,它属于 GK 系列缝纫机。根据缝线数量不同,链缝机可分为单线链式缝纫机和双线链式缝纫机。

单线链式缝纫机是由一根针线形成 100 级线迹的缝纫机,由于它只有一根针线,无底线,一旦缝线断裂就会发生边锁脱散,因此在应用中受到一定的限制,目前针织厂已基本不使用该线迹。

双线链式线迹缝纫机是缝制 401 线迹的缝纫机。在缝料正面形成与锁式线迹相同的外观,反面呈链状。线迹的弹性和强力都较锁式线迹好,且不易脱散。因此,双线链式缝纫机在针织服装生产中被广泛使用,在很多场合替代平缝机,既提高了生产效率又使得产品质量得到提升。

双线链式缝纫机在针织服装生产中一般根据其用途进行命名,如用于针织服装滚领的称为滚领机;用于缝制松紧带的称为松紧带机;用于缝钉饰条的称为扒条机等。

根据直针个数和缝制需要,链式缝纫机有单针双线链式缝纫机、双针四线链式缝纫机、三针六线链式缝纫机等,以实现多种缝制目的。三针六线链式线迹实物图及链式缝纫机外形图分别见图 2 - 44 和图 2 - 45,单针两线链式线迹见图 2 - 46。

4. 钉扣机的特点及其线迹结构。钉扣机是专门用于缝钉各种纽扣的专用缝纫机,一般采用单线链式线迹或锁式线迹(图 2 - 47)。现代钉扣机可缝钉出多种缝制图案的平纽扣,加装不同的附件后,还可以缝钉各种金属带柄纽扣、带柄塑料扣、子母扣等。只要变换各种附件,就可以变换缝钉形式和缝钉针数及各种钉扣缝型。图 2 - 48 所示为平缝钉扣机,图 2 - 49 所示为常见纽扣缝型。

图 2 - 44　三针六线链式线迹实物图

图 2 - 45　三针六线链式缝纫机

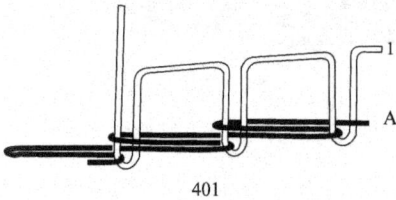

401

图 2 - 46　单针两线链式线迹

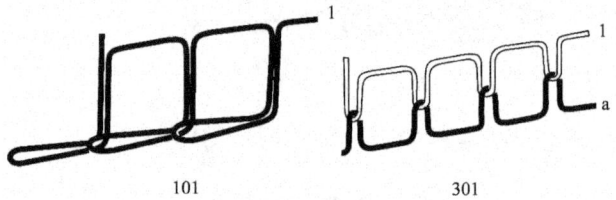

101　　　　　　　　301

图 2 - 47　钉扣机常用线迹

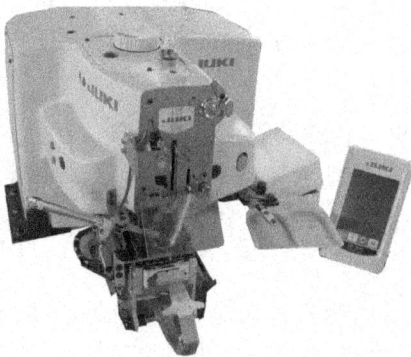

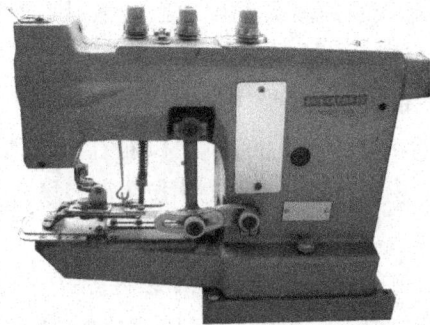

图 2 - 48　平缝钉扣机

图 2 - 49　常见纽扣缝型

5. 锁眼机。锁眼机又称开纽孔机,按所开纽孔的形状可分为平头锁眼机(图2-50)和圆头锁眼机(图2-51)两种。平头锁眼机一般以平缝线迹为主,有时也可为链式线迹,适合于针织衬衣、休闲装等较薄型面料服装;圆头锁眼机主要适合于较厚型的机织面料服装。平头锁眼机的纽孔形状及圆头锁眼机的纽孔形状分别见图2-52和表2-2。

图2-50　平头锁眼机

图2-51　圆头锁眼机

方角型　　放射方角型　　圆型　　放射型　　圆头方角型　　放射型套结

图2-52　平头锁眼机纽孔形状

表2-2　圆头锁眼机纽孔形状

圆 头 眼				平 头 眼			
收尾无套结	收尾套结	平尾套结	圆头套结	收尾无套结	收尾套结	平尾套结	圆头套结

6. 缲边机的特点及其线迹结构。缲边机又称扦边机,是专门用于各类外衣服装下摆和裤脚缲边用。缲边机所用机针是弯针,它只穿刺折边层的巾边布而不穿透正面面料,因而衣服正面无针迹显露,故也称暗缝缝纫机(图2-53)。缲边机多数是单线链式线迹(103线迹),有时也可用锁式缲边线迹(320线迹),如图2-54所示。

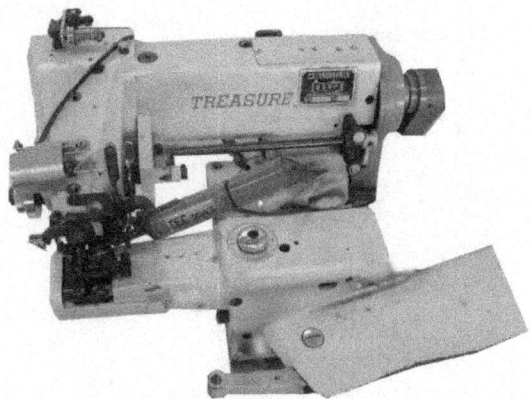

图2-53　缲边机外形结构图

45

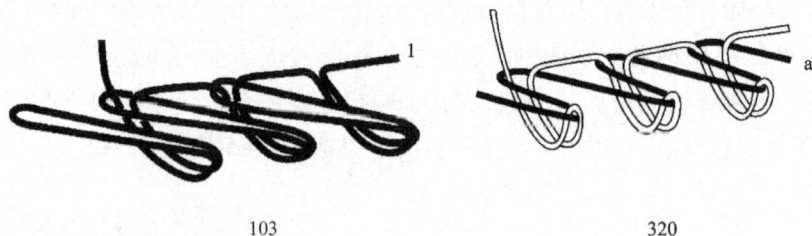

103   320

图 2 – 54   缲边线迹结构图

实训四 缝型应用练习

一、实训目的

1. 了解缝型的分类及标号方法。

2. 了解缝型常用标绘方法。

3. 熟悉针织服装生产常用缝型标号。

二、实训工具和设备

1. 针织服装三件。

2. 工作台每人一个。

3. 直尺、铅笔、白纸。

三、实训任务

1. 从日常生活中找出三件不同的针织服装,分析各缝制部位所用缝型。

2. 写出各缝型名称,并画出缝型示意图。

四、实训报告

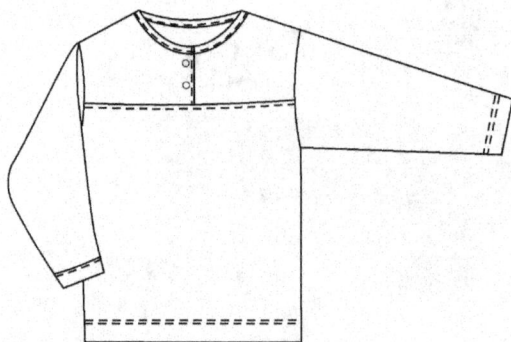

图 2 – 55   分割型长袖 T 恤

1. 简述缝型的分类、缝型的国际标准标号方法。

2. 独立完成三款针织服装的缝型分析,并写出各缝型名称、画出缝型示意图。

3. 写出图 2 – 55 所示针织服装的缝制工艺流程、各部位缝型名称,并画出缝型示意图。

五、实训步骤和方法

1. 缝型的国际标准标号方法。国际标

准化组织于 1981 年 3 月拟订出缝型的国际标准(ISO/DIS 4916),对各种缝型做了分类并规范了图示和标示。

(1)缝型的分类。在国际标准中,根据所缝合的布片数量和配置方式,将缝型分为八大类,如图 2-56 所示。其中布片按布边在缝合时的位置分为有限和无限两种,缝迹直接配置其上的布边称为有限布边,远离缝迹的布边称为无限布边。图中有直线表示的为有限布边,用波浪线表示的为无限布边。

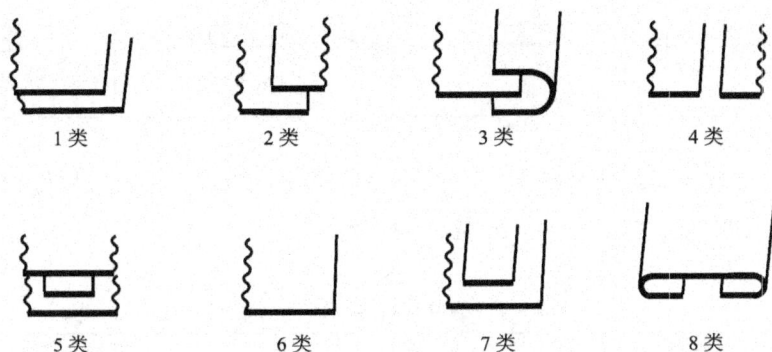

图 2-56　缝型的分类

第一类缝型:由两片或两片以上缝料组成,且两层缝料的有限布边在同一侧,其中包括一片缝料两侧均为有限布边的布片。

第二类缝型:由两片或两片以上的缝料组成,其有限布边各处一侧,两布片相对配置,互相搭叠。如再有布片,其有限布边可随意位于一侧,或者两侧均为有限布边。

第三类缝型:由两片或两片以上缝料组成,其中一片缝料有一侧布边是有限的,另一片的布边两侧均为有限布边,并骑跨第一片的边缘,把第一片布片的有限布边夹裹其中。如果再有布片可以同第一片或同第二片。

第四类缝型:由两片或两片以上缝料组成,两片缝料在同一平面上相对向,其有限布边各处一侧。如再有布片,其有限布边可随意位于一侧或两侧均为有限布边。

第五类缝型:由一片或一片以上缝料组成,如缝料在两片以下,其两侧均为无限布边。如再有布片,其一侧或两侧均可是有限布边。

第六类缝型:只有一片缝料,其中一侧(左或右均可)为有限布边。

第七类缝型:至少要由两片缝料形成,其中一片的一侧为有限布边,其他缝料两边均为有限布边。

第八类缝型:由一片或一片以上缝料组成,不管片数多少,所有缝料两侧均为有限布边。

(2)缝型的标号方法。在国际标准中,缝型的标号由一组五位阿拉伯数字来表示。

第一位数字表示缝型的分类,用 1,2,3,…,8 来分别表示缝型的分类号数。

第二、第三位数字表示缝料实际配置的形态,用 01,02,03,…,99 两位数字表示。如表 2-3 所示。

表 2 - 3　缝料实际配置形态

1.01	2.04	3.03	4.07
合缝	双包边	滚边	绱拉链
5.06	6.03	7.15	7.75
扒条	折边	绱单道松紧带	绱双道松紧带

第四、第五位数字表示缝针穿刺布片的部位和形态，有时也表示布料位置排列关系，也用 01，02，03，…，99 两位数字表示。如表 2 - 4 所示。

表 2 - 4　缝针穿刺缝料的标号举例

1.06.02	2.04.04	3.03.08	6.06.01
来去缝	双包边	犬牙边	包缝折边

除以上所述外，有时在缝型的标号后面划斜线，斜线下方表示选用的线迹代号，如 1.01.01/301 为合缝缝型，选用 301 锁式线迹。该缝型为第一类缝型，缝料由两片构成合缝形状，上下层缝料的有限边合齐；缝针在缝料的有限边边缘穿刺，并穿过所有缝料。

（3）图示常用标绘方法说明。

①图示常以形成缝型所需的缝料的最少层数来表示。

②缝针穿刺点或穿刺缝料途径由一条直线表示。缝针穿刺缝料有两种可能：一是穿过所有缝；另一种是缝并未穿透所有缝料或成为缝料的切线。如表 2 - 5 所示。

表 2 - 5　缝针穿刺缝料的形态

穿过所有缝料	未穿过所有缝料	成为缝料的切线

③管形横切面（如衬绳等）用一大圆点表示。

④所有缝型示意图都按缝纫机上缝合的情况绘出，如经多次缝合，应标绘最后一次缝合情况。

2. 针织生产常用缝型。在缝型的国际标准（ISO/DIS 4916）中，根据缝针的穿刺形式共标出 543 种缝型标号,现将针织品缝制中较为常用的缝型列于表 2-6 中,以供参考。

表 2-6　针织品缝制常用缝型标号

缝迹类型	缝型名称 (ISO 4916/4915)	缝型构成示意图	缝迹类型	缝型名称 (ISO 4916/4915)	缝型构成示意图
链缝类	双链缝合缝 (1.01.01/401)		锁缝类	合缝 (1.01.01/301)	
	双针双链缝双包边 (2.04.04/401+401)			来去缝 (1.06.02/301)	
	双针双链缝犬牙边 (3.03.08/401+404)			育克缝 (2.02.03/301)	
	双针扒条 (5.06.01/401+401)			滚边(小带) (3.01.01/301)	
	双链缝绷边 (6.03.03/409)			绱拉链 (4.07.02/301)	
	双针四线链缝松紧腰 (7.25.01/401)			钉口袋 (5.31.02/301)	
包缝类	三线包缝合缝 (1.01.01/504 或 505)			折边 (6.03.04/301 或 304)	
	四线包缝合缝 (1.01.03/507 或 514)			钉商标 (7.02.01/301)	
	五线包缝合缝 (1.01.03/401+504)		绷缝类	滚边 (3.03.01/602 或 605)	
	四线包缝合肩(加肩条) (1.23.03/512 或 514)			双针绷缝 (4.04.01/406)	
	三线包缝包边 (6.01.01/504)			折边(腰边) (6.02.01/406 或 407)	
	三线包缝折边 (6.06.01/505)			松紧带腰 (7.15.02/406)	

3. 缝型分析实例。

实例一:针织罗纹领短袖衫(图 2-57 中序号和表 2-7 中一一对应)。

(1)缝制工艺流程:领罗纹拼接(平车来回两道)→合肩缝(四线包缝)→绱领罗纹(三线包缝,接头位于左肩缝后 3cm)→肩缝及后领圈加固(双针四线链缝),衬本色布带→袖口折边(双针三线绷缝)→绱袖(四线包缝)→合大身(四线包缝)→下摆折边(双针三线绷缝,重针位于左侧缝后 2~3cm 处)→钉主标(位于后领中心绷缝线上 0.1cm,左右宽松度 0.5cm)。

(2)各部位缝型代号(表 2-7)。

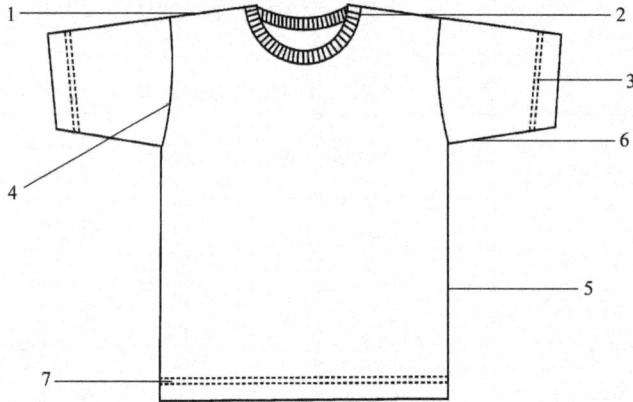

图 2-57 针织罗纹领短袖衫

表 2-7 罗纹领短袖衫各部位缝型代号

1. 合肩缝	2. 绱领罗纹	3. 袖口折边	4. 绱袖
1.23.03	1.01.01	6.02.01	1.01.03
5. 合大身	6. 合袖底缝	7. 下摆折边	
1.01.03	1.01.03	6.02.01	

实例二:针织运动裤(图 2-58 中序号和表 2-8 中一一对应)。

(1)缝制工艺流程:后袋口拷边(三线包缝)→后袋口折边 2cm(平缝)→绱袋(平缝)→做侧袋(平缝)→袋布四周缝合(四线包缝)→合侧缝(四线包缝)→压明线 0.6cm 于后片上(平缝)→合前后裆缝(四线包缝)→合下裆缝(四线包缝)→脚口折边(双针三线绷缝)→腰贴边锁扣眼两个(锁眼机)→腰贴边和松紧一起拷边(四线包缝)→腰口折边绱松紧带同时钉商标(四针八线链缝)→穿纱带(手工)。

(2)各部位缝型代号(表 2-8)。

表 2-8 运动裤各部位缝型代号

1. 后袋口拷边	2. 绱后袋	3. 做侧袋	4. 合侧缝	5. 压明线于后片
6.01.01	5.31.02	1.01.01	1.01.03	6.02.02
6. 合裆缝	7. 脚口折边	8. 腰贴边锁扣眼	9. 腰口折边绱松紧带	
1.01.03	6.02.01	6.05.01	7.75.01	

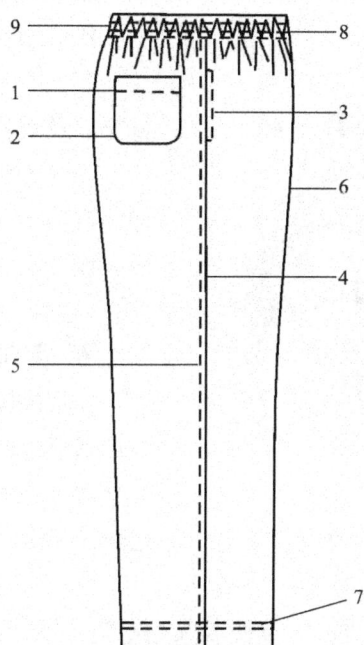

图 2 - 58　针织运动裤

实训五　针织服装规格设计应用练习

一、实训目的

1. 掌握示明规格的定义及表示方法。

2. 掌握针织成衣测量部位及规定。

3. 掌握针织服装规格尺寸设计的方法。

二、实训工具和设备

1. 针织服装若干件。

2. 人台每人一个。

3. 直尺、铅笔、白纸。

三、实训任务

1. 从日常生活中找出不同种类的针织服装,测量各部位规格尺寸。

2. 测量人体各部位数据。

3. 分析人体测量部位数据与服装主要规格之间的关系。

4. 针对所设计的服装款式,确定该款式的各部位规格尺寸。

图 2-59　插肩袖 T 恤

四、实训报告

1. 简述示明规格的定义及表示方法。

2. 画出所测针织服装款式图并标注测量方法及规格尺寸。

3. 设计如图 2-59 所示针织服装的各部位规格尺寸，并画出款式图、标注测量方法。设号型为 160/84A。

五、实训步骤和方法

1. 示明规格的定义及表示方法。服装是由若干衣片缝合而成，一件服装一般需要标注十几个甚至更多的尺寸才能完全表达其适穿程度。这些尺寸被称为服装的细部规格。

但有服装生产管理和销售时，为方便起见，在这些细部规格尺寸中，选用一个或两个比较典型部位的尺寸来表明该款服装的适穿对象，称为示明规格。示明规格一般在服装号标或吊牌的醒目位置标示出来。

我国服装常用的示明规格表示方法有：号型制、领围制、胸围制和代号制四种。

（1）号型制。号型制是国家技术监督局正式颁布的服装示明规格标准的表示方法，适用于男女、儿童各种外衣，其中"号"指人体的身高，"型"指人体的上体胸围或下体腰围，以厘米（cm）为单位。一般上装和下装分别标明号型，号与型之间用斜线分开，后接体型分类代号。例如上衣号型 160/84A，表示适用于身高 160cm 左右，基本胸围 84cm 标准体型的人穿用；裤子号型 160/68A，表示适合身高 160cm 左右，基本紧腰围为 68cm 标准体型的人穿用。

体型分类主要是依据胸围与腰围的差数将男女人体划分为四种体型，分别用字母 Y、A、B、C 表示，依次表示瘦型、标准型、偏胖型和胖型。具体量化标准见表 2-9 和表 2-10。

表 2-9　男子体型分类代号与尺寸范围　　单位：cm

体型分类代号	Y	A	B	C
胸围与腰围的差数	22~17	16~12	11~7	6~2

表 2-10　女子体型分类代号与尺寸范围　　单位：cm

体型分类代号	Y	A	B	C
胸围与腰围的差数	24~19	18~14	13~9	8~4

号型制中的每档级差按服装种类不同有所区别,称为系列。号型系列以各体型中间体为中心,向两边依次递增或递减组成。一般男女上装采用5·4号型系列,即身高以5cm、胸围以4cm为一档级差组成号型系列;男女裤(裙)采用"5·2号型系列",即体高以5cm,腰围以2cm为一档级差组成号型系列;童装由于儿童在不同阶段身体发育存在较大差异,不单纯使用一个系列,一般身高135cm以上的儿童上装采用5·4系列,下装采用5·3系列,身高80～130cm儿童,上装采用10·4系列,下装采用10·3系列,身高52～80cm婴儿,上装采用7·4系列,下装采用7·3系列。

(2)领围制。国际男衬衫几乎统一采用领围制作为示明规格的表示方法,它以成衣的领围尺寸来表示服装的规格。因为男衬衫通常与西装和领带搭配使用,因而领子的合体度和外观质量是评价男衬衫质量优劣的关键。

领围制的示明规格表示方法通常以厘米或英寸为单位。一般以1.5cm(1/2英寸)为一个档差,从34～43cm(13.5～16.5英寸),共7档规格。目前我国仍以1cm为一个档差,共有10档规格,即34cm、35cm、36cm、37cm、38cm、39cm、40cm、41cm、42cm、43cm。

(3)胸围制。胸围制是以上衣的成衣胸围尺寸或下装的臀围尺寸作为示明规格,主要用于针织贴身内衣、针织运动衣、针织休闲装、羊毛衫及部分紧身式针织外衣。

胸围制的表示方法以厘米或英寸为单位,内销产品一律以厘米为单位,以5cm为一个档差,其中50cm、55cm、60cm为儿童规格,65cm、70cm、75cm为少年规格,80cm以上为成人规格;出口产品多用英寸表示,以2英寸为一个档差,其中20英寸、22英寸、24英寸为儿童规格,26英寸、28英寸、30英寸为少年规格,32英寸以上为成人规格。

(4)代号制。采用英文字母或数字代表服装规格的称为代号制。用英文字母表示的有XS、S、M、L、XL等,象征性地代表服装规格的分档系列;用数字表示的有2号、4号、6号……12号等,其数字代表适穿儿童的年龄。

代号制中的代号本身没有确切的尺寸含义,只是表示相对大小,如上衣S代表小号,它的胸围实际尺寸可以是75cm、80cm甚至更大,而以后每一个号均比前一个号大一档(5cm或2英寸)。出口服装大多采用代号制,一般客户都会提供某个号的实际规格尺寸,其他号即可依此类推。

2. 针织成衣测量部位及规定。针织服装种类很多,其规格尺寸测量方法有所不同,现将我国针织生产中常见针织服装品种的测量部位及规定介绍如下。

根据国家标准(GB/T 8878—2002)规定,主要对针织内衣六个主要测量部位(衣长、胸围、袖长、裤长、直裆、横裆)做了规定,同时根据实际生产需要对其他一些相对重要的部位也做了图示说明,如图2-60～图2-63所示。

针织成衣各主要部位的测量方法如表2-11～表2-13所示。

测量时应注意的问题:

(1)款式不同测量部位的差异。

衣长:平肩产品是由肩宽中间量至底边,斜肩产品由肩缝最高处量至底边。

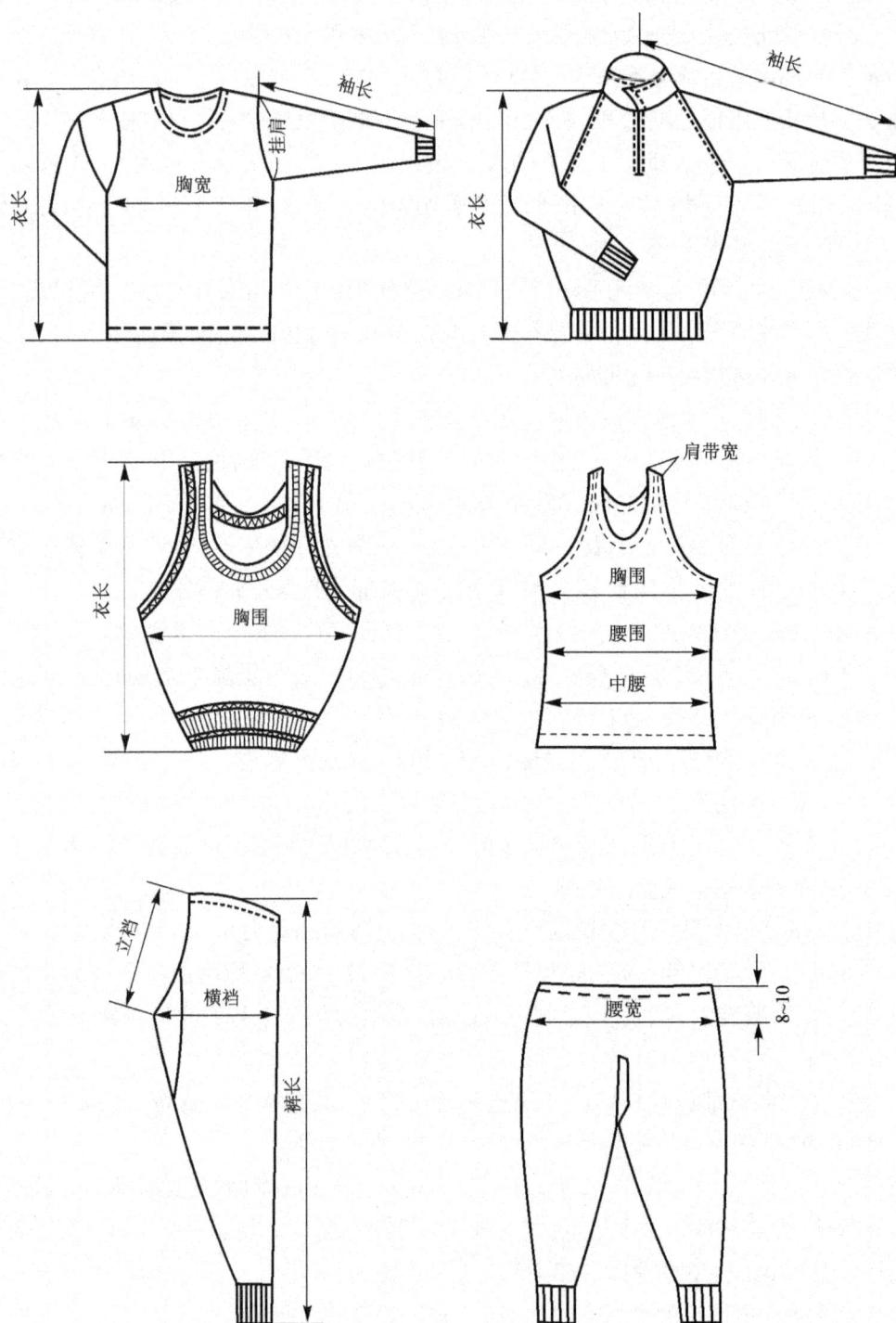

图 2-60 常见针织内衣各测量部位示意图

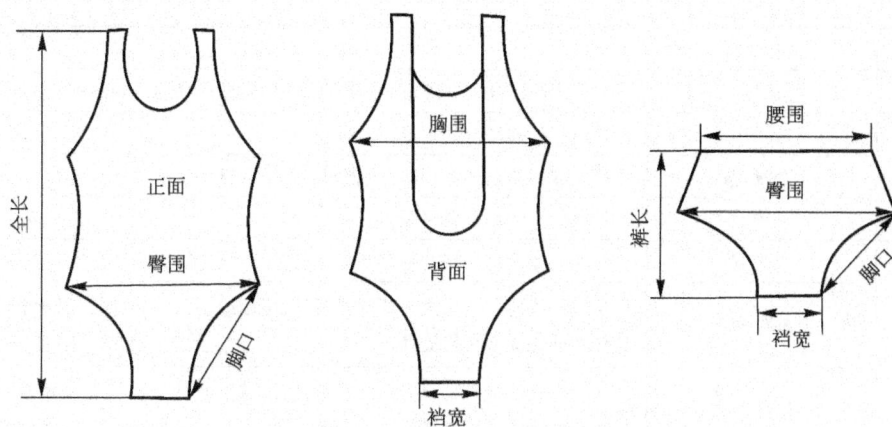

图 2-61　泳装各测量部位示意图

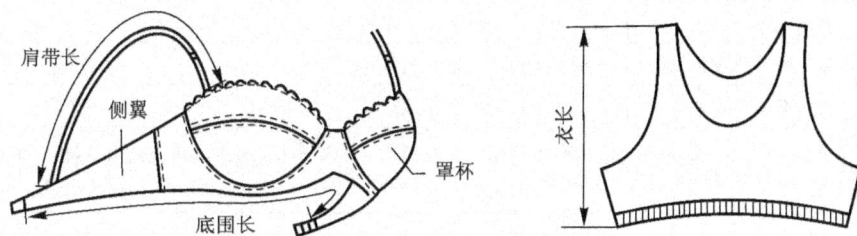

图 2-62　文胸各测量部位示意图

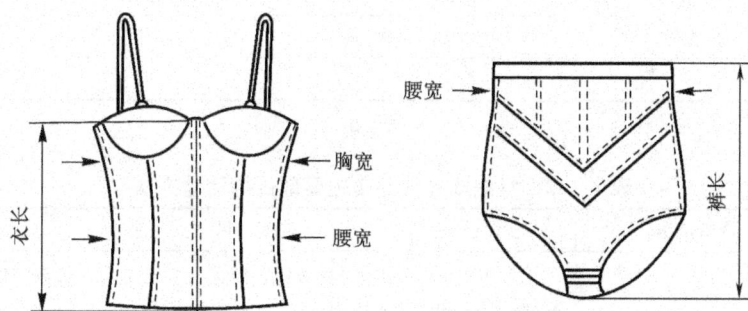

图 2-63　塑身衣各测量部位示意图

表 2-11　针织成衣上衣类各主要部位的测量方法

序号	测量部位	测量方法
1	衣长	由肩缝最高处(领窝颈侧点)量至底边,连肩产品由肩宽中点量至底边,吊带衫从带子最高处量至底边
2	胸宽	由挂肩缝与侧缝合缝处向下2cm处水平横量,带中腰的胸围由底边向上8~12cm处横量

序号	测量部位	测 量 方 法
3	袖长	平肩产品由挂肩缝外端量至袖口边,插肩袖产品由后领窝中间量至袖口边
4	挂肩	挂肩缝到袖底角处斜量
5	中腰宽	有收腰的款式在中腰部位(腰部凹进最深处)平量
6	下腰宽	距底边 8~10cm 处平量
7	肩带宽	背心类款式有肩带的平肩产品在肩平线上横量,斜肩产品沿肩斜线量取
8	前领深	从肩平线向下直量至前领窝最深处,滚领或折边产品,前领深量至边口处,拷缝产品前领深量至拷缝处
9	后领深	从肩平线向下直量至后领窝最深处,滚领或折边产品,后领深量至边口处,拷缝产品后领深量至拷缝处
10	领罗纹高	从罗纹边口量至拷缝处
11	领长	领子对折,量里口;立领量上口,其他则量下口
12	领高	翻领款式在领子正中处从领边直量至缉领缝迹处
13	袖口罗纹长	从罗纹拷缝处量至边口
14	下摆罗纹长	从罗纹拷缝处量至边口
15	袖口宽	罗纹袖口从离罗纹拷缝3cm处横量,紧袖口紧口处横量,折边袖口在边口处量,滚边袖在滚边缝处量
16	袖肥	因插肩款式无挂肩,要用袖肥表示袖子的宽松度,其测量方法是由袖底角向袖中线垂直量
17	袖底	由挂肩缝与侧缝交叉处到袖口边
18	门襟长	指开襟款式,从领口处直量至门襟底部拷缝处
19	门襟宽	从襟边量至拷缝处(横量)
20	封门	在领门襟封门高度直量

表2－12　针织成衣裤类各主要部位的测量方法

序号	测量部位	测 量 方 法
1	裤长	棉针织内裤、弹力型塑身裤从后腰宽1/4处向下直量至脚口边;针织外裤沿裤缝由侧腰边垂直到脚口边
2	直裆	内裤将裤身对折,从腰口边向下斜量至裆角处;外裤由裤腰边直量到裆底;三角裤从腰口最高处量至裆底
3	横裆	内裤将裤身对折,从裆角处水平横量至侧边;外裤从裆底处横量;三角裤从裤身最宽处横量
4	腰宽	腰边横量
5	腰边宽	从腰口边量至腰边缝迹处
6	前后腰差	从裤后腰中间边口直量至前腰中间边口
7	中腿宽	由裤裆线向下10cm(儿童裤为8cm)处横量

序号	测量部位	测 量 方 法
8	脚口宽	平脚裤从边口处平量;罗纹口从距拷缝5cm处横量;三角裤从滚边口边处斜量
9	脚口罗纹长	从罗纹拷缝处量至边口
10	滚边宽	指脚口滚边的款式,从滚边量至滚边折进处
11	脚口边宽	凡有脚口边的款式(折边口或松紧带口),从边口量至缝迹处
12	裤腿长	指童装开裆裤款式,从开裆裆角处向下量至脚边口或裤袜底中间处
13	门襟长	指小开口裤款式,从开口顶端缝处量至门襟底(包括上下封门在内)
14	门襟宽	指小开口裤款式,从门襟边口量至拷缝处
15	封门	指小开口裤款式,从封门高度处直量
16	袋口长	从袋口处直量

表2-13 其他针织成衣各主要部位的测量方法

类别	序号	测量部位	测 量 方 法
文胸	1	衣长	自然平摊后,自肩带宽中间量至底边(适用于肩带与罩杯为一体的文胸)
	2	底围宽	自然平摊后,沿文胸下口边测量
	3	肩带长	肩带的总长
塑身内衣	1	衣长	自然平摊后,由塑身内衣前面上口端量至裆底或最底端
	2	胸宽	自然平摊后,沿杯罩下沿(或胸下线)平量
	3	腰宽	在塑身内衣腰部最窄处平量
泳装	1	全长	由前肩缝最高处量到裆底
	2	胸围	由胸部最宽部位横量
	3	臀围	由臀部最宽部位横量
	4	腰围	由腰口横量
	5	裤长	由腰口边到裆底
	6	脚口	沿脚口边对折测量
	7	裆宽	由下裆最窄部位横量

袖长:平肩、斜肩产品由挂肩缝外端量至袖口边,插肩袖产品则是由后领窝中点量至袖口边。

(2)缝制方法不同测量部位的差异。

领宽:接缝的在接缝处平量,折边或滚边的从左右侧颈点的边口处横量。

领深:一般从肩平线向下量至前领窝(或后领窝)最深处,滚领或折边的量至边口处,接缝的量至接缝处,如图 2－64 所示。

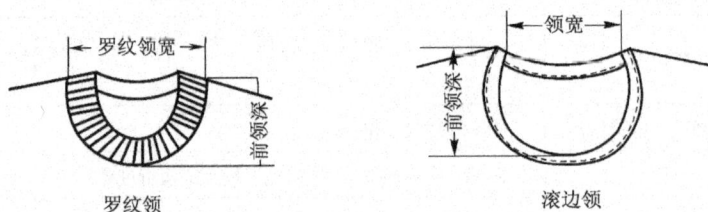

图 2－64　领口的测量方法

(3)材料不同测量部位的差异。

袖口宽:折边袖在袖口边处量,滚边袖在滚边缝处量,罗纹袖从距接缝 3cm 处横量。此外,目前很多工厂对罗纹袖直接量取罗纹口的尺寸,然后乘以 1.1 系数获限袖口尺寸,如图 2－65所示。

脚口:平脚裤从边口处平时,三角裤从滚边口斜量,罗纹口从距接缝 5cm 处横量,如图 2－66所示。

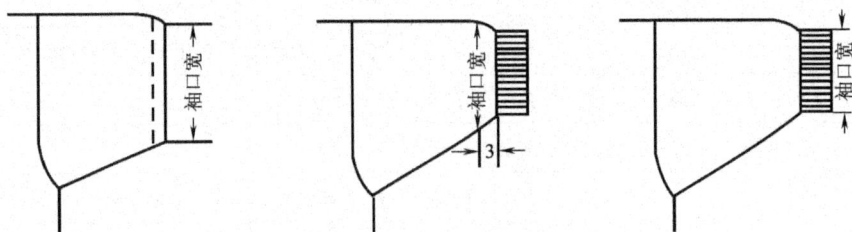

图 2－65　袖口的测量方法

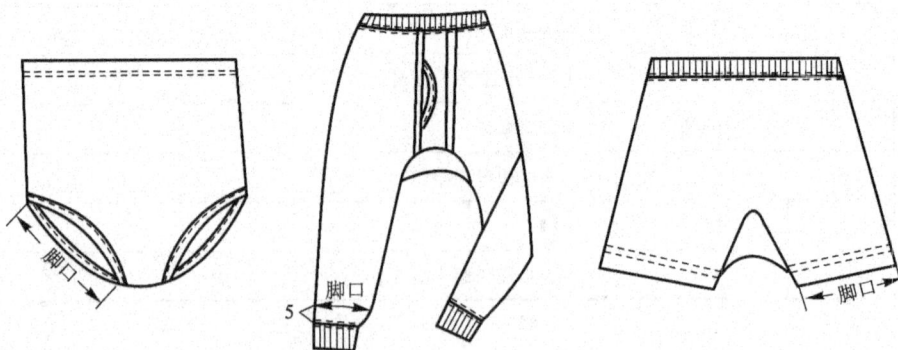

图 2－66　脚口的测量方法

3. 针织服装规格设计实例

实例一:针织女式短袖贴体 T 恤规格设计

（1）画款式图。依据效果图画出对应的款式图（图2－67），并标画出各部位规格尺寸测量方法。

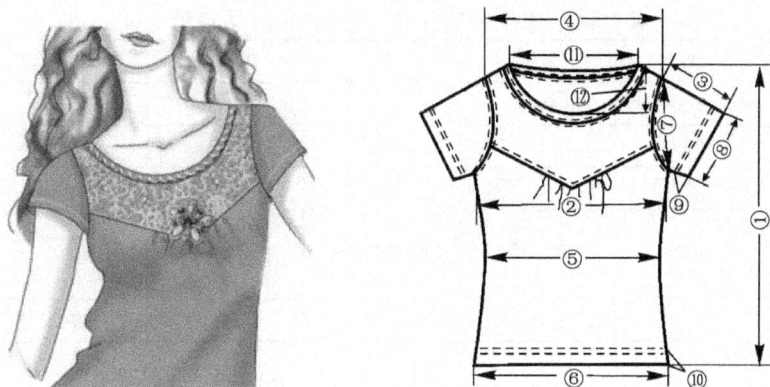

图2－67　针织女式短袖贴体T恤

（2）规格设计步骤。

①确定号型系列：取中间号型为160/84A 。

②根据此号型查出女子各控制部位数值（参照GB/T 1335.2—1997 服装号型 女子）如表2－14所示。

表2－14　160/84A 女子各控制部位数值　　　　　　　　　　单位：cm

部位	坐姿颈椎点高	全臂长	胸围（净）	领　围	总肩宽	腰围（净）
数值	62.5	50.5	84	33.6	39.4	68

③控制部位规格设计。依据面料的特性（低弹面料）、服装的合体度（贴体合身）确定该款服装主要控制部位规格尺寸：

衣长 ＝坐姿颈椎点高 －3.5cm ＝62.5cm －3.5cm ＝59cm

胸围 ＝胸围（净）＋2 ＝84cm ＋2cm ＝86cm

袖长 ＝13cm

腰围 ＝腰围（净）＋4cm ＝68cm ＋4cm ＝72cm

摆围 ＝86cm

总肩宽 ＝39cm

由于针织面料弹性、延伸性好，因而该款肩宽尺寸不做增减，如果采用高弹面料，肩宽尺寸依据款式可适当减小尺寸。

④确定各细部规格。各细部规格依据国家标准"GB/T 6411 –1977 棉针织内衣规格尺寸系列"中圆领女贴体文化衫的规格尺寸，然后再根据款式不同稍做调整。

该款与圆领女贴体文化衫不同之处在于领口及袖长尺寸，具体调整如下：领宽由16cm

增加至24cm;前领深由8.2cm增加至12cm;袖长由16cm减3cm。

⑤制订规格表。160/84A针织女式短袖贴体T恤各部位规格如表2-15所示。

表2-15　160/84A针织女式短袖贴体T恤规格表　　　　　单位:cm

代号	①	②	③	④	⑤	⑥
部位	衣长	胸围	袖长	总肩宽	腰围	下摆围
尺寸	59	86	13	39	72	86
代号	⑦	⑧	⑨	⑩	⑪	⑫
部位	挂肩	袖口围 / 2	袖口折边宽	下摆折边宽	领宽	前领深
尺寸	21	14.5	2.5	2.5	24	12

实例二:针织男式运动裤规格设计

(1)画款式图。依据效果图画出对应的款式图(图2-68),并标示出各部位规格测量方法。

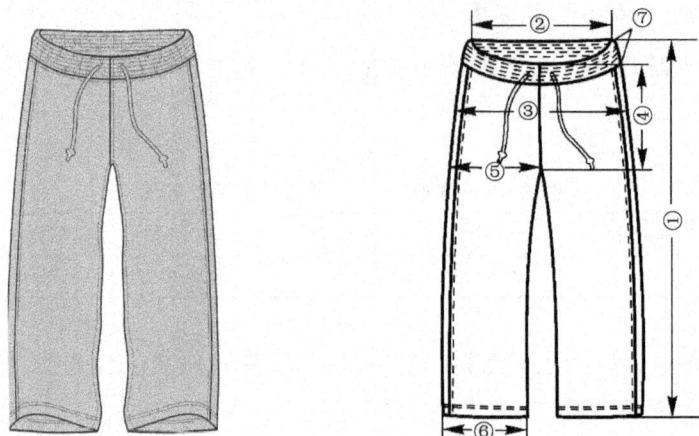

图2-68　针织男式运动裤

(2)规格设计步骤。

①确定号型系列:取中间号型为170/74A 。

②根据此号型查出各控制部位数值(参照GB/T 1335.1—1997服装号型 男子)如表2-16所示。

表2-16　170/74A男子各控制部位数值　　　　　单位:cm

部位	身高	腰围高	腰围	臀围
数值	170	102.5	74	90

③控制部位规格设计。依据面料的特性(低弹面料)、服装的合体度(宽松)确定该款服

装主要部位规格：

　　裤长 = 腰围高 = 102.5cm

　　腰围（松度）= 74cm

　　腰围（拉度）= 104cm

　　臀围 = 臀围净尺寸 + 16cm = 90cm + 16cm = 106cm（该款为宽松型运动休闲裤）

④确定各细部规格。各细部规格依据国家标准"GB/T 6411—1977 棉针织内衣规格尺寸系列"中男针织长裤规格尺寸，根据款式不同稍做调整。

该款与男针织长裤不同之处在于：该款长裤属于中腰，因而直裆尺寸由 35cm 减少至 30cm；裤腿较宽松，因而横裆尺寸由 68cm 增加至 72cm；脚口尺寸由 45cm 增加至 48cm。

⑤规格尺寸表。170/74A 针织男式运动裤各部位规格如表 2 - 17 所示。

表2-17　170/74A 针织男式运动裤各部位规格　　　　　　单位：cm

代号	①	②		③	④
部位	裤长	腰围（松度）	腰围（拉度）	臀围	直裆
尺寸	102.5	74	104	106	30
代号	⑤	⑥	⑦		
部位	横裆	脚口围	腰高	腰带长	
尺寸	72	48	2.5	125	

实训六　缝缩率测定

一、实训目的

1. 了解面料车缝后的缝缩情况，计算缝缩率数据。

2. 分析影响缝缩率的因素。

二、实训条件

将缝缩率测试条件填写在表 2 - 18 中。

表2-18　缝缩率测试条件

设备型号	缝线规格	线迹密度（针/cm）	缝针规格（#）	面料品种

三、测试步骤

1. 试样准备。取经、纬向面料 50cm×5cm 各三块，并在试样上做出标记，如图 2 - 69 所示。

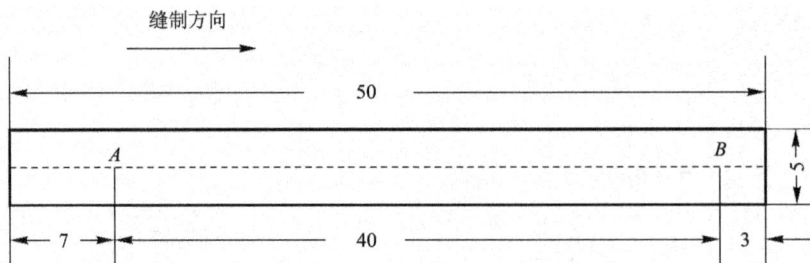

图 2 - 69

2. 缝制要求。将同向的两块面料试样重叠,按表 2 - 18 中的条件,在正常送料的情况下,缝合试样中间的直线。将缝合后测试的结果填写在表 2 - 19 中。

表 2 - 19　缩缝率实训数据

项　　目		缝后尺寸(cm)	缝缩率(%)	平 均 值
经向	第一块试样			
	第二块试样			
	第三块试样			
纬向	第一块试样			
	第二块试样			
	第三块试样			

3. 测量计算。

$$缝缩率 = \frac{缝前尺寸 - 缝后尺寸}{缝前尺寸}$$

四、实训报告

1. 对面料经、纬向缝缩率大小进行比较,并说明形成原因。

2. 简述面料缝缩率的影响因素有哪些,如何减小缝缩率?

实训七　缝线消耗比值(E)测定

一、实训目的

1. 掌握测定缝线消耗比值的方法。

2. 对实训结果进行分析。

二、实训方法

1. 缝迹定长法。

2. 缝线定长法。

三、实训工具

缝线、能为缝线标色的笔、直尺(cm)、剪刀、拆线工具。

四、实训要求

1. 认真仔细车缝线迹,要求线迹成形良好。
2. 拆线时,尽量减少缝线的变形。

五、实训条件

将缝线消耗测定条件填写在表 2 – 20 中。

表 2 – 20　缝线消耗测定条件

缝制设备型号	面料品种	缝线规格	线迹密度(针/cm)

六、实训数据记录

1. 缝迹定长法。运用缝迹定长法将测得的实验数据填写在表 2 – 21 中。

表 2 – 21　缝迹定长法实验数据

项　　目		数　　量			
		第1次	第2次	第3次	平均值
量取线迹的长度 C(mm)	面线				
	底线				
拆出线的实际长度 L(mm)	面线				
	底线				
缝线消耗比值 $E = \dfrac{L}{C}$	面线				
	底线				

2. 缝线定长法。运用缝线定长法将测得的实验数据填写在表 2 – 22 中。

表 2 – 22　缝线定长法实验数据

项　　目		数　　量			
		第1次	第2次	第3次	平均值
标色线段长度 L(mm)	面线				
	底线				

项　目		数　量			
		第 1 次	第 2 次	第 3 次	平均值
标色线段形成的线迹长度 C(mm)	面线				
	底线				
缝线消耗比值 $E = \dfrac{L}{C}$	面线				
	底线				

七、实训报告

1. 对两种方法所取得的实验数据进行分析,并比较两种方法的优缺点。
2. 简述缝线消耗比值的影响因素有哪些。

实训八　单嵌线口袋的缝制练习

一、实训目的

1. 学习单嵌线的缝制,并能较为熟练地操作。
2. 掌握单嵌线口袋缝制的全过程。
3. 了解单嵌线口袋在针织外衣中的应用。

二、实训工具和设备

1. 平缝机、包缝机、熨斗、烫台。
2. 缝纫线、面料及无纺粘合衬。
3. 卡纸、铅笔、直尺。

三、实训任务

1. 从针织外衣中找出单嵌线口袋,观察其外形结构特征。
2. 裁剪面、辅料零部件并制作缉线模板。
3. 按工艺要求缝制单嵌线口袋。

四、实训报告

1. 独立完成单嵌线口袋两个。
2. 简述单嵌线口袋的缝制注意事项。
3. 简述单嵌线口袋的缝制质量要求。
4. 总结本实训的收获。

五、实训步骤和方法

1. 零部件的裁剪。零部件的裁剪如图2－70所示。

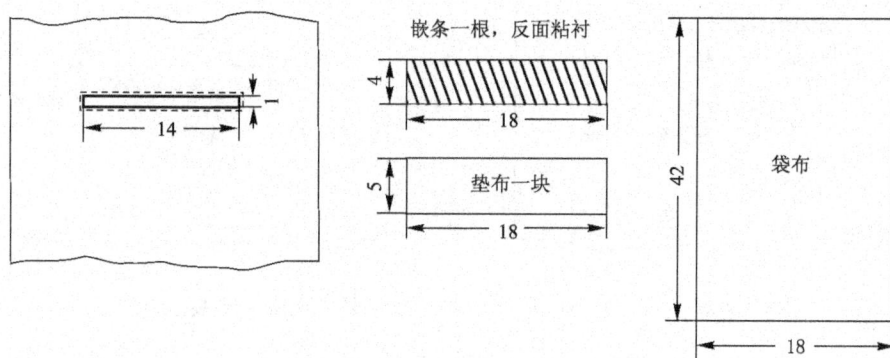

图2－70　零部件的裁剪

2. 制作缉线模板。用卡纸做，长14cm，宽0.9cm，正反面粘无纺粘合衬，缉线时使用（图2－71）。

3. 单嵌线口袋的缝制。

（1）在衣片的正面画出袋口线，在袋口位置衣片的反面粘无纺粘合衬（图2－72）。

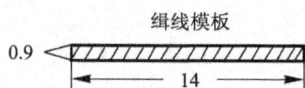

图2－71　缉线模板裁剪

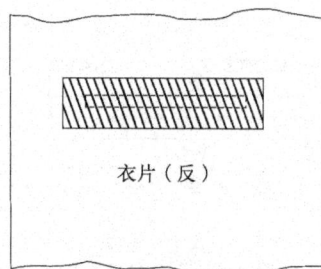

图2－72　衣片反面烫衬

（2）袋嵌条和袋垫布一端拷边；将袋嵌线扣烫好，一边宽一边窄（图2－73）。

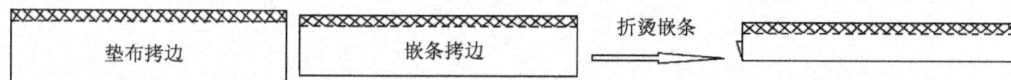

图2－73　扣烫袋嵌线

（3）将袋布放置在衣片的反面，将袋嵌线对准袋口的下边线缉上，按缉线模板缉；缉袋垫布，放上缉线模板，对准袋口的上边线，起止来回针；两条线要平行，两端要对齐（图2－74）。

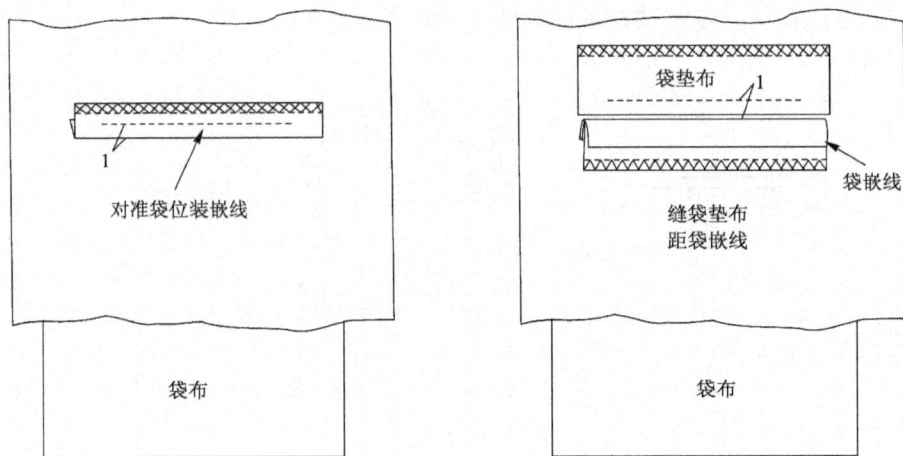

图 2-74 装缉嵌线

(4)掀开垫布与袋嵌线,在中间把袋口剪开,在距离两端 1cm 处,剪成三角状,剪到线的根部,但不能把线剪断。

(5)将袋嵌线和袋垫布翻向反面,摆平烫正,将三角缉住(图 2-75)。

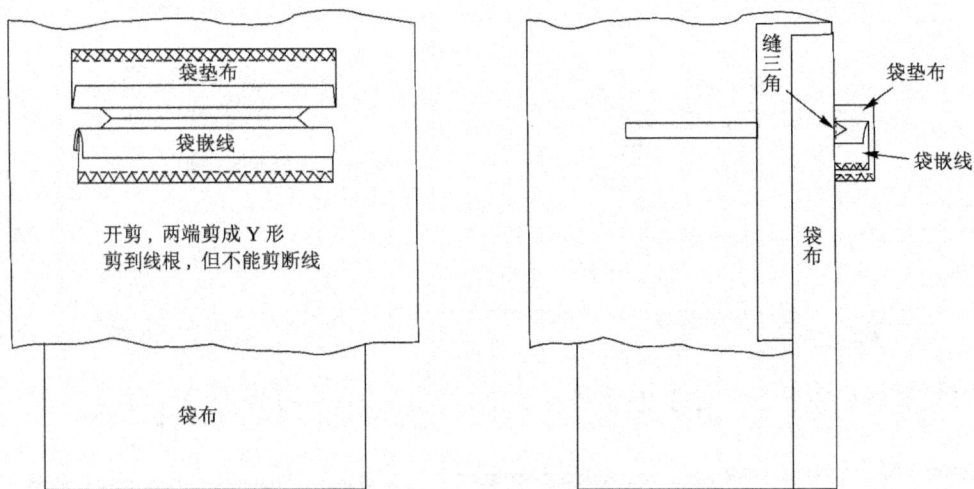

图 2-75 缉三角

(6)袋口下端缉 0.1cm 明线,袋嵌线的下端缉在袋布上(图 2-76)。

(7)将袋布向上折成双层,袋垫布的下端缉在下层袋布上(图 2-76)。

(8)袋口三周缉 0.1cm 明线,起止回针;袋布两端折光,缉 0.1cm 明线;袋布上端与衣片固定(图 2-76)。

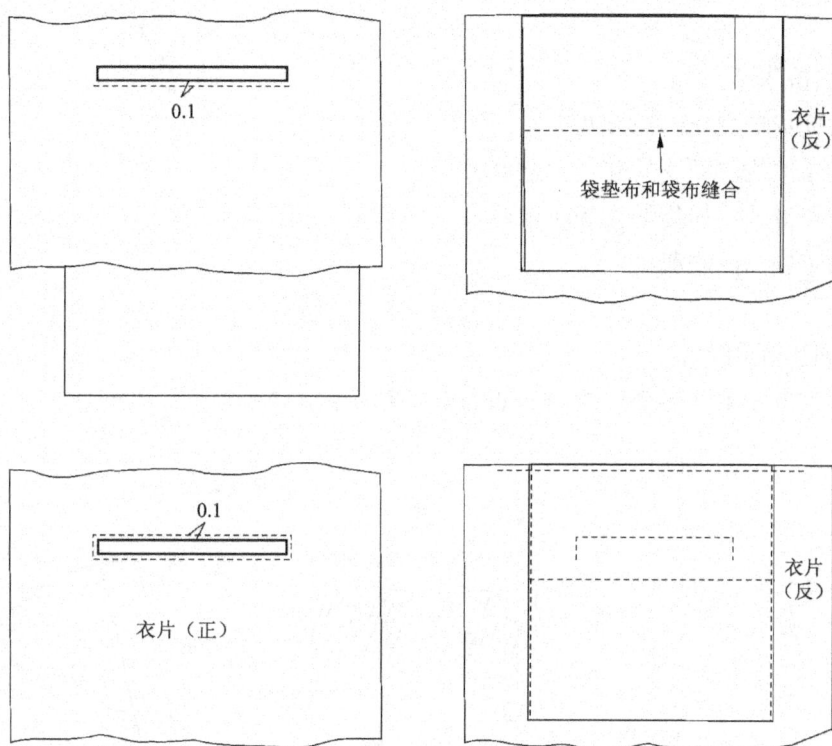

图 2 - 76　完成口袋的缝制

实训九　单嵌线斜插袋的缝制练习

一、实训目的

1. 学习单嵌线斜插袋的缝制,并能较为熟练地操作。
2. 掌握单嵌线斜插袋缝制的全过程。
3. 了解单嵌线斜插袋在针织外衣中的应用。

二、实训工具和设备

1. 平缝机、包缝机、熨斗、烫台。
2. 缝纫线、面料及无纺粘合衬。
3. 卡纸、铅笔、直尺。

三、实训任务

1. 从针织外衣中找出单嵌线斜插袋,观察其外形结构特征。
2. 裁剪面、辅料零部件并制作缉线模板。

3. 按工艺要求缝制单嵌线斜插袋。

四、实训报告

1. 独立完成单嵌线斜插袋两个。
2. 简述单嵌线斜插袋的缝制注意事项。
3. 简述单嵌线斜插袋的缝制质量要求。
4. 总结本实训的收获。

五、实训步骤和方法

1. 零部件的裁剪。零部件的裁剪如图 2 - 77 所示。

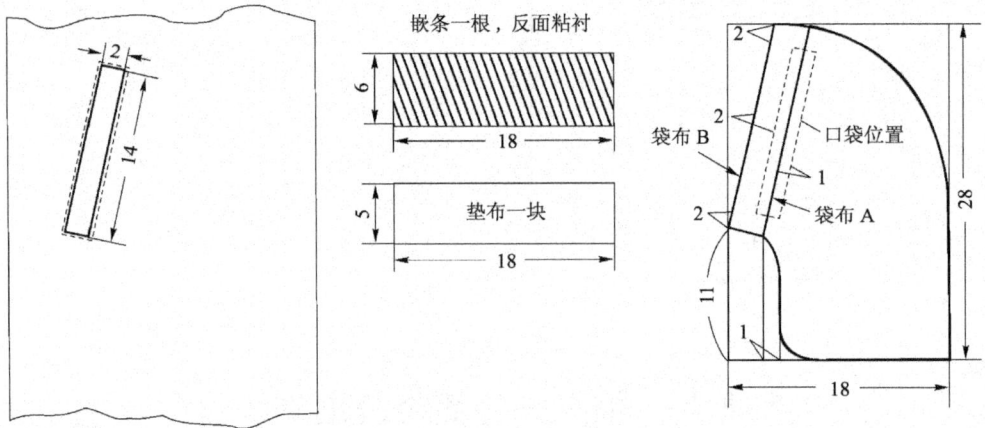

图 2 - 77　零部件的裁剪

2. 制作缉线模板。用卡纸做，长 14cm，宽 1.9 cm，正反面粘无纺粘合衬，缉线时使用（图 2 - 78）。

3. 单嵌线斜插袋的缝制。

（1）在衣片的正面画出袋口线，在袋口位置衣片的反面粘无纺粘合衬（图 2 - 79）。

（2）将袋嵌线扣烫好（图 2 - 80）。

（3）嵌条与袋布 A 组合，沿缉线模板缉线，两端回针；垫布一边折光缉 0.1cm 明线缝在袋布 B 上；将袋布 A 放置在衣片的正面（嵌条在袋布下层），将袋嵌线对准袋口的下边线缉上；将袋布 B 对准袋口的上边线（垫布在袋布下层），放上缉线模板，对准袋口的上边线缉线，起止来回针；两条线要平行，两端要对齐（图 2 - 81 和图 2 - 82）。

（4）掀开袋布 A 与袋布 B，在中间把袋口剪开，在距离两端 1cm 处，剪成三角状，剪到线

缉线模板

1.9　← 14 →

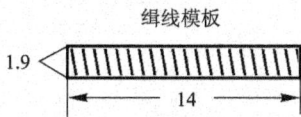

图 2 - 78　缉线模板裁剪

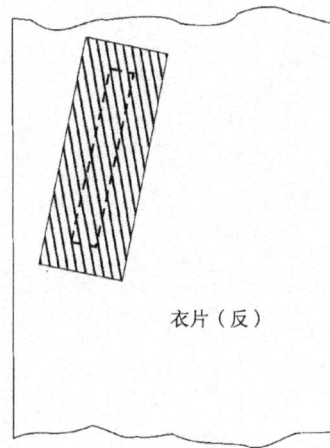

衣片（反）

图 2 - 79　衣片反面烫衬

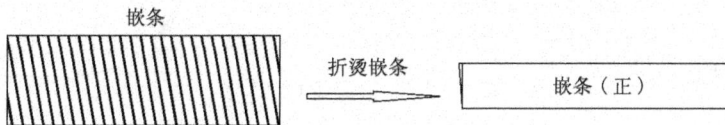

嵌条　　折烫嵌条　　嵌条（正）

图 2 - 80　扣烫嵌条

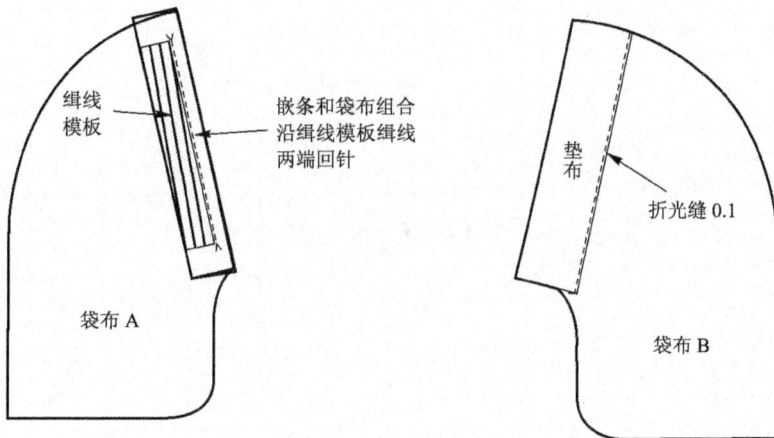

缉线模板　　嵌条和袋布组合沿缉线模板缉线两端回针

袋布 A

垫布　　折光缝 0.1

袋布 B

图 2 - 81　嵌条、垫布与袋布组合

的根部,但不能把线剪断(图 2 - 83)。

　　(5)将袋布 A 和袋布 B 翻向反面,摆平烫正,将三角缉住(图 2 - 84)。

　　(6)掀开袋布 B,袋口下端缉 0.1cm 明线(图 2 - 85)。

　　(7)袋布 B 摆平,袋口三周缉 0.1cm 明线,起止回针(图 2 - 86)。

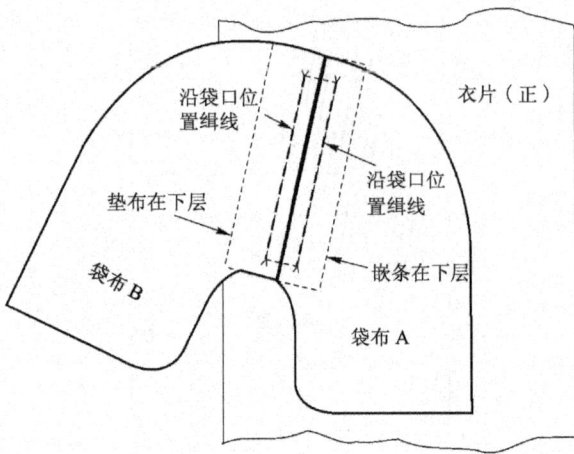

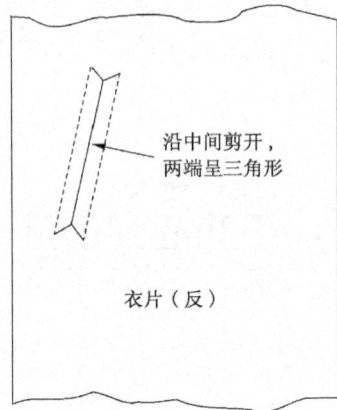

图 2-82　装缉嵌线　　　　　　　　　　图 2-83　剪开袋口

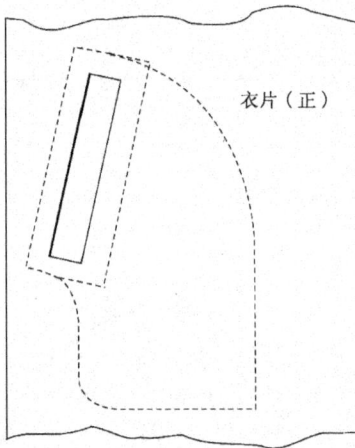

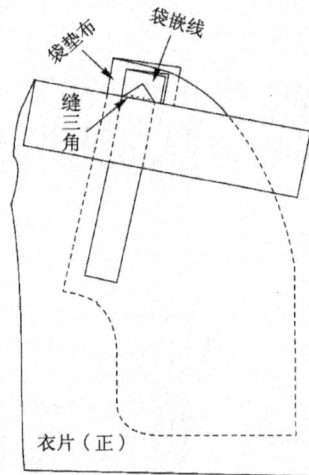

图 2-84　缉三角

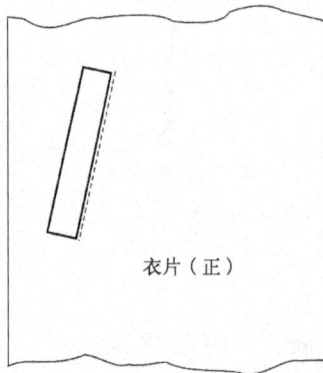

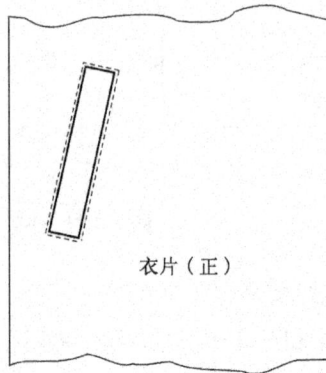

图 2-85　缉明线

（8）袋布三周缝合，四周拷边（图2－86）。

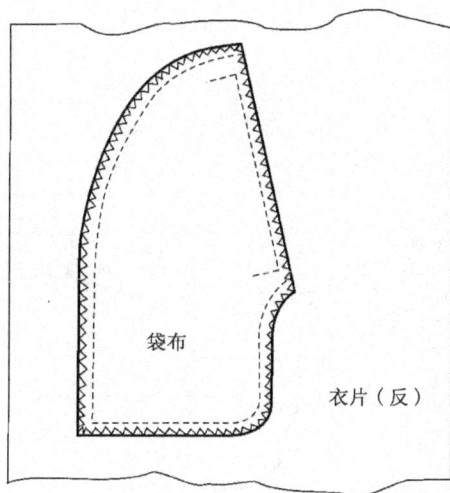

图2－86　缝合袋布

实训十　半开襟翻领的缝制

一、实训目的

1. 学习半开襟翻领的缝制，并能较为熟练地操作。
2. 掌握半开襟翻领缝制的全过程。
3. 了解半开襟翻领在针织T恤中的应用。

二、实训工具和设备

1. 平缝机、包缝机、熨斗、烫台。
2. 缝纫线、面料及无纺粘合衬。
3. 卡纸、铅笔、直尺。

三、实训任务

1. 从针织T恤中找出半开襟翻领，观察其外形结构特征。
2. 裁剪面、辅料零部件并制作门襟工艺板。
3. 按工艺要求缝制半开襟翻领。

四、实训报告

1. 独立完成半开襟翻领两个。
2. 简述半开襟翻领的缝制注意事项。

3. 简述半开襟翻领的缝制质量要求。

4. 总结本实训的收获。

五、实训步骤和方法

半开襟翻领的外形见图2–87,成品规格见表2–23。

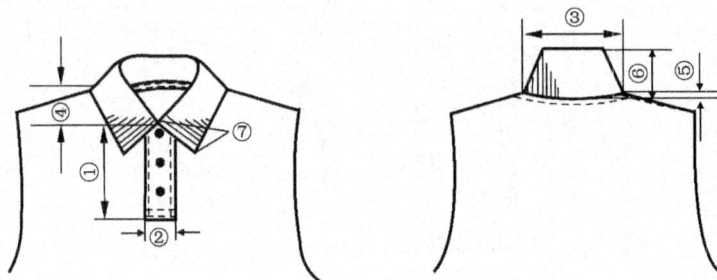

图2–87　半开襟翻领的外形图

表2–23　半开襟翻领成品规格　　　　　　　　　　　　　　　单位:cm

代号	①	②	③	④	⑤	⑥	⑦
部位名称	门襟长	门襟宽	领宽	前领深	后领深	后中领高	前领尖长
尺寸	16	3	17	8	1.5	7	6

1. 零部件的制图及制板分别见图2–88和图2–89。

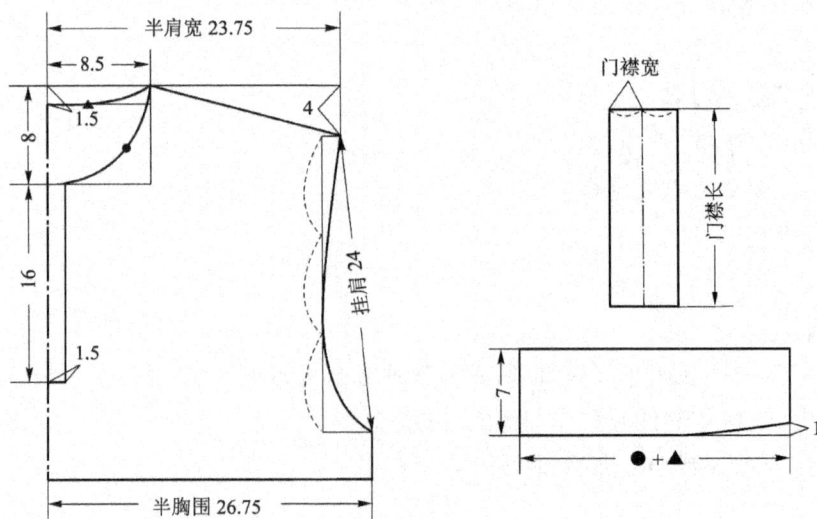

图2–88　零部件的制图

2. 合肩缝。四线拷克合左右肩,后片加白色0.5cm尼龙肩带,注意两肩长短一致(图2–90)。

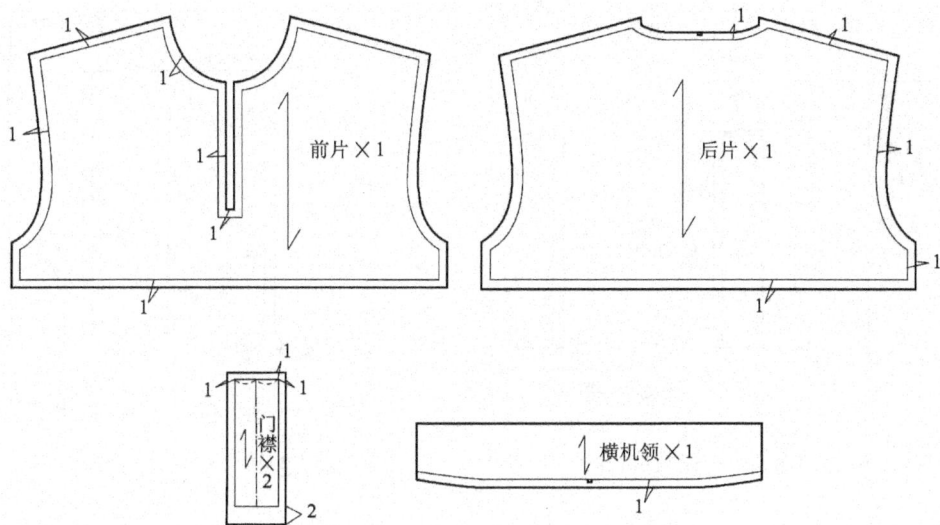

图 2 - 89　零部件的制板

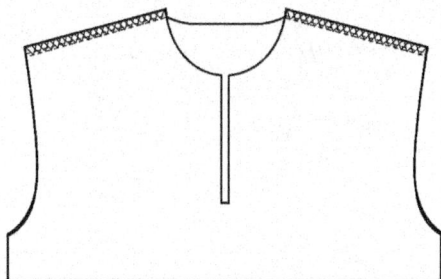

图 2 - 90　合肩缝

3. 烫门襟。前门襟粘无纺粘合衬,注意粘合度,不烫黄;根据样板包烫,门襟净宽3cm,从净线处拉出0.1cm折烫;注意丝绺顺直(图2-91)。

4. 贴门、里襟。半成品长17cm,成品长16 cm、宽3cm。注意丝绺顺直,不偏斜。同时开门襟,剪到线但不要剪断线(图2-92)。

5. 绱领。领子刀眼对准肩缝,缝份1cm,领子夹在门里襟与衣身之间,门里襟上面放1cm宽人字纱带,纱带前端和前领角平齐,平车绱领一周。后中领高7cm,领角高6cm,两领角翻后平服(图2-93)。

6. 做前门襟,缝门襟底端。平车做前门襟,缝门襟底端,穿着时左襟搭右襟;门襟四周缉0.15cm明线;门襟底端四线拷光,两侧打暗回针,外门襟底端缉1cm明线;注意门襟上下宽窄一致,门襟底端缉线方正;门襟外形美观(图2-94)。

7. 门襟锁眼。扣眼直径1.3cm(外径),第一粒扣眼为横眼,距门襟顶端1.5cm;第二粒与第三粒为竖眼,位置位于第一粒扣眼与门襟最底端缉线三等份处,注意最上一个扣眼的外端过门襟中心线0.3cm。按制图样点点,要轻点。

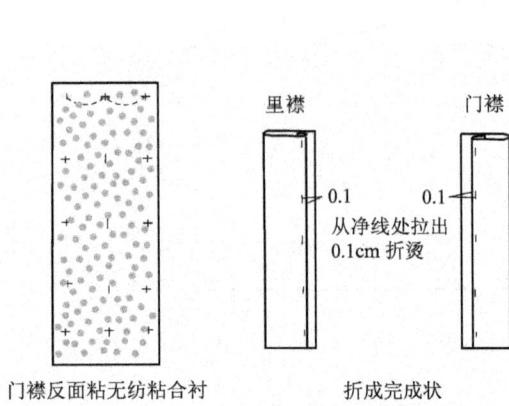

门襟反面粘无纺粘合衬　　　折成完成状

图 2 - 91　门襟反面粘无纺粘合衬

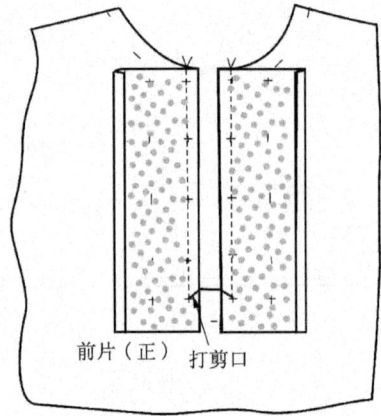

图 2 - 92　装门里襟

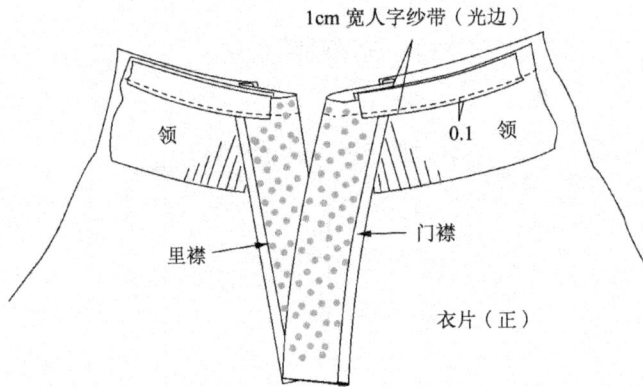

图 2 - 93　绱领

8. 钉扣。里襟钉三粒大身色扣,呈"‖"。纽扣扣好后里襟不外露,领角无高低(图 2 - 94)。

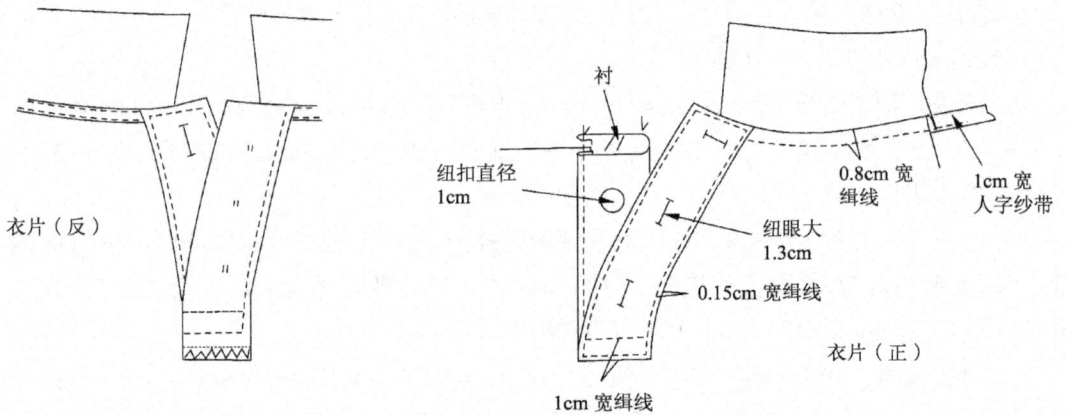

图 2 - 94　做前门襟、缝门襟底端

实训十一　衬衫领的缝制练习

一、实训目的

1. 学习衬衫领的缝制,并能较为熟练地操作。
2. 掌握衬衫领缝制的全过程。
3. 了解衬衫领在针织 T 恤中的应用。

二、实训工具和设备

1. 平缝机、包缝机、熨斗、烫台。
2. 缝纫线、面料及粘合衬。
3. 卡纸、铅笔、直尺。

三、实训任务

1. 从针织 T 恤中找出衬衫领,观察其外形结构特征。
2. 裁剪面、辅料零部件并制作领子工艺板。
3. 按工艺要求缝制衬衫领。

四、实训报告

1. 独立完成衬衫领两个。
2. 简述衬衫领的缝制注意事项。
3. 简述衬衫领的缝制质量要求。
4. 总结本实训的收获。

五、实训步骤和方法

衬衫领的外形见图 2 - 95,成品规格见表 2 - 24。

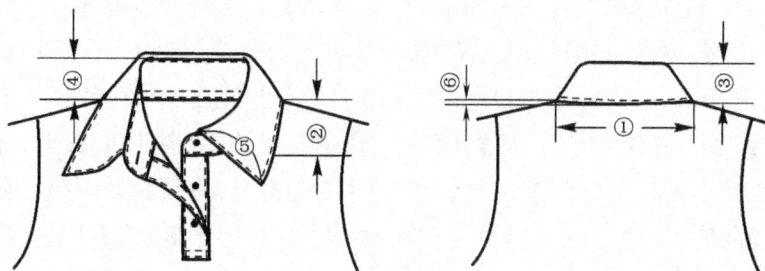

图 2 - 95

表 2 – 24　衬衫领成品规格　　　　　　　　　　　　　　　　　　单位:cm

代　号	①	②	③	④	⑤	⑥
部位名称	领宽	前领深	翻领后高	领座后高	前领尖长	后领深
尺寸	15	7.5	4	3	6	1.5

1. 零部件的制图及裁剪。前后衣片及门、里襟的裁剪缝制见实训十,衬衫领的制图及放缝见图 2 – 96。

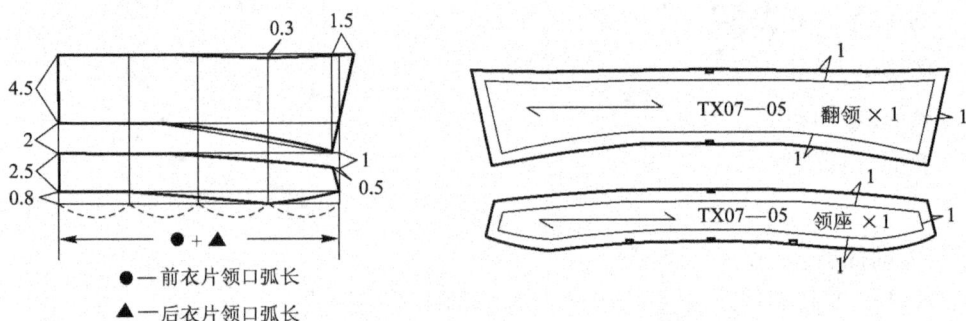

图 2 – 96

2. 做领及绱领工艺。

(1)做领。

①裁领。绘制领型净样,然后按制图样裁剪领面、领里,缝份为 1cm。领衬通常用涤棉树脂粘合衬斜料,领衬放缝为"三净一毛",即领底线放缝 0.7cm,其余三周为净样。

②敷衬。翻领面里侧粘贴粘合衬。

③绱缝翻领。将领面、领里正面相对,在领衬上按领净样画线,然后沿画线绱缝,绱缝时要拉紧领里,使其比领面略小 0.3cm 左右,横领侧略小 0.1cm 左右。

④修剪缝份。翻领前先在尖角处把缝份修剪成剑头形状,留缝份 0.2cm 左右,以防毛出,领尖要翻足,两领尖可用锥子轻轻挑出(图 2 – 97)。

⑤绱领明线。领子翻出后,用熨斗压烫一遍,领里坐进 0.1cm 烫实,再在正面绱压 0.3cm 明线。绱时要防止领面起皱,从横领起绱,转角处针迹要绱正,不能缺针,绱领背止口时,距领尖四分之一处,就需要适当将领面向前推送,防止领角处领面起皱。

⑥修剪领下口。明线绱好后,将领面朝上放在烫板边沿,使其成弧形,做出纬向里外匀,用熨斗烫压。烫压时应从两领尖角朝领中间方向烫压,使领角处平挺。随后将翻领对折,两领尖角对合整齐,把翻领下口修剪整齐顺直,并剪出中间刀眼以便与领座缝合(图 2 – 98)。

⑦裁配底领面、里、衬。底领衬通常用涤棉树脂粘合衬斜料,净缝配制。先将底领衬粘烫在底领领面上,再按 0.8cm 加放缝份。领面下口沿领衬下口刮浆、包转、烫平,并在正面绱

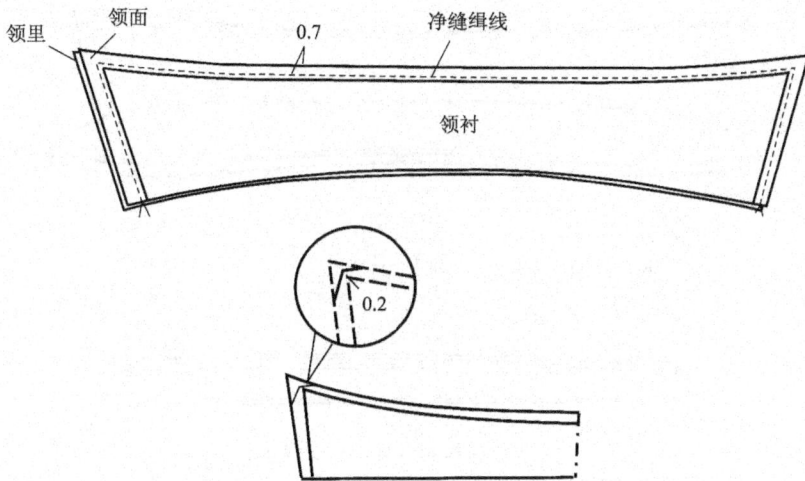

图 2 - 97

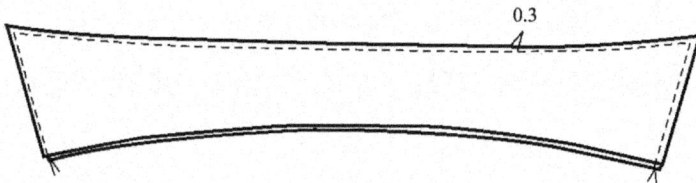

图 2 - 98

0.6cm 明线固定。

⑧领组合。领座面里正面相合,面在上,里在下,中间夹进翻领,边沿对齐,三个眼刀对准。离领座衬 0.1cm 缉线,并将领座两端圆头缝份修到 0.3cm(图 2 - 99)。

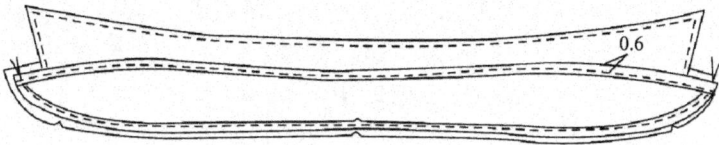

图 2 - 99

⑨做好装领三个眼刀。按领座面包光的净缝下口,领座里下口放缝 0.7cm,做好肩缝、后中三个眼刀。再沿领座上口缉压 0.2cm 明线(图 2 - 100)。

(2)绱领。把衣身里与领座里的表面相对,对刀眼,沿制成线缉缝。注意领里两端缝份略宽些,端点缩进门里襟 0.1cm,起止点打好回针。然后把缝份剪至 0.5cm(图 2 - 101)。为了防止缝份曲线处牵吊,可在缝份上打上剪口,使缝份倒向领侧。把领座表面摆正,0.1cm

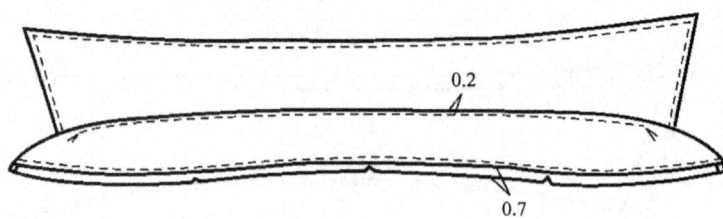

图 2 – 100

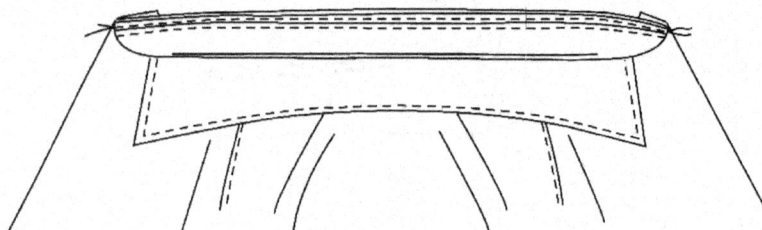

图 2 – 101

明线沿绲领止口,绲线起止点在翻领两端进 2cm 处,接线要重叠,但不能双轨,反面坐缝不超过 0.3cm(图 2 – 102)。

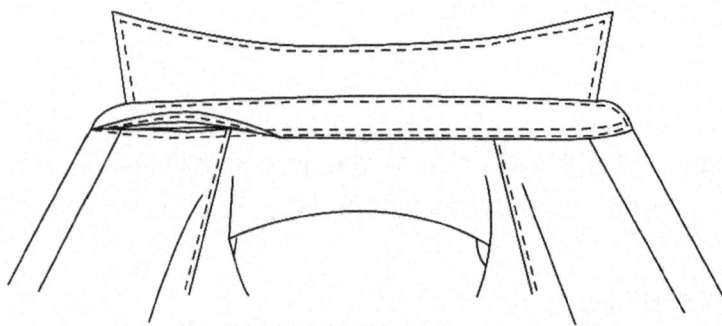

图 2 – 102

第三章　针织服装样板设计与生产工艺设计实训

● 本章知识点 ●

1. 裤装样板设计与生产工艺设计。
2. 裙装样板设计与生产工艺设计。
3. 衬衫及 T 恤样板设计与生产工艺设计。
4. 夹克及外套样板设计与生产工艺设计。
5. 婴儿爬爬装样板设计与生产工艺设计。
6. 吊带衫及时装样板设计与生产工艺设计。

实训十二　休闲长裤的样板设计与生产工艺设计

一、款式说明

款式特征:腰口装松紧带,脚口、袋口边为双针卷边,脚口处侧缝开衩,一个后贴袋(图 3 - 1)。

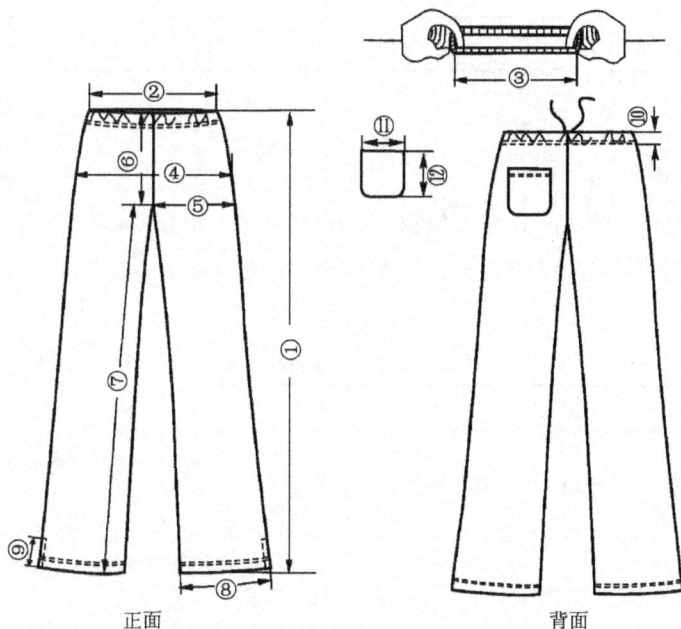

正面　　　　　　　背面

图 3 - 1

二、成品规格及测量部位

成品规格见表3-1,测量部位见图3-1。

表3-1　成品规格　　　　　　　　　　　　　　单位:cm

代　号	部位名称	规　格　尺　寸				公　差
		S	M	L	档差	
①	裤长	95	98	101	3	±1.5
②	$\frac{腰围}{2}$(松度)	30	34	38	4	±1
③	$\frac{腰围}{2}$(拉度)	46	50	54	4	不小于此尺寸
④	$\frac{臀围}{2}$	45	49	53	4	±1.5
⑤	$\frac{横裆}{2}$	28	30.5	33	2.5	±0.7
⑥	直裆	26	27	28	1	±1
⑦	下裆长	69.3	71.3	73.3	2	±1
⑧	脚口宽	25	26	27	1	±1
⑨	衩长		4		0	±0.2
⑩	腰高		2.5		0	±0.1
⑪/⑫	口袋宽/长		11/13		0	±0.2
	腰带长	117	125	133	8	±1.5

三、面辅料说明

坯布成分:主料包括前后裤片、口袋 JC18.2tex + JC27.8tex + 4.4tex(32英支 + 21英支 + 40旦)氨纶小毛圈组织,克重为280g/m²;缝制辅料明细见表3-2。

表3-2　缝制辅料明细表

序号	名　称	规　格	使　用　方　法
1	尼龙带	0.5cm 宽大身色	拷合前、后裆时带进右片上(穿计),放松包进刀门
2	扁空心绳	0.7cm 宽大身色	烫平后剪断,穿腰内,分尺码确定长短
3	粘合衬	黑色有纺衬	烫锁眼位及口袋一周

续表

序号	名　称	规　　　格	使　用　方　法
4	缝纫线	29.1tex×3(60英支/3)大身色涤纶线	平车面底线、套结面底线、锁眼面底线、拷克面线、双针面线
		16.7tex(150旦)大身色低弹丝	拷克底线、双针底线
		29.1tex×3(60英支/3)商标、装饰标色涤纶线	钉商标面线、钉装饰标面底线
5	松紧带	2.4cm宽,白色	拷腰内,放松回缩后平断,规格见裁剪注意栏

四、缝纫线与缝纫针要求

缝纫线要求:领双针绷缝,底线用罗纹色尼龙线,其余用大身主色涤纶线,钉商标配商标色涤纶线。

缝纫用针要求:见表3-3。

表3-3　缝纫用针要求

缝纫机种	平缝机	三线包缝机	四线包缝机	双针卷边机	锁眼机	套结机
缝纫用针	9#	9#	9#	9#	9#	9#
针迹密度(针/2cm)	10	10	10	10	外径1.4cm	0.6cm/0.8cm

五、缝制工艺流程

口袋、腰部烫衬→腰部锁眼→三线拷袋口边→袋口双针折边→小烫台烫口袋净样→平车钉口袋→四线拷合左右内裆缝→三线拷光裤脚口→脚口双针折边→四线拷外侧缝小开衩→四线拷合外侧缝→四线拷合前后裆→平缝松紧带两头→四线拷绱腰松紧带→双针卷腰头→平缝两侧小开衩→平缝绳尾两端→平车固定棉绳在后腰中→钉商标。

六、缝制要求

1. 前片腰内、口袋边一周烫黑色有纺衬,注意牢度。

2. 前片腰顶锁两个竖眼,外径长1.4cm,锁眼中心距腰顶1.8cm,距前中3.2cm。试后生产,确保成品后眼居中、平直。

3. 袋口三线拷光,略切丝0.2cm,袋口平直。

4. 袋口双针折边1.6cm,针距0.6cm。针迹一致,不弯曲。

5. 根据口袋净样烫袋,左右对称,袋角圆顺。

6. 按穿着时的左后片根据标记点位钉袋,口袋三周缉0.15cm明线,袋角圆顺,左右对称,袋口两侧竖向套结0.8cm长,如图3-2所示。

7. 四线分别拷合左右下裆缝(前片在上),左右长短一致,拷克缝平直(不抻不缩)。

8. 三线拷光脚口,略切丝0.2cm,线迹美观,脚口平服(不拷撑开)。

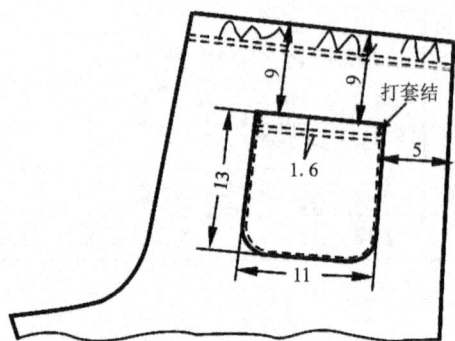

图 3-2

9. 脚口双针 2cm,针距 0.6cm,下裆缝拷克缝倒向后片,反面无毛进或毛出。线迹调松。

10. 四线拷光前片开衩部分至剪口位,再分别拷合左右外侧缝(前片在上),开衩位长短一致,拷克平服,左右裤腿长短一致,不撑,穿着时的左侧缝前片半成品距腰顶 8cm 夹洗涤标,成品距腰顶 5cm 夹洗涤标。洗涤标夹缝时需对折,有字样的一面向上。

11. 四线拷合前后裆,由后腰顶向前拷合,拷克时带进 0.5cm 大身色尼龙带,裆底十字缝对齐,控制前后裆尺寸,尼龙带需包进刀口内,带放松,下裆缝均倒向后片。

12. 平车缝合腰部 2.4cm 宽白色松紧带两头,松紧带尺寸大小码不同,两端做缝各 0.8cm。为确保牢度,重合 1.6cm 平缝,并做四等分标记。

13. 四线拷绱腰松紧带,一周松紧一致、均匀,切丝一致,差动调好,确保拉伸,不乍线。腰松紧带的接头位于腰后中心处。侧缝后倒,前后裆缝向穿着时的左侧倒。

14. 双针卷腰头,针距 0.6cm,龙头 2.5cm,内侧止口一致,重针在后缝中,两侧各 1.5cm 长,无双轨,一周松紧一致。不绞边,腰边包实,底线放松。

15. 脚口做衩,先平车固定衩位 4cm,注意平直、侧缝不起角,然后平车正面压明线,折进拷克缝,包进毛头,双针线对齐,距止口 0.5cm。

16. 左右脚口侧开衩顶骑缝横向套结 0.8cm 长,套结重线在平车线迹上,左右一致。

17. 绳尾两端平车双折打回针 0.5cm,腰内穿 0.7cm 宽大身色扁绳,绳左右外露一致。分尺码,毛头向内侧。

18. 平车固定棉绳在后腰中,回针打牢(骑缝,竖向打),长 0.8cm。

19. 平车钉商标,中下方吊尺码标(尺码标双折内夹一缸号标),最下面为条码标,空白面朝上,缝份 0.6cm,距止口 0.15cm。平车钉商标(位于后腰中心处),松度 0.5cm,确保腰部拉伸后裤腰不见标色线。穿着的左脚口距侧缝 3cm 钉装饰标,装饰标有字的一面向上,内外不串位,钉一道。

20. 封样生产。生产注意事项:拷克切丝控制在 0.3cm 以内;线迹调好,适当拉伸不断线;双针、拷克底线均调松。

七、制图尺寸计算

以 M 号规格为例,采用规格演算法制图,制图时考虑坯布回缩率不考虑缝耗,制作裁剪样板时再把缝耗加进去。经测试,该坯布纵向回缩率为 2%,横向回缩率为 2.2%。计算结果见表 3-4。

表3-4　制图尺寸计算　　　　　　　　　　　　　　　　单位:cm

序号	部　位	计　算　方　法	尺寸
1	裤长	裤长规格÷(1-纵向回缩率)=98÷(1-2%)	100
2	$\dfrac{腰围}{2}$(拉度)	$\dfrac{腰围规格}{2}$÷(1-回缩率)=50÷(1-2.2%)	51.1
3	$\dfrac{臀围}{2}$	$\dfrac{臀围规格}{2}$÷(1-回缩率)=49÷(1-2.2%)	50.1
4	$\dfrac{横裆}{2}$	$\dfrac{横裆规格}{2}$÷(1-回缩率)=30.5÷(1-2.2%)	31.2
5	脚口宽	脚口宽÷(1-回缩率)=26÷(1-2.2%)	26.6
6	直裆	直裆规格÷(1-纵向回缩率)=27÷(1-2%)	27.6

八、制图

根据表3-4中计算所得尺寸,休闲长裤的制图见图3-3和图3-4。制图步骤如下:

1. 辅助线制图步骤(图3-3)。

①画基本线(前侧缝直线):首先画出基础直线。

②画上平线:垂直相交于基本线。

③画下平线(裤长线):自上平线向下量取裤长,平行于上平线。

④画直裆线:自上平线向下量取直裆长,平行于上平线。

⑤画臀高线:自直裆线向上量取直裆长的$\dfrac{1}{3}$,平行于上平线。

⑥画中裆线:取臀高线至下平线的$\dfrac{1}{2}$,平行于上平线。

⑦画前裆缝直线:在臀高线上,以基本线为起点,量取$\dfrac{臀围}{4}$-1cm,平行于基本线。

⑧画前下裆缝直线:在直裆线上,以前裆缝直线为起点,量取$\dfrac{0.4\,臀围}{10}$,平行于基本线。

⑨画前烫迹线:过前下裆缝直线与前侧缝直线的中点作平行于前侧缝直线的平行线。

⑩画后侧缝直线:画前侧缝直线的平行线。

⑪画后裆缝直线:在臀高线上,以后侧缝直线为起点,量取$\dfrac{臀围}{4}$+1cm,平行于基本线。

⑫画落裆线:以直裆线为基础,向下落0.5~1cm。

⑬画后裆缝斜线:以臀高线与后裆缝直线的交点为起点,取比值15:2.5画斜线。

⑭画后下裆缝直线:以后裆缝斜线与落裆线的交点为起点,量取$\dfrac{0.85\,臀围}{10}$,平行于基本线。

⑮画后烫迹线:自后侧缝直线与后下裆缝直线的中点作平行于后侧缝直线的平行线。

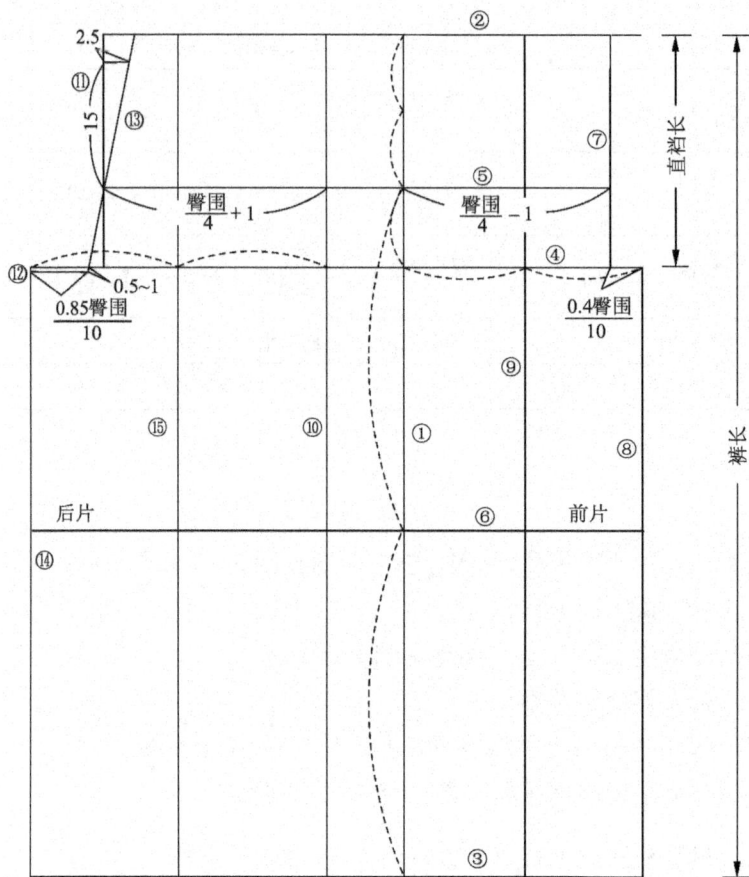

图 3 - 3

2. 结构线制图步骤(图 3 - 4)。

①画前腰口大:在上平线上,自前裆缝直线量取$\dfrac{腰围}{4}$为前腰口大。

②画前脚口宽:在下平线上,量取脚口宽 - 2cm,以前烫迹线为中点左右平分。

③画前侧缝直线:以腰口大点为起点,过臀围大点,用直线连接到脚口宽点。

④画前中裆宽:在中裆线上,以前烫迹线为中线,画出下裆缝线上的中裆点。

⑤画前裆缝线:前裆缝直线及裆缝弧线画法如图 3 - 4 所示。

⑥画前下裆缝线:以前小裆宽点为起点,过前中裆宽点,连接至脚口宽点,在中裆线与横裆线之间内凹 0.4cm 画弧线。

⑦后腰起翘 2.5cm。

⑧画后腰口大:以后腰起翘点为起点,量取$\dfrac{腰围}{4}$与上平线相交,直线连接两点为后腰口大。

⑨画后裆缝线：后裆缝直线及后裆缝弧线画法如图 3 - 4 所示。

⑩画后脚口宽：在下平线上，量取脚口宽 +2cm，以后烫迹线为中点左右平分。

⑪画后中裆宽：在中裆线上，以后烫迹线为中线，左右各量取前中裆宽 +2cm。

⑫画后下裆缝线：以后裆宽点为起点，过后中裆宽点，连接至脚口宽点，在中裆线与横裆线之间内凹 1cm 画弧线。

⑬画后侧缝直线：以腰口大点为起点，过臀围大点连至中裆大点，在臀围线与中裆线之间内凹 0.4cm 画弧线；再从中裆大点用直线连接到脚口宽点。

⑭画后袋：后袋尺寸及定位见图 3 - 4。

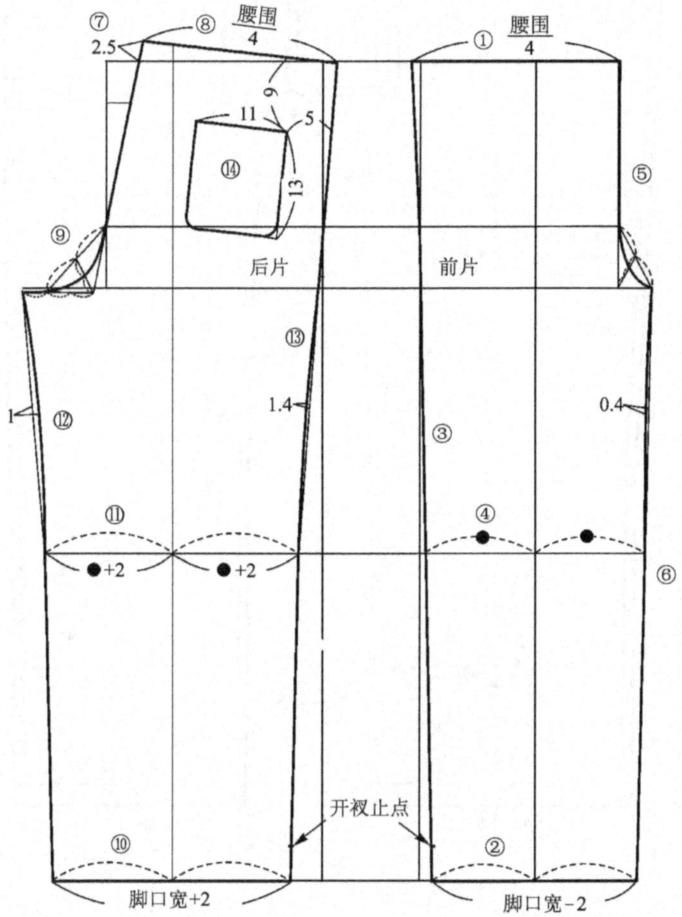

图 3 - 4

九、样板制作

对制图四周加放缝份即成可供裁剪的毛样板。缝份加放如下：裤口边缝份为 2cm（折边宽）、口袋边缝份为 1.6cm（折边宽）、腰口缝份为 2.5cm（折边宽）；前后侧缝、前后下裆缝、前后裆缝均为四线拷边合缝，缝份均为 1cm；平缝机绱口袋，口袋三周缝份为 1cm。

在脚口、腰口、袋口折边处、开衩止口处打上剪口;在绱口袋位打孔。

在样板上标注丝缕方向,并写明款式名称或款号、规格、衣片名称、衣片需裁剪的片数等,见图3-5。

口袋需工艺板,用于扣烫口袋。

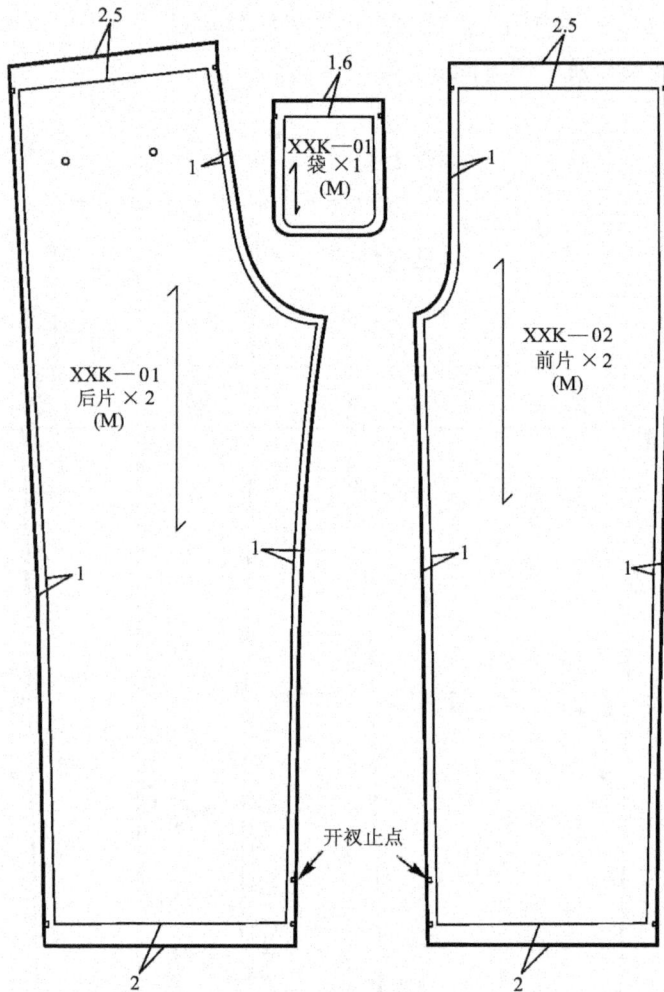

图3-5

十、推板

休闲长裤的成品规格及档差见表3-1。选取中间号型规格样板作为母板,前后裤片分别选定侧缝基本线作为推板时的纵向公共线,横裆线作为推板时的横向公共线,在标准母板的基础上推出大号和小号标准样板。各部位档差及计算公式见表3-5,推板见图3-6。

表3－5 各部位档差及计算公式 单位:cm

部位名称		部位代号		档 差 及 计 算 公 式			
				纵 档 差		横 档 差	
前裤片	腰围线	A	1	同直裆长档差	0	由于在公共线上,A=0	
		B	1	同直裆长档差	2	半腰围档差(4)÷2	
	臀围线	C	0.3	直裆深档差(1)÷3	2	半臀围大档差(4)÷2	
	横裆线	D	0	由于是公共线,D=0	2.5	横裆档差(5)÷2	
	脚口线	E	2	裤长档差3－直裆档差1	1	脚口档差(2)÷2	
		F	2	裤长档差3－直裆档差1	0	由于靠近公共线,F=0	
后裤片	腰围线	A′	1	同直裆长档差	0	由于在公共线上,A=0	
		B′	1	同直裆长档差	2	半腰围档差(4)÷2	
	臀围线	C′	0.3	直裆深档差(1)÷3	2	半臀围大档差(4)÷2	
	横裆线	D′	0	由于是公共线,D=0	2.5	横裆档差(5)÷2	
	脚口线	E′	2	裤长档差3－直裆档差1	1	脚口档差(2)÷2	
		F′	2	裤长档差3－直裆档差1	0	由于靠近公共线,F=0	
	贴袋位	G、H	1	同直裆长档差	0.32	0.04×臀围档差8	

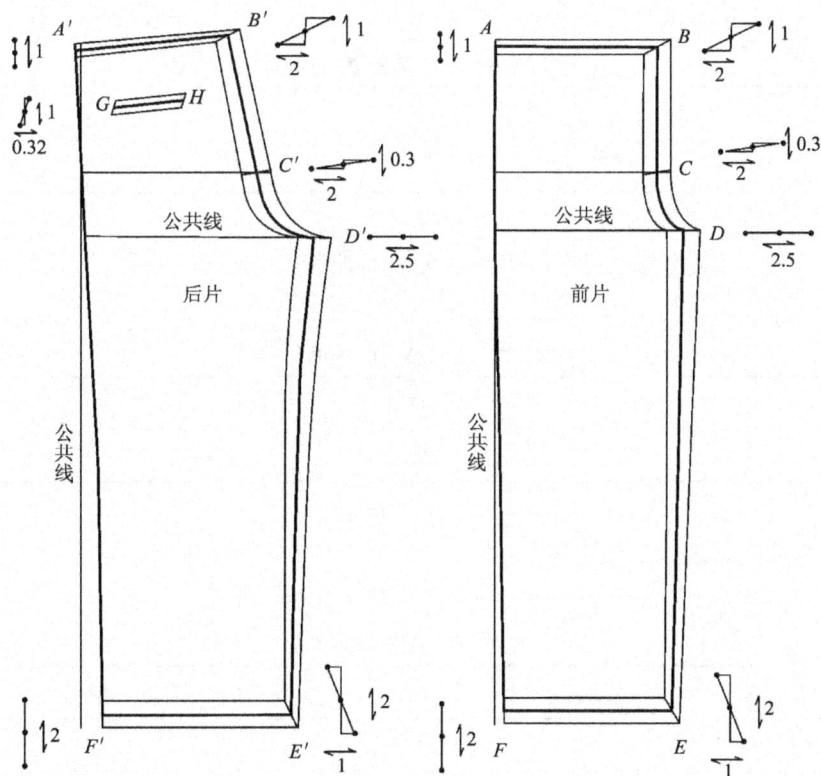

图3－6

87

十一、排料、裁剪

1. 排料要领

(1)坯布需充分回缩 72 小时后裁剪。

(2)铺布张力一致,对合铺布,如图 3 - 7 所示。一条裤子的方向一致,裁剪后的裤片尺寸需在公差范围内。口袋丝绺平直。

图 3 - 7

(3)在穿着后的左侧后片做袋位标记点,点要准确且小。

(4)裁三种规格的黑色有纺衬:

锁眼衬:2.5cm×2.5cm,2 片/条。

袋口衬:16cm×2cm,1 片/条。

袋边衬:规格参照样板,1 片/条。

(5)2.4cm 宽腰松紧带需放松回缩 24 小时后剪断,(不加汽)半成品尺寸见表 3 - 6。

表 3 - 6 半成品松紧带尺寸   单位:cm

规 格	S	M	L	XL
尺 寸	65	73	81	89

(6)腰内 0.7cm 宽大身色扁空心棉绳需烫平后剪断,半成品尺寸见表 3 - 7。

表 3 - 7 半成品空心棉绳尺寸   单位:cm

规 格	S	M	L	XL
尺 寸	120	128	136	144

2. 裁剪部件明细表(表 3 - 8)。

表 3 - 8 裁剪明细表

部件名称	前裤片	后裤片	口袋	锁眼有纺衬	袋口有纺衬	袋边有纺衬
片数/每件	2	2	1	2	1	1

3. 排料图(图 3 - 8)。

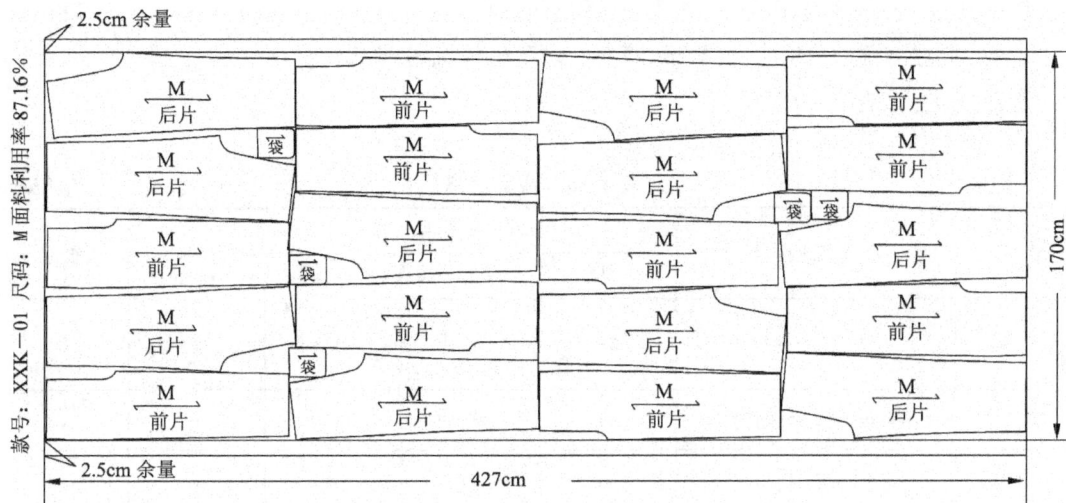

图 3－8

作业与指导

长裤的打板及生产工艺设计

款式特征:腰口装松紧带,脚口、袋口边为双针卷边,前身左右各一个双嵌线直插袋,后身装贴袋,贴袋上开单嵌线袋(图 3－9)。

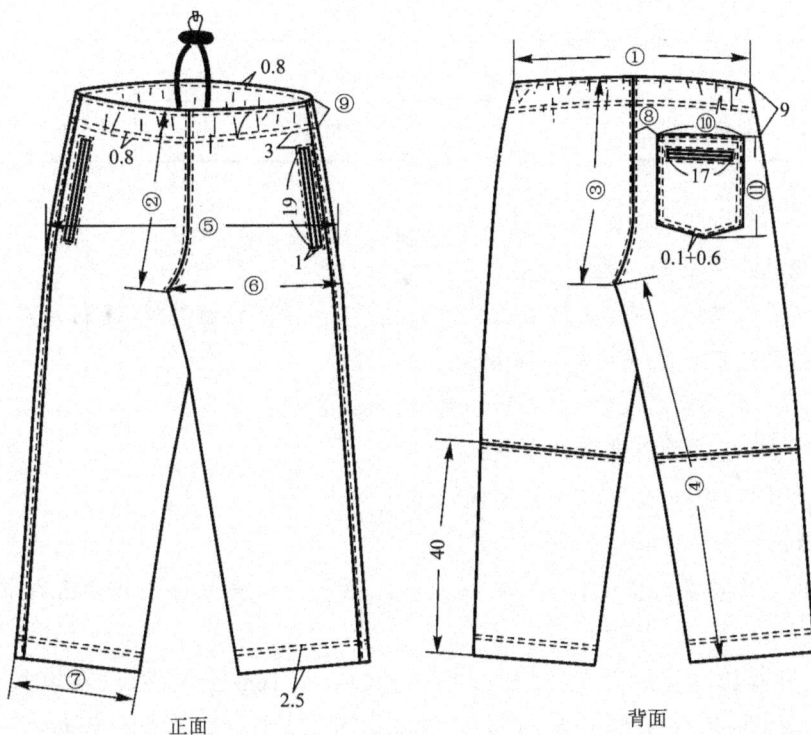

正面　　　　背面

图 3－9

坯布成分:主料为全棉绒布,克重为 $550g/m^2$。

辅料:扁空心绳、粘合衬、松紧带、商标(含尺码标),洗涤标。

成品规格:见表3−9。

表3−9 成品规格 单位:cm

代号	部位名称	规格尺寸				公差
		M	L	XL	档差	
①	腰围/2(松度)	38	41	44	3	±1
②	前裆(前直裆弧长)	35	36	37	1	±1
③	后裆(后直裆弧长)	43	44	45	1	±1
④	内侧长	78	79	80	1	±1.5
⑤	臀围/2	60	63	66	3	±1
⑥	横裆/2	35	36	37	1	±1
⑦	脚口宽	25	26	27	1	±1
⑧	贴袋距后裆	5.5	6.5	7.5	1	±0.2
⑨	腰高	3.5			0	±0.1
⑩/⑪	贴袋宽/长	19/20.5			0	±0.2

要求:

1. 写出该款式的缝制工艺流程。

2. 写出该款式的缝制要求(包括用针、用线、线迹密度、缝迹类型、缝制具体要求等)。

3. 用表格列出制图尺寸计算方法及结果。

4. 1:5制图(要求标注尺寸,线条符合要求,参见案例)。

5. 样板制作(格式及要求参见案例)。

6. 推板及排料(格式及要求参见案例)。

要点提示:

1. 各部位明线要求见图示,其中前后裆缝处、后裤腿拼接处分别采用三线拷合后,正面做双针绷缝。

2. 连腰,腰里距前裆缝左、右2.5cm处各竖锁一个1cm配色平眼,在橡筋车上拉好腰后,将按规格断好的黑色橡筋绳穿上黑色单孔绳尾锁与黑色固定圈后穿入纽孔内,橡筋绳两头用布包接,在纽孔处双折净露8cm。

实训十三　女式三角裤的样板设计与生产工艺设计

一、款式说明

款式特征：该款式为女式三角裤。前片拼接对称花边，腰口、底档与后片的脚口边滚边，前片与底档四针六线搭缝拼接，底档为双层大身面料。

坯布成分：JC9.7tex（60 英支）汗布，克重为 160g/m^2。

辅料：洗涤标、松紧带、花边。

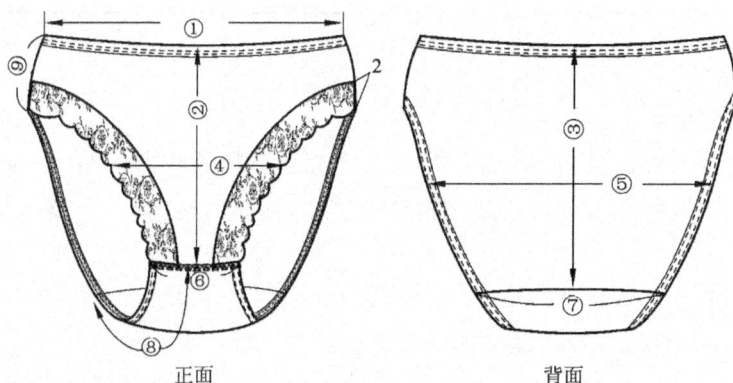

正面　　　　　　　　背面

图 3 - 10

二、成品规格及测量部位

成品规格见表 3 - 10，测量部位见图 3 - 10。

表 3 - 10　成品规格　　　　　　　　　　　　　　　　　　　　单位：cm

代　号	部位名称	规 格 尺 寸			档差	公差
		150/75A S	155/80A M	160/85A L		
①	$\dfrac{腰围}{2}$	26.5	29	31.5	2.5	±1
②	前中长	17	18	19	1	±0.5
③	后中长	20	21	22	1	±0.5
④	前片宽（$\frac{1}{2}$前中长处）	14.5	15	15.5	0.5	±0.2
⑤	后片宽（$\frac{1}{2}$后中长处）	25.8	27	28.2	1.2	±0.2
⑥	前档宽	7	7	7	0	±0.2
⑦	后档宽	13.5	13.5	13.5	0	±0.2
⑧	底档长	13.5	13.5	13.5	0	±0.2
⑨	侧缝长	5	5	5	0	±0.2

三、缝纫线与缝纫用针要求

缝纫线要求：面线为大身色 29.1tex × 3（60 英支/3）涤纶线，底线为大身色 8.4tex（76旦）尼龙线。

缝纫用针要求：见表 3-11。

表 3-11　缝纫用针要求

缝纫机种	三线、四线包缝机	双针绷缝机	四针六线绷缝机
缝纫用针	9#	9#	9#
针迹密度（针/2cm）	9.5～10	9.5～10	9.5～10

四、缝制工艺流程

拼合前片花边→拼合底裆与后片→后片与底裆脚口装松紧带→四针六线搭缝前片与底裆→拼合前后片左侧缝→装腰口松紧→拼合前后片右侧缝→打套结→整烫、检验。

五、缝制要求

1. 三线拷克拼前片花边，拼缝要平整，不起皱。

2. 平车将后片夹到底裆与里裆布中间，与后裆线处对齐。注意三片平齐、线迹平顺。

3. 后片与底裆脚口用松紧带滚边。线迹平顺圆滑，滚边包实。

4. 四针六线搭缝前片与底裆。搭缝重叠量为 0.6cm，线迹平顺，不起毛。起落针处打套结，套结宽度为 0.6cm。

5. 四线拷克拼左侧缝。拼左侧缝时，将洗涤标放置于距腰口（成品）2cm 处同时固定。

6. 腰口用松紧带滚边。侧缝缝份倒向后片，线迹平顺圆滑，滚边包实。

7. 右侧缝腰口与脚口打竖形套结。套结打在后片上，并压住侧缝。

六、制图尺寸计算

以 M 号规格为例，采用规格演算法制图，制图时考虑坯布回缩率，不考虑缝耗，制作裁剪样板时再把缝耗加进去。经测试，该坯布纵、横向回缩率均为 2%。计算结果见表 3-12。

表 3-12　制图尺寸计算　　　　单位：cm

序号	部位	计算方法	尺寸
1	$\frac{腰围}{4}$	$\frac{腰围规格}{4} \times (1 + 横向回缩率) + 1cm$ 缝缩	15.8
2	前中长	前中长规格 × (1 + 纵向回缩率)	18.3
3	后中长	后中长规格 × (1 + 纵向回缩率)	21.4
4	$\frac{前片宽}{2}$	$\frac{前片宽规格}{2} \times (1 + 横向回缩率)$	7.7

续表

序　号	部　位	计　算　方　法	尺　寸
5	$\dfrac{后片宽}{2}$	$\dfrac{后片宽规格}{2}\times(1+横向回缩率)$	13.8
6	$\dfrac{前裆宽}{2}$	$\dfrac{前裆宽规格}{2}\times(1+横向回缩率)$	3.6
7	$\dfrac{后裆宽}{2}$	$\dfrac{后裆宽规格}{2}\times(1+横向回缩率)$	7
8	底裆长	底裆长规格×(1+纵向回缩率)+0.5cm 缝缩	14.3
9	侧缝长	侧缝长不考虑回缩率	5

七、制图

根据表3-12中计算所得尺寸,女式三角裤制图如图3-11所示。

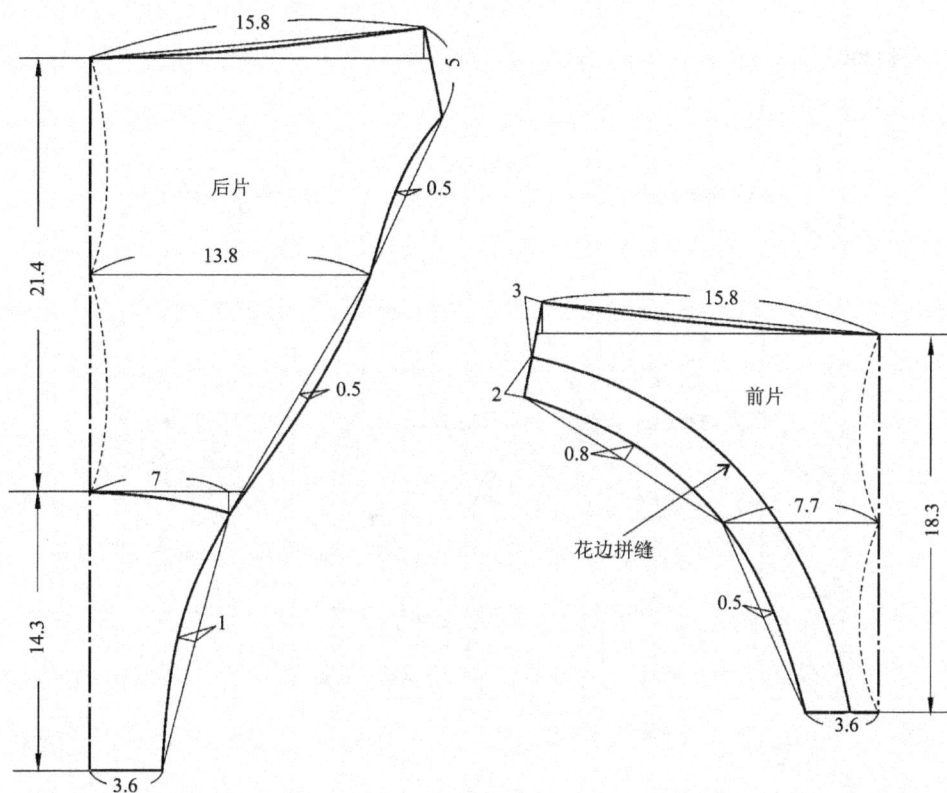

图 3-11

八、样板制作

对制图加放缝份即成可供裁剪的毛样板。缝份加放如下:腰口、后片与底裆脚口缝份为

0(腰口、后片与底裆脚口均为滚边包实,故不需要加缝份);前片的底裆拼缝缝份为0.6cm;底裆的前片拼缝缝份为0;前片与花边的拼缝缝份为1cm;前后片侧缝缝份1cm。

在样板上标注丝缕方向,并写明款式名称或款号、规格、衣片名称、衣片需裁剪的片数等,如图3-12所示。

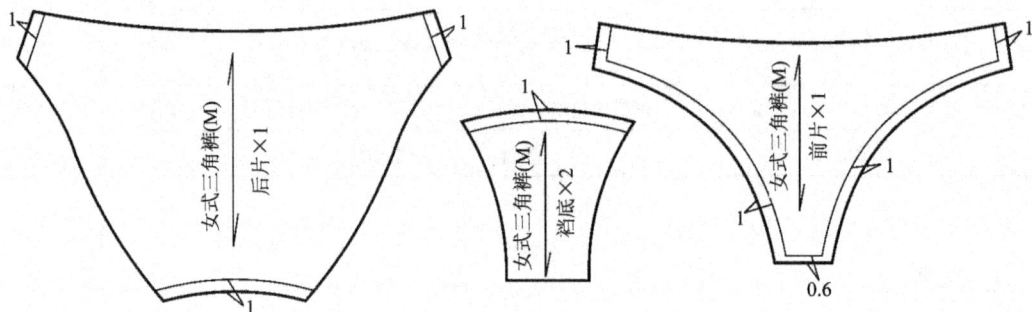

图3-12

九、排料图

排料图见图3-13。

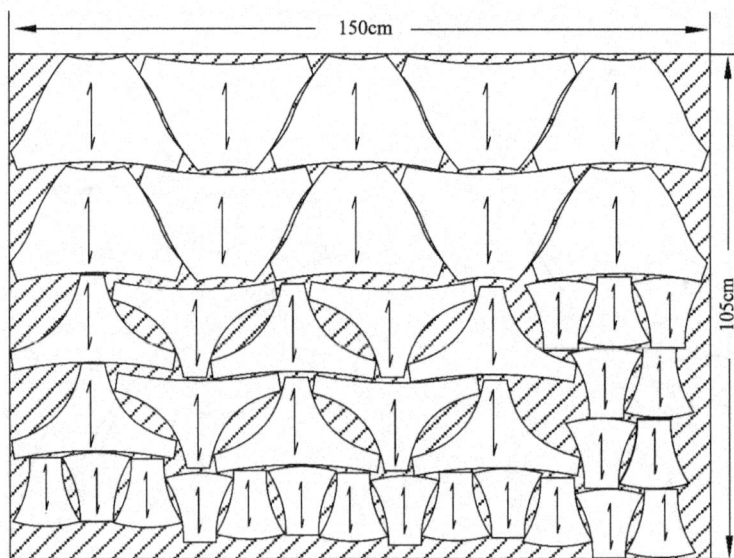

图3-13

作业与指导

女式三角裤的打板及生产工艺设计

款式特征:此款三角裤主要特征是侧缝与腰部的变化设计。腰口与脚口一圈装松紧带;底裆为双层大身面料,如图3-14所示。

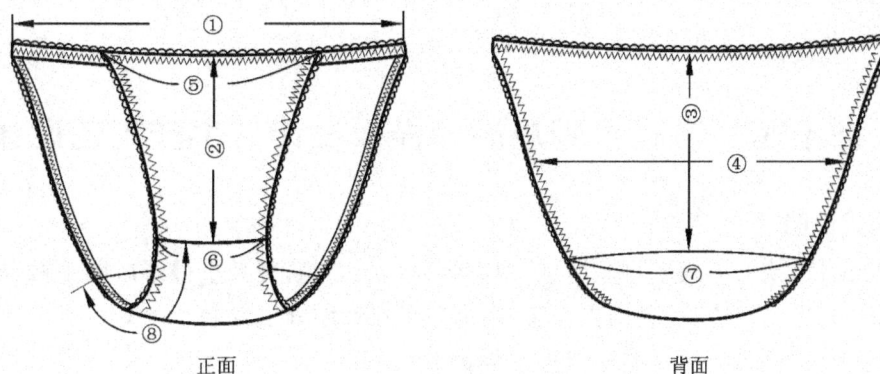

正面　　　　　　　　　　　　　　背面

图 3 – 14

坯布成分:JC9.7tex(60 英支)汗布,克重 160g/m²

辅料:松紧带。

成品规格:见表 3 – 13。

表 3 – 13　成品规格　　　　　　　　　　　　　　单位:cm

代　号	部 位 名 称	规 格 尺 寸			档差	公　差
		150/75A S	155/80A M	160/85A L		
①	$\dfrac{腰围}{2}$	26.5	29	31.5	2.5	±1
②	前中长	16	17	18	1	±0.5
③	后中长	19	20	21	1	±0.5
④	后片宽($\frac{1}{2}$后中长处)	22.8	24	25.2	1.2	±0.2
⑤	前片宽	19	20	21	0.5	±0.2
⑥	前裆宽	7	7	7	0	±0.2
⑦	后裆宽	13.5	13.5	13.5	0	±0.2
⑧	底裆长	12.5	12.5	12.5	0	±0.2

要求:

1. 写出该款女式三角裤的缝制工艺流程。

2. 写出该款女式三角裤的缝制要求(包括用针、用线、线迹密度、缝迹类型、缝制具体要求等)。

3. 用表格列出制图尺寸计算方法及结果。

4. 1:5 制图(要求标注尺寸,线条符合要求,参见案例)。

5. 样板制作(格式及要求参见案例)。

要点提示:

1. JC9.7tex(60英支)汗布的纵向回缩率和横向回缩率均为2%。

2. 脚口的整体结构线条在拼接处要圆顺,无凹凸角出现。

实训十四 男式平脚短裤的样板设计与生产工艺设计

一、款式说明

款式特征:该款为男式平脚短裤,前中部分为双层,左右交叉重叠形成前中裆,前中裆设有弧形开口,开口处滚边;裤腰内夹松紧带;脚口用双针绷缝机缝制。

坯布成分:JC14.6tex(40英支)汗布,克重180g/m²。

辅料:商标、洗涤标、松紧带。

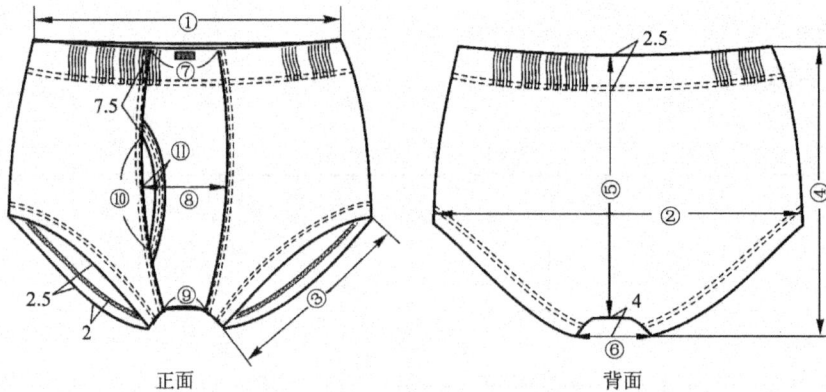

图 3 – 15

二、成品规格及测量部位

成品规格见表3 – 14,测量部位见图3 – 15。

表 3 – 14 成品规格 单位:cm

代 号	部 位 名 称	规 格 尺 寸			档差	公 差
		165/80A S	170/85A M	175/90A L		
①	$\frac{腰围}{2}$(拉量)	39.5	42	44.5	2.5	±1
	$\frac{腰围}{2}$(平量)	29.5	32	34.5	2.5	±1
②	$\frac{臀围}{2}$	47.5	50	52.5	2.5	±1

代　号	部位名称	规　格　尺　寸			档差	公　差
		165/80A S	170/85A M	175/90A L		
③	脚口宽	22	23	24	1	±0.5
④	裤长	28.5	30	31.5	1.5	±0.5
⑤	直裆	25	26	27	1	±0.5
⑥	裆宽	9	10	11	1	±0.2
⑦	前中片上宽	11	12	13	1	±0.2
⑧	前中片中宽	12	13	14	1	±0.2
⑨	前中片下宽	5	5.5	6	0.5	±0.2
⑩	前开口长	9.5	10	10.5	0.5	±0.1
⑪	前开口宽	1	1	1	0	±0.1

三、缝纫线与缝纫用针要求

缝纫线要求：面线为大身色 29.1tex×3（60 英支/3）涤纶线，底线为大身色 8.4tex（76旦）尼龙线。钉商标面线为商标色，底线为大身色。

缝纫用针要求：见表 3-15。

表 3-15　缝纫用针要求

缝纫机种	平　缝　机	三线、四线包缝机	双针绷缝机
缝纫用针	9#	9#	9#
针迹密度（针/2cm）	9.5~10	9.5~10	9.5~10

四、缝制工艺流程

前开口滚边→平车对位缝合前中片→三线拼缝前片→双针压前片拼缝→四线包缝合前后裤片→双针脚口卷边→三线固定腰口松紧→双针绷腰口松紧→平车钉商标。

五、缝制要求

1. 前开口 1cm 双针单包，包边要包实。

2. 前中片对位要准确。

3. 双针压前片拼缝，缝份向侧缝倒，双针线迹必须压在做缝上，双针宽度为 0.5cm，线迹顺直并要宽窄一致。

4. 拼左侧缝时，将洗涤标放置于距腰口（成品）10cm 处同时固定。

5. 双针脚口卷边宽 2cm，双针腰口卷边宽 2.5cm。

6. 平车前中钉商标,固定时留 0.5cm 的松量。

六、制图尺寸计算

以 M 号规格为例,采用规格演算法制图,制图时考虑坯布回缩率,不考虑缝耗,制作裁剪样板时再把缝耗加进去。经测试,该坯布纵、横向回缩率均为2%。计算结果见表3-16。

表3-16 制图尺寸计算 单位:cm

序 号	部 位	计 算 方 法	尺 寸
1	$\frac{腰围}{4}$	$\frac{腰围规格}{4}×(1+横向回缩率)$	21.4
2	$\frac{臀围}{4}$	$\frac{臀围规格}{4}×(1+横向回缩率)$	25.5
3	脚口宽	由于脚口部位在缝制过程中容易受到拉伸,故不考虑回缩率	23
4	裤长	裤长规格×(1+纵向回缩率)	30.6
5	直裆	直裆规格×(1+纵向回缩率)	26.5
6	$\frac{裆宽}{2}$	裆宽不考虑回缩率	5
7	$\frac{前中片上宽}{2}$	$\frac{前中片上宽规格}{2}×(1+横向回缩率)$	6.1
8	$\frac{前中片中宽}{2}$	$\frac{前中片中宽规格}{2}×(1+横向回缩率)$	6.6
9	$\frac{前中片下宽}{2}$	$\frac{前中片下宽规格}{2}×(1+横向回缩率)$	2.8
10	前开口长	前开口长不考虑回缩率	10
11	前开口宽	前开口宽不考虑回缩率	1

七、制图

根据表3-16中计算所得尺寸,男式平脚短裤制图如图3-16所示。

八、样板制作

对制图加放缝份即成可供裁剪的毛样板。缝份加放如下:腰口缝份为2.7cm(腰口折边宽2.5cm+0.2cm折边余量);脚口折边缝份为2cm;侧缝、前片拼缝缝份为1cm;前开口为滚边,且为实滚,故缝份为0。

在前中片、前侧片、后裤片的腰口2.7cm处打上剪口;前侧片、后裤片的脚口2cm处打上剪口。

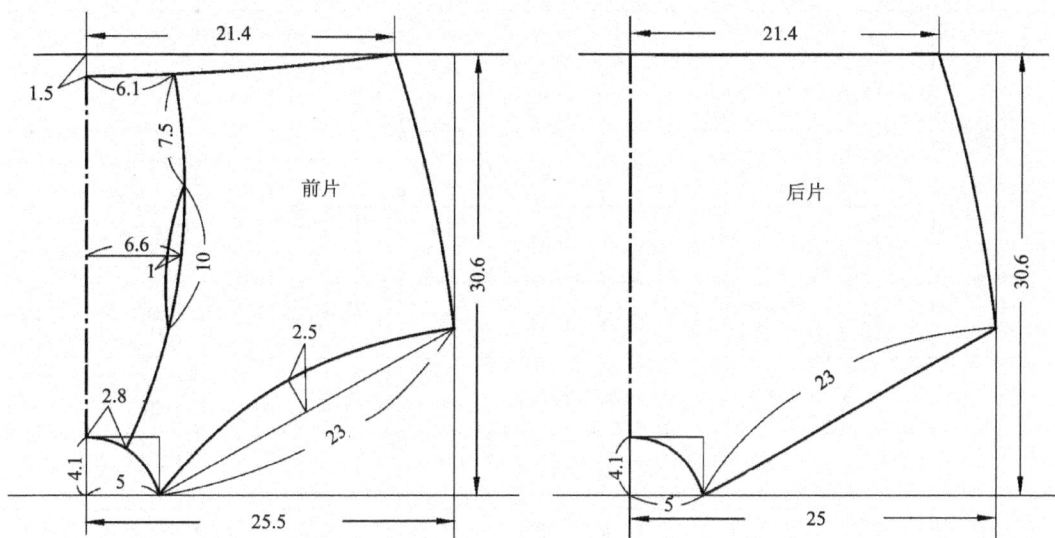

图 3 - 16

　　在样板上标注丝缕方向,并写明款式名称或款号、规格、衣片名称、衣片需裁剪的片数等,如图 3 - 17 所示。

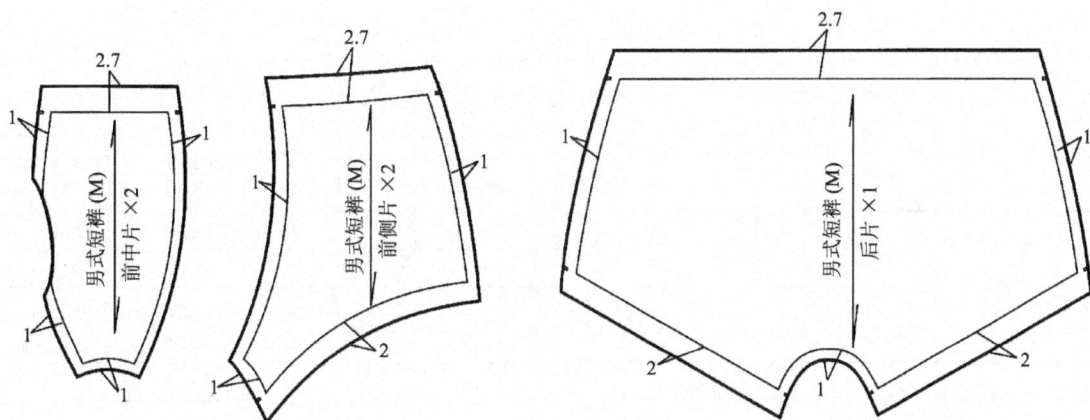

图 3 - 17

九、推板

　　男式平脚短裤的各部位档差见表 3 - 14。选取中间号型规格样板作为母板,大身、前中片及前侧片均选定腰口线作为推板时的横向公共线,样板的纵向中心线作为推板时的纵向公共线,在标准母板的基础上推出大号和小号标准样板。各部位档差及计算公式见表3 - 17,推板见图 3 - 18 和图 3 - 19。

表 3 – 17　各部位档差及计算公式　　　　　　　　　　　　单位:cm

部位名称		部位代号		纵 档 差		横 档 差
后裤片	腰围线	A	0	由于是公共线,A=0	1.25	$\dfrac{腰围档差}{4}$
		B	0	由于是公共线,B=0	1.25	$\dfrac{腰围档差}{4}$
	臀围	C	1	脚口档差	1.25	$\dfrac{臀围档差}{4}$
		D	1	脚口档差	1.25	$\dfrac{臀围档差}{4}$
	裤长	E	1.5	裤长档差	0.5	$\dfrac{裆宽档差}{2}$
		F	1.5	裤长档差	0.5	$\dfrac{裆宽档差}{2}$
	直裆	G	1	直裆档差	0	由于是公共线,G=0
前中片	腰围线	A	0	由于是公共线,A=0	0.5	$\dfrac{前中片上宽档差}{2}$
		B	0	由于是公共线,B=0	0.5	$\dfrac{前中片上宽档差}{2}$
	前开口	C	0	开口上端至腰线统码	0.5	$\dfrac{前中片中宽档差}{2}$
		D	1	前开口档差	0.5	$\dfrac{前中片中宽档差}{2}$
	下宽	E	1	直裆档差	0.25	$\dfrac{前中片下宽档差}{2}$
		F	1	直裆档差	0.25	$\dfrac{前中片下宽档差}{2}$
前侧片	腰围线	G	0	由于是公共线,G=0	0.5	$\dfrac{前中片上宽档差}{2}$
		K	0	由于是公共线,K=0	1.25	$\dfrac{腰围档差}{4}$
	直裆	H	1	直裆档差	0.25	$\dfrac{前中片下宽档差}{2}$
	裤长	I	1.5	裤长档差	0.5	$\dfrac{裆宽档差}{2}$
	臀围	J	1	脚口档差	1.25	$\dfrac{臀围档差}{4}$

十、排料图

男式平脚短裤排料图见图 3 – 20。

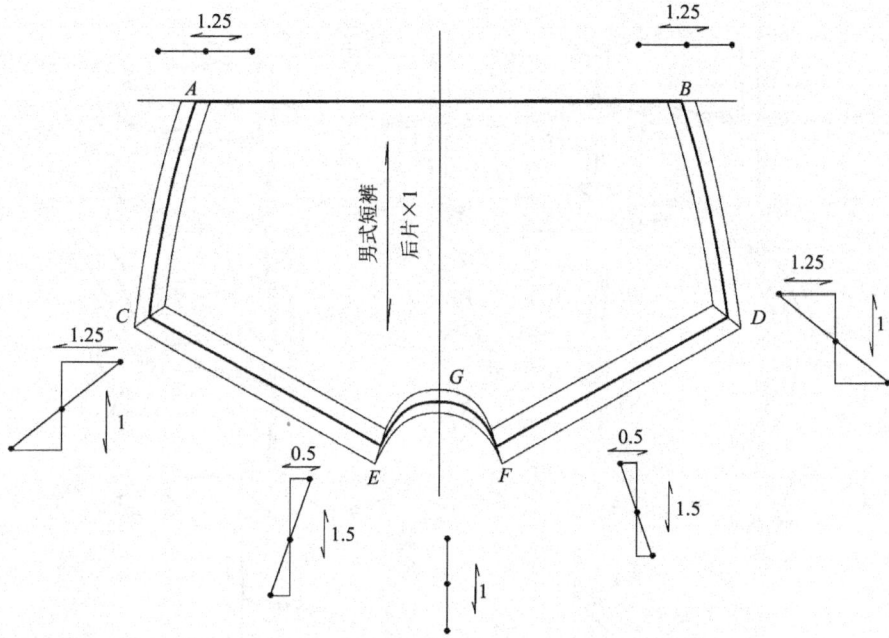

图 3－18

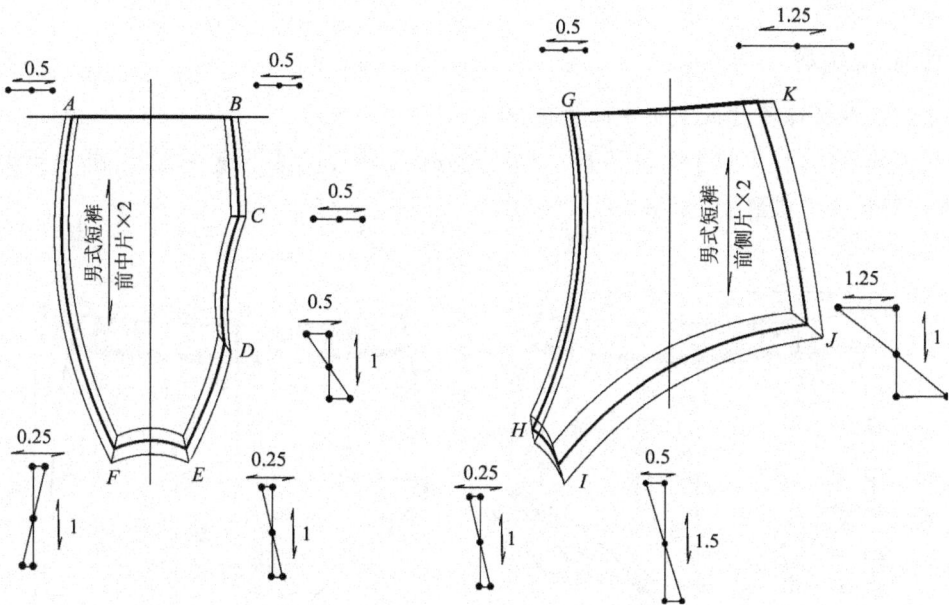

图 3－19

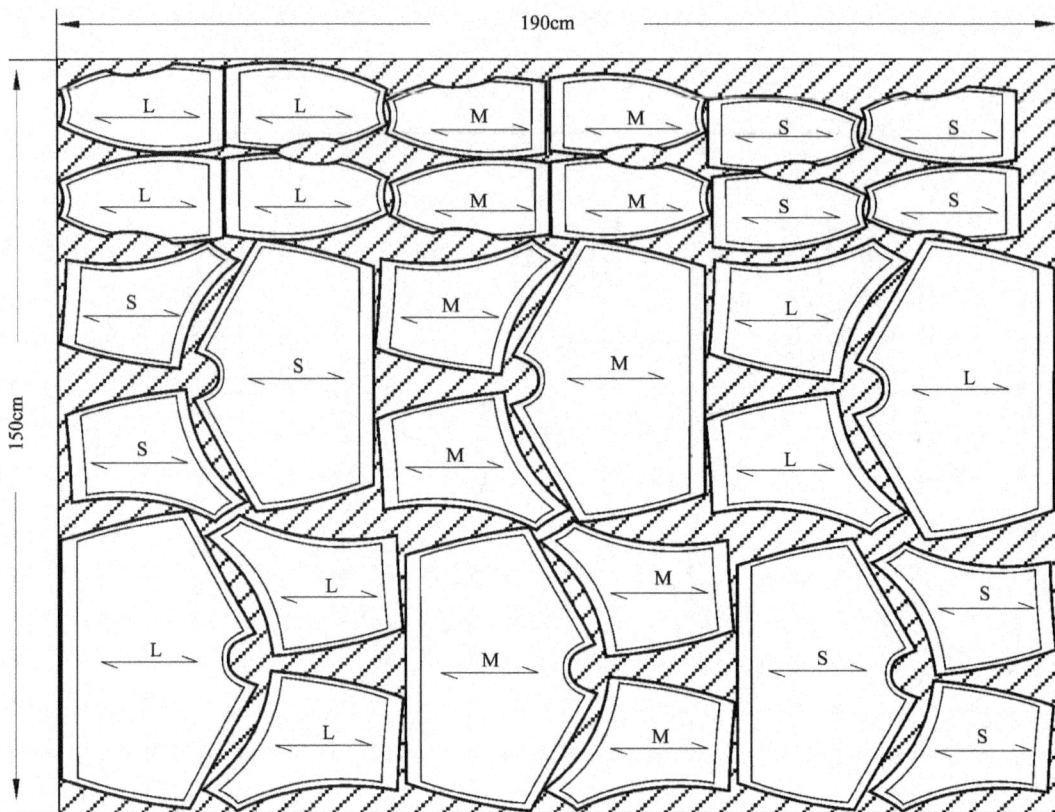

图 3-20

作业与指导

男式平脚短裤的打板及生产工艺设计

款式特征:该款为男式平脚短裤。前中剖缝装门襟,门襟上设一纽扣;裤腰边内夹松紧带;脚口双针绷缝机缝制,如图 3-21 所示。

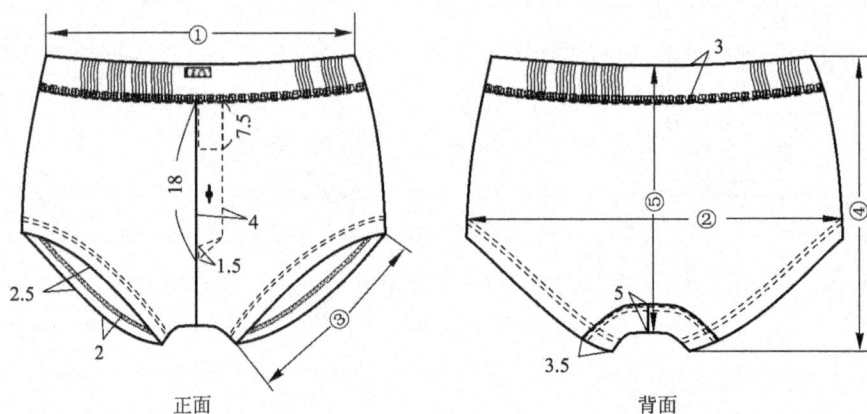

正面   背面

图 3-21

坯布成分:JC14.6tex(40英支)汗布,克重为 $180g/m^2$。

辅料:商标(含尺码标),洗涤标。

成品规格:见表3-18。

表3-18　成品规格　　　　　　　　　　　　单位:cm

代　号	部位名称	规　格　尺　寸			档差	公差
		165/80A S	170/85A M	175/90A L		
①	$\frac{腰围}{2}$(拉量)	39.5	42	44.5	2.5	±1
	$\frac{腰围}{2}$(平量)	29.5	32	34.5	2.5	±1
②	$\frac{臀围}{2}$	47.5	50	52.5	2.5	±1
③	脚口宽	22	23	24	1	±0.5
④	裤长	28.5	30	31.5	1.5	±0.5
⑤	直档	25	26	27	1	±0.5

要求:

1. 写出该款式的缝制工艺流程。

2. 写出该款式的缝制要求(包括用针、用线、线迹密度、缝迹类型、缝制具体要求等)。

3. 用表格列出制图尺寸计算方法及结果。

4. 1:5制图(要求标注尺寸,线条符合要求,参见案例)。

5. 样板制作(格式及要求参见案例)。

要点提示:

1. 14.6tex(40英支)TK汗布的纵向回缩率和横向回缩率均为2%。

2. 商标及品质标装钉要求见图示。

实训十五　直筒童裙的样板设计与生产工艺设计

一、款式说明

款式特征:裙腰为连腰款式,腰宽3.5cm,双针做腰,针距0.6cm,前后腰处共有3个腰裥,上用金属扣加固装饰。裙摆用本身布做抽褶,前裙片左侧有字母印花(胶印),裙子右侧缝处有一贴袋(穿起计)。后腰居中钉主标,尺码洗涤标钉于后裙片左侧腰下(穿起计)净8cm居中,如图3-22所示。

坯布成分:主料为J29.2tex+J36.5tex+7.7tex(20英支+16英支+70旦)氨纶小毛圈布,96%棉,4%氨纶;克重为 $280g/m^2$。

辅料:配色网眼面料,金属方扣、圆扣,粘合衬,主标、尺码洗涤标。

二、成品规格及测量部位

成品规格见表 3 – 19,测量部位见图 3 – 22。

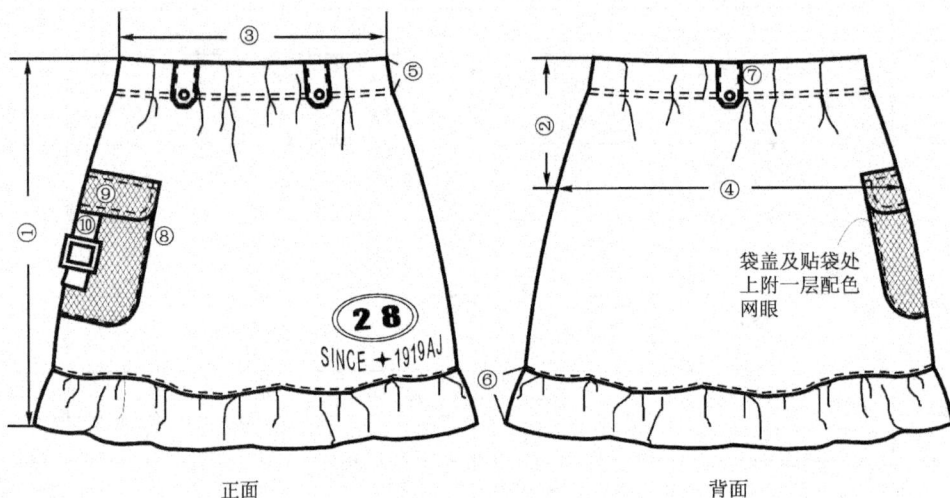

正面　　　　　　　　　　　　　　背面

袋盖及贴袋处
上附一层配色
网眼

图 3 – 22

表 3 – 19　成品规格　　　　　　　　　　　　　　单位:cm

代　号	部位名称	规　格　尺　寸				公差
		100	110	120	档差	
①	裙长	28	31	34	3	±1
②	臀围高	10	10.5	11	0.5	—
③	$\frac{腰围}{2}$(平量)	25.5	26	26.5	0.5	±1
④	$\frac{臀围}{2}$(腰下10.5)	29.5	31	32.5	1.5	±1
⑤	腰高	3.5	3.5	3.5	0	—
⑥	下摆拼条高	5	6	7	1	±0.2
⑦	腰袢	3×4.5	3×4.5	3×4.5	0	—
⑧	贴袋	11×11.5	11×11.5	11×11.5	0	±0.2
⑨	袋盖	11.5×4.5	11.5×4.5	11.5×4.5	0	±0.2
⑩	袋口袢	9×3	9×3	9×3	0	—

三、缝纫线与缝纫用针要求

缝纫线要求:所有缝合部位及明线采用大身色涤纶线。钉主标配主标色涤纶线。

缝纫用针要求:见表 3 - 20。

表 3 - 20　缝纫用针要求

缝纫机种	平 缝 机	三线包缝机	四线包缝机	双针卷边机
缝纫用针	12#	14#	14#	14#
针迹密度(针/2cm)	8 ~ 9	7 ~ 8	7 ~ 8	7

四、缝制工艺流程

前裙片印花→裙摆、拼条抽褶→三线拷合裙摆与裙拼条→拼合处平车缉止口 0.1cm →四线拷合裙子右侧缝→袋盖粘衬→平车缝袋盖→贴袋口双针卷边→腰衬、袋口衬粘衬→平车做腰衬、袋口衬→平车装袋口衬、腰衬→平车钉贴袋及袋盖→四线拷合裙子左侧缝→三线拷合橡筋与腰→双针卷腰头→三线拷光裙摆拼条→平车 0.8cm 缉止口。

五、缝制要求

1. 平车抽褶裙摆拼条,三线拷合裙摆、裙拼条,缝份倒向裙片缉 0.15cm 明线(切边均匀顺直,止口宽窄一致)。

2. 四线拷合裙子右侧缝(穿起计)。

3. 粘袋盖衬,平车做袋盖,袋盖调缉 0.6cm 明线,双针卷贴袋袋口高 2cm,针距 0.6cm (图 3 - 23)。

4. 粘腰衬、袋口衬衬,平车做腰衬、袋口衬,上缉 0.3cm 明线(宽窄一致)。

5. 平车固定袋口衬于袋盖及贴袋上,贴袋上的衬需先套入方形金属扣后再固定(无跳针)。

6. 平车贴贴袋上缉 0.15cm 明线,平车贴袋盖上缉 0.7cm 明线,起始点和终止点打回车。

7. 四线拷合裙子左侧缝(穿起计)。

8. 三线拷合橡筋与腰,双针卷腰头净 3.5cm,线迹重叠 2.5cm。

9. 三线拷裙拼条,折进 0.8cm 平车缉明线(线迹均匀顺直)。

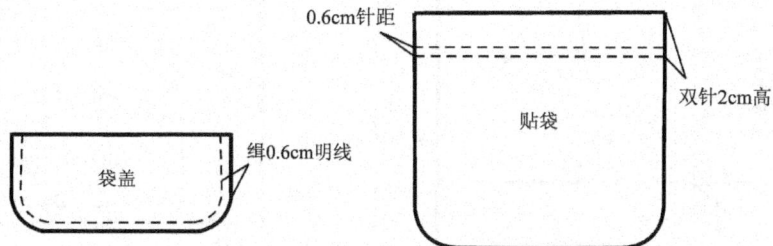

图 3 - 23

六、制图尺寸计算

以 110cm 身高女童裙规格为例,采用规格演算法制图,制图时考虑坯布回缩率,不考虑缝耗,制作裁剪样板时再把缝耗加进去。经测试,该坯布纵、横向回缩率均为 4%。计算结果见表 3 – 21。

表 3 – 21 制图尺寸计算   单位:cm

序 号	部 位	计 算 方 法	尺 寸
1	裙长	裙长规格 + 裙长规格 × 纵向回缩率 = 31 + 31 × 4%	32.2
2	腰围(拉量)	装橡筋需要抽褶量,直接根据 $\frac{臀围}{4}$ 大撇进 1	15.1
3	$\frac{臀围}{2}$(腰下 10.5)	$\frac{臀围规格}{2} + \frac{臀围规格}{2}$ × 横向回缩率 = 15.5 + 15.5 × 4%	16.1
4	腰高	腰高规格 3.5,小部位规格不考虑回缩率	3.5
5	下摆拼条高	下摆拼条高 6,小部位规格不考虑回缩率,且含下摆拼条高的整体裙长已加纵向回缩率	6
6	腰祥	腰祥规格 3 × 4.5,小部位规格不考虑回缩率	3 × 4.5
7	贴袋	贴袋规格 11 × 11.5,小部位规格不考虑回缩率	11 × 11.5
8	袋盖	袋盖规格 11.5 × 4.5,小部位规格不考虑回缩率	11.5 × 4.5
9	袋口祥	袋口祥 9 × 3,小部位规格不考虑回缩率	9 × 3

七、制图

根据表 3 – 21 中计算所得尺寸,直筒童裙裙片、下摆拼条、贴袋、袋盖、腰祥基本制图及印花定位如图 3 – 24 所示。袋口祥尺寸在下面样板制作中直接计算。

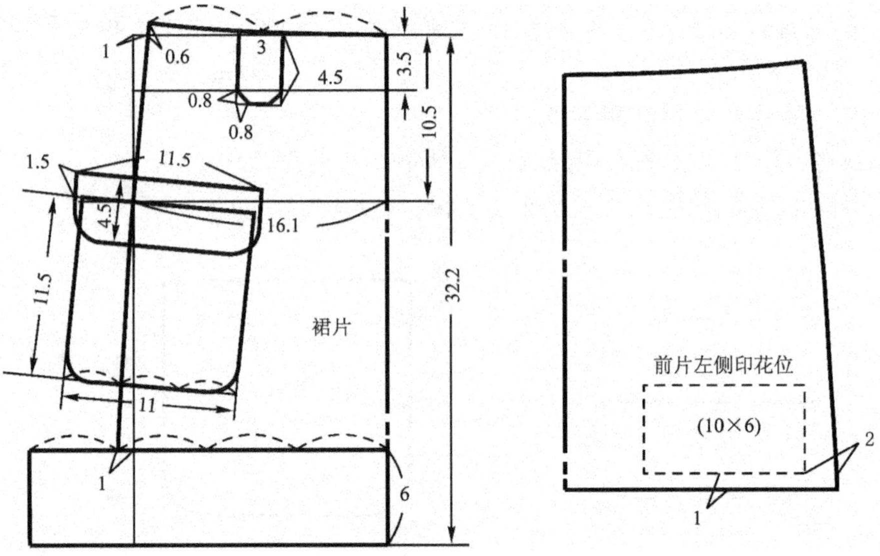

图 3 – 24

八、制图要领说明

1. 针织裙裙片不分前后。

2. 规格尺寸表中的腰围(平量)是成品腰围的规格,结构制图时腰围尺寸应加入装橡筋所需的抽褶量。

3. 下摆拼条的长度可根据实际抽褶量的多少确定,本款式共加出裙摆量的 $\frac{1}{3}$。

4. 为使裙右侧贴袋美观实用,袋宽的 $\frac{2}{3}$ 贴于前片, $\frac{1}{3}$ 贴于后片。

5. 前片的腰祥定位见图 3 – 24,后片的腰祥定于后腰中心。

九、样板制作

对制图加放缝份即成可供裁剪的毛样板。缝份加放如下:侧缝、裙摆、袋盖、贴袋三周、下摆拼条、腰祥、袋口祥为三线拷边合缝、四线拷边合缝或平车做光、固定,放缝均为1cm;腰贴边根据腰高尺寸放3.5cm;贴袋袋口根据双针高度放2cm。

在腰贴边3.5cm处打剪口,在裙摆中心点打剪口,在下摆拼条与裙摆相拼处中心点打剪口。

在样板上标出丝绺方向、贴袋定位,并写明款式名称、款式号、裁片名称、裁片数量、面料品种、规格等,如图 3 – 25 和图 3 – 26 所示。

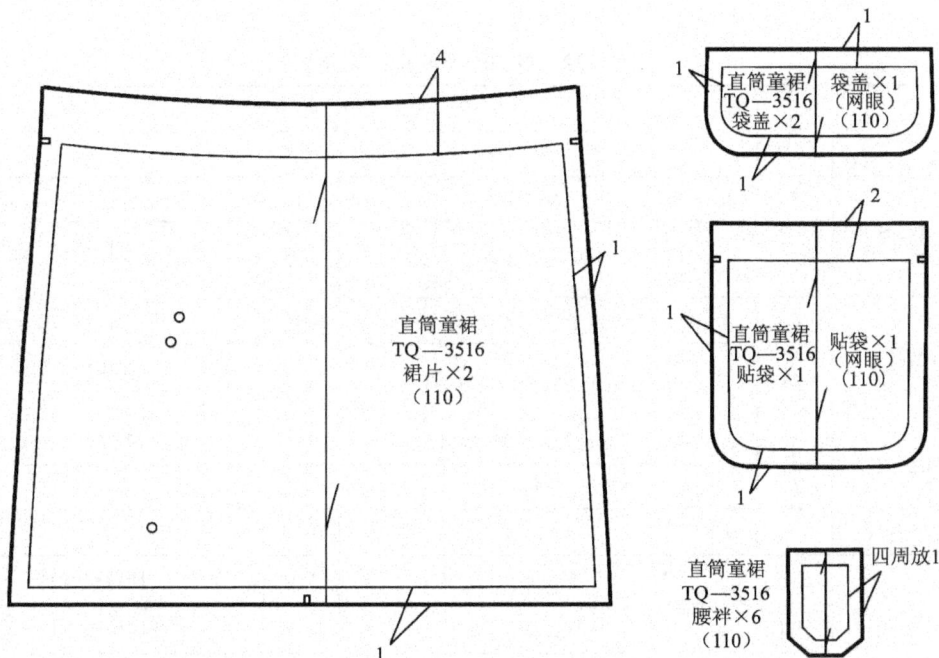

图 3 – 25

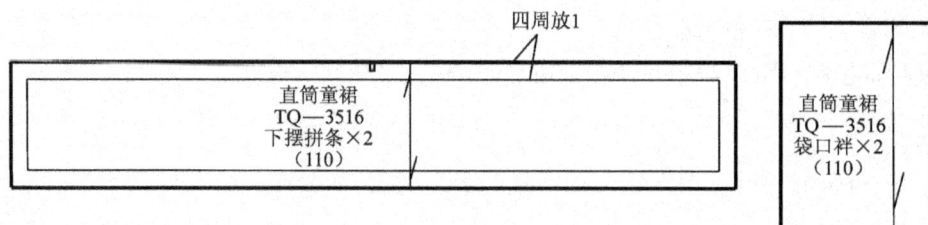

图 3-26

袋口祥(毛样):

长度:9cm(净长)+2cm(缝份);宽度:3cm(净宽)×2+2cm(缝份)。

数量:袋口祥×2cm(分别用于袋盖与贴袋)。

十、推板

1. 童裙的各部位档差见表 3-22。

2. 童裙工业推板。选取中间号型规格样板作为母板,大身及袖子分别选定前后中心线、袖中线作为推板时的纵向公共线,大身上平线、袖山高线作为推板时的横向公共线,在标准母板的基础上推出大号和小号标准样板。各部位档差及计算公式见表 3-22,推板见图 3-27 和图 3-28。

表 3-22 各部位档差及计算公式 单位:cm

部位名称		部位代号	档差及计算公式			
			纵档差		横档差	
裙片	腰围线	A	0.5	臀围高档差	0	由于是公共线,A=0
		B	0.5	同A点	0.75	$\dfrac{臀围档差}{2}$
	臀围高线	C	0	由于是公共点,C=0	0	由于是公共点,C=0
		D	0	由于是公共线,D=0	0.75	$\dfrac{臀围档差}{2}$
	裙摆线	E	2.5	裙长档差-臀围高档差	0	由于是公共线,E=0
		F	2.5	同E点	0.75	同D点
	腰贴点	G	0.5	同B点	0.75	同B点
下摆拼条	高度线	G(100)	0	下摆拼条高档差为0	1.5	同臀围档差
		G(120)	1	下摆拼条高档差为1	1.5	同臀围档差
		H	0	由于是公共线,H=0	1.5	同G点
	长度线	I(100)	0	同G(100)点	0	由于是公共线,I=0
		I(120)	1	同G(120)点	0	由于是公共线,I=0

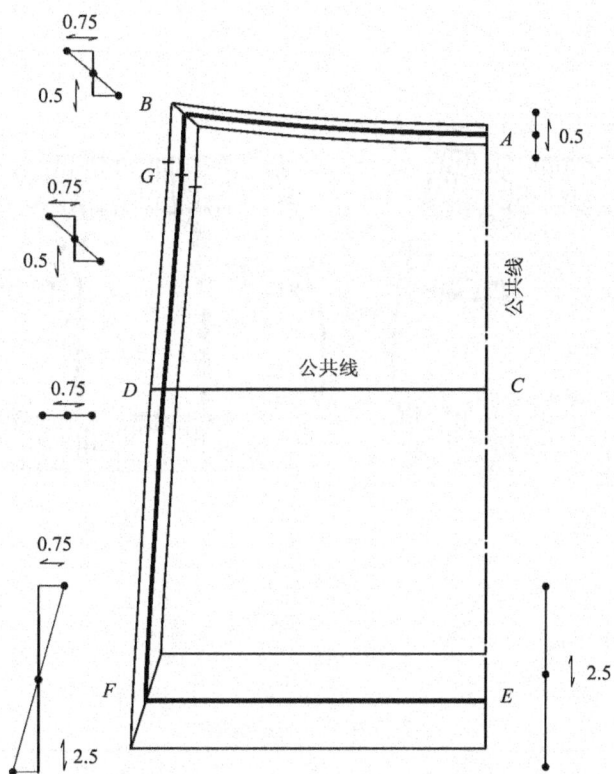

图 3 - 27

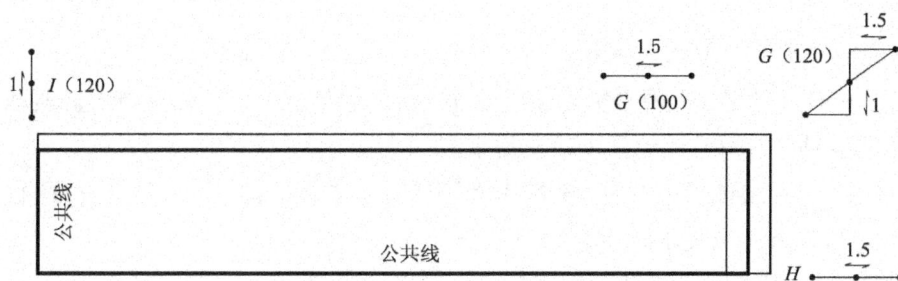

图 3 - 28

作业与指导

横机腰筒裙的打板及生产工艺设计

款式特征:腰和裙摆分别装 2×2 双层横机罗纹,高5cm。侧袋袋口装 2×2 单层横机罗纹,高2.5cm。前后裙片均有两条纵向分割线,前后裙片的左右分割上各做两侧袋(图3-29)。

坯布成分:主料为 J18.2tex + 58.3tex(32 英支/2 + 10 英支)绒布,克重为 260g/m²。

辅料:横机罗纹,主标,尺码标。

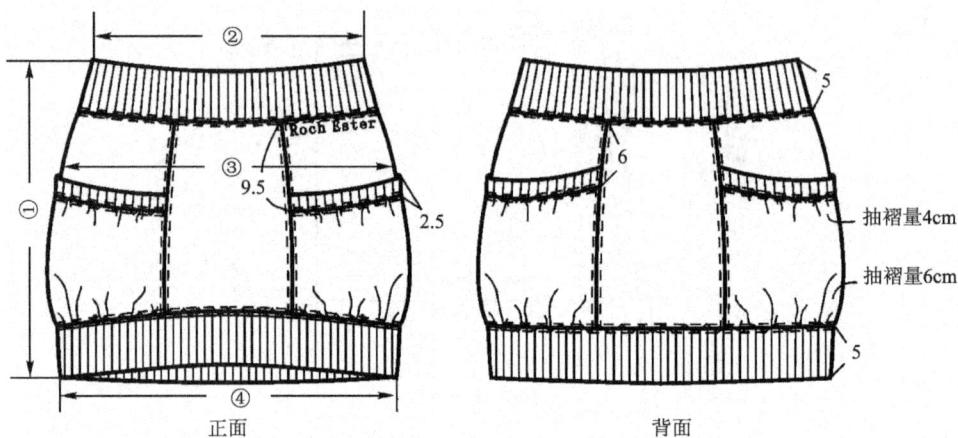

图 3 - 29

成品规格:见表 3 - 23。

表 3 - 23　成品规格 单位:cm

代　号	①	②	③	④
部位名称	裙长	腰围(平量)	臀围	下摆(平量)
尺寸	30	26.5	32	32

要求:

1. 写出该款式的缝制工艺流程。

2. 写出该款式的缝制要求(包括用针、用线、线迹密度、缝迹类型、缝制具体要求等)。

3. 用表格列出制图尺寸计算方法及结果。

4. 1:5 制图(包括前后裙中片、裙侧片、侧袋位、侧袋袋布、腰罗纹、袋口罗纹、裙摆罗纹,要求标注尺寸,线条符合要求,参见案例)。

5. 样板制作(格式及要求参见案例)。

要点提示:

1. 绒布的纵向回缩率和横向回缩率均为 2%。

2. 计算裙长缩率时应与案例有所区别(本款式腰与下摆装横机罗纹)。

3. 根据已知规格打样,细部规格按款式图比例结合实际比例确定。

4. 根据款式图确定绣花位。

5. 侧袋袋位前低后高,前后袋口弧线需画顺;裙摆弧线前凹后突(图 3 - 29)。

6. 侧袋可参考普通月亮袋的制板方法,袋布根据所需定深度(或深度直至裙摆)。

7. 裙侧片前后需连为一体;主标钉于后腰中心,尺码钉于主标中心下端。

实训十六　童连衣裙的样板设计与生产工艺设计

一、款式说明

款式特征:横机领、半开襟、收腰连衣裙。B 色本身布,开门襟。袖窿处用 B 色本身布做单针双面光滚边,宽 1.2cm。腰节处拼接 3.8cm 宽横机腰带,前片横机腰居中打两个直眼,眼大 1cm,两眼间距 4cm,内穿 B 色绳子,且两端穿透明色吊钟。前后裙片裙腰处各打 4 个裥,裥大 5cm/个,缝份朝中心封口 0.6cm×4.5cm。裙摆双针卷边高 2cm,针距 0.6 cm。左胸(穿起计)一绣花小人。主标钉于后领居中,尺码洗涤标钉于左前裙摆(穿起计)向上净 7cm 处,如图 3 - 30 所示。

坯布成分:主料为 27.8tex(21 英支)的四角网眼,100% 棉,克重为 230g/m²。

辅料:B 色横机领,双间色横机腰,B 色绳子,透明色吊钟,主标、尺码洗涤标。

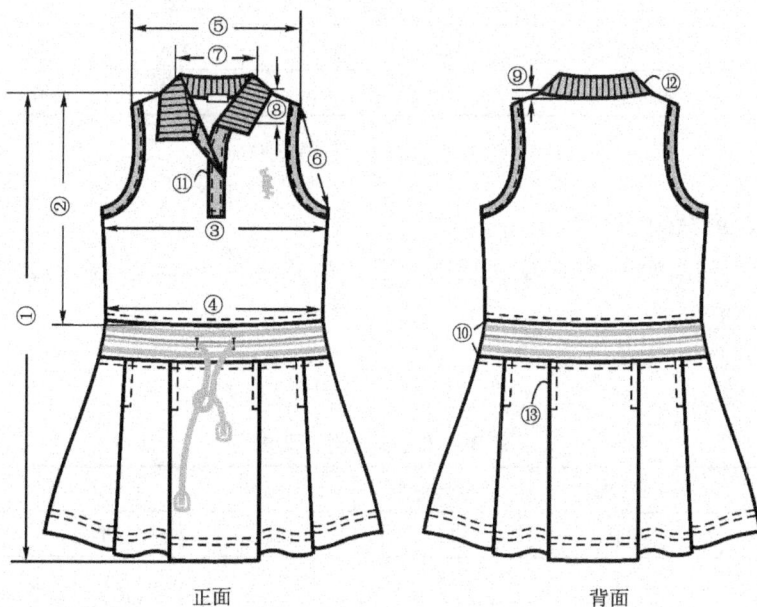

正面　　　　　　　　　　背面

图 3 - 30

二、成品规格及测量部位

成品规格见表 3 - 24,测量部位见图 3 - 30。

表 3 - 24　成品规格　　　　　　　　单位:cm

代号	部位名称	规格尺寸				公差
		80	90	100	档差	
①	裙长	43	47	51	4	±1
②	腰节高	22	23.5	25	1.5	±0.5

代号	部位名称	规 格 尺 寸				公差
		80	90	100	档差	
③	胸围/2	26	27.5	29	1.5	±1
④	腰围/2	25	26.5	28	1.5	±1
⑤	肩宽	20	21	22	1	±0.5
⑥	挂肩	10	11	12	1	±0.5
⑦	领宽	11	11.5	12	0.5	±0.3
⑧	前领深	4.5	5	5.5	0.5	±0.2
⑨	后领深	1.5	1.5	1.5	0	—
⑩	横机腰高	3.8	3.8	3.8	0	—
⑪	门襟	2×7.5	2×8	2×8.5	0.5	±0.3
⑫	横机领高	5.8	5.8	5.8	0	±0.2
⑬	裥量	5	5	5	0	—

三、缝纫线与缝纫用针要求

缝纫线要求:袖窿滚边、挖门襟及装领处用 B 色涤棉线,其余缝合部位、明缉线及钉主标均采用大身色涤棉线。

缝纫用针要求:见表3-25。

表3-25　缝纫用针要求

缝纫机种	平缝机	四线包缝机	滚边机	双针卷边机	锁眼机
缝纫用针	11#	11#	11#	11#	11#
针迹密度(针/2cm)	9	8	8~9	8~9	—

四、缝制工艺流程

前裙片印花→前横机腰锁眼→做前门襟→前后裙片折裥→折裥处缉明线→四线拷合前后衣片与前后横机腰→四线拷合前后裙片与前后横机腰→拷合处缉明线→四线拷合前后肩缝→装横机领→单针滚袖窿→四线拷合前后片左右侧缝→双针卷裙摆→钉商标→穿绳子、装吊钟。

五、缝制要求

1. 前裙片绣花。前横机腰锁眼。

2. B 色线开前片门襟,净尺寸 2cm×8cm。前后裙片打折裥,并缉 0.6cm×4.5cm 明线(门襟宽窄一致,缉线均匀顺直)。

3. 四线拷合前后衣片与前后横机腰,四线拷合前后横机腰与前后裙片,缝份分别倒向衣片和裙片,上缉 0.6cm 明线(明线宽窄一致)。

4. 四线拷合前后肩缝,于后片放编织带,缝份倒向后片。

5. B 色线装横机领,A 色线做面线、B 色线做底线缉领止口 0.6cm(不能浮面线);B 色线缉门襟止口 0.15cm,封口 0.6cm。

6. 1.2cm 宽龙头单针双面光滚袖窿,用 B 色线。

7. 四线拷合前后片左右侧缝,尺码洗涤标钉于左前裙摆(穿起计)向上净 7cm 处。袖窿处做塞头。

8. 平双针卷裙摆,高 2cm,针距 0.6cm。

9. 主标两头折光钉于后领居中,两端缉线 0.1cm。

10. 穿 B 色绳子,两端装吊钟(图 3-30)。

六、制图尺寸计算

以 90cm 身高女童裙规格为例,采用规格演算法制图,制图时考虑坯布回缩率不考虑缝耗,制作裁剪样板时再把缝耗加进去。经测试,该坯布纵、横向回缩率均为 2.5%。计算结果见表 3-26 所示。

表 3-26　制图尺寸计算　　　　单位:cm

序号	部位	尺寸	计算方法	尺寸
1	裙长	47	裙长规格 + 裙长规格×纵向回缩率 = 47 + 47×2.5%	48.2
2	腰节高	23.5	腰节高规格 + 腰节高×纵向回缩率 = 23.5 + 23.5×2.5%	24.1
3	$\frac{胸围}{2}$	27.5	$\frac{胸围规格}{2} + \frac{胸围规格}{2}×横向回缩率 = 13.75 + 13.75×2.5\%$	14.1
4	$\frac{腰围}{2}$	26.5	$\frac{腰围规格}{2} + \frac{腰围规格}{2}×横向回缩率 = 13.25 + 13.25×2.5\%$	13.6
5	$\frac{肩宽}{2}$	21	$\frac{肩宽规格21}{2}$。由于肩宽部位在缝制过程中容易受到拉伸,故不考虑回缩率	10.5
6	挂肩	11	挂肩规格11。由于挂肩部位在缝制过程中容易受到拉伸,故不考虑回缩率	11
7	$\frac{领宽}{2}$	11.5	$\frac{领宽规格11.5}{2}$。由于领宽部位在缝制过程中容易受到拉伸,故不考虑回缩率	5.75
8	前领深	5	前领深规格5。由于领深部位在缝制过程中容易受到拉伸,故不考虑回缩率	5

序 号	部 位	尺 寸	计 算 方 法	尺 寸
9	后领深	1.5	后领深规格1.5。由于领深部位在缝制过程中容易受到拉伸,故不考虑回缩率	1.5
10	横机腰高	3.8	横机腰高规格3.8。横机定做部件,故不考虑回缩率	3.8
11	门襟	2×8	门襟规格2×8。小部位规格不考虑回缩率	2×8
12	横机领高	5.8	横机领高规格3.8。横机定做部件,故不考虑回缩率	5.8
13	裥量	5	裥量规格5。小部位规格不考虑回缩率	5

七、制图

根据表3-26中计算所得尺寸,连衣裙前后衣片、横机腰位、裙片的基本制图及裙片加入裥量的展开图、绣花锁眼定位、横机腰和横机领的基本制图如图3-31所示。门襟及袖窿滚边的尺寸在样板制作中直接计算。

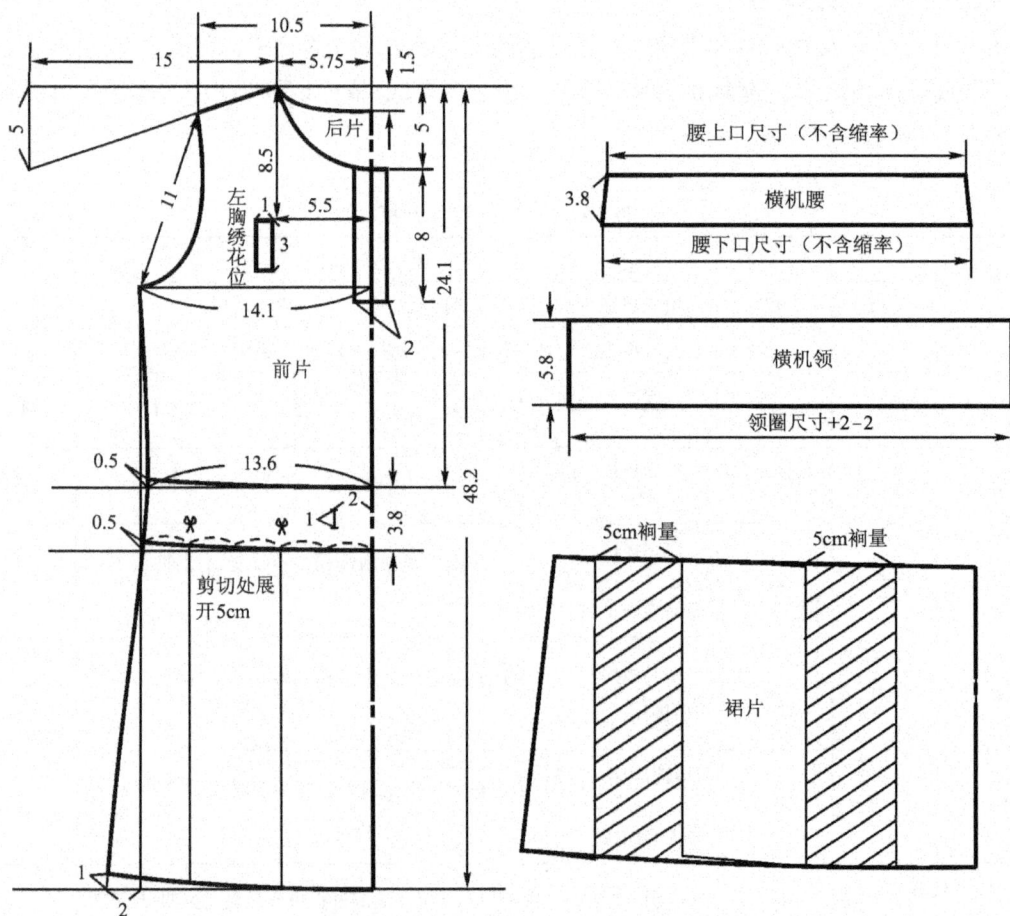

图3-31

八、制图要领说明

1. 横机腰在结构制图中的侧腰处有 0.5cm 起翘,实际制作时,衣片起翘而横机腰不起翘,如图 3 - 31(横机腰)所示。

2. 横机领的尺寸与形状如图 3 - 32 所示。其长度为领圈尺寸 +2cm(左右门里襟的叠门量各 1cm,领子装至门襟止口处,见图中 O 点) -2cm(减小 2cm 是为了使领角略向肩斜方向倾斜,见 Q 点的领角形状,P 点的领角形状为不减 2cm 的领角形状)。

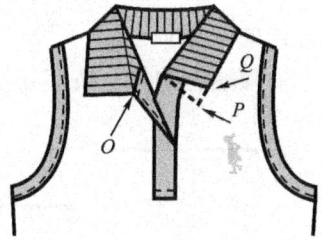

图 3 - 32

九、样板制作

对制图加放缝份即成可供裁剪的毛样板。缝份加放如下:肩缝、领圈、衣片和裙片侧缝、衣片和裙片腰缝、横机腰四周、横机领装领处,缝份均为 1cm;裙摆根据双针高度放 2cm。

在前后衣片的领中心、腰缝中心处打剪口,在横机腰的中心点打剪口,横机领的中心点打剪口;在裙片的腰中心和打裥处中心点打剪口。

在样板上标注丝缕方向,并写明款式名称、款式号、裁片名称、裁片数量、面料颜色、规格等,如图 3 - 33 所示。

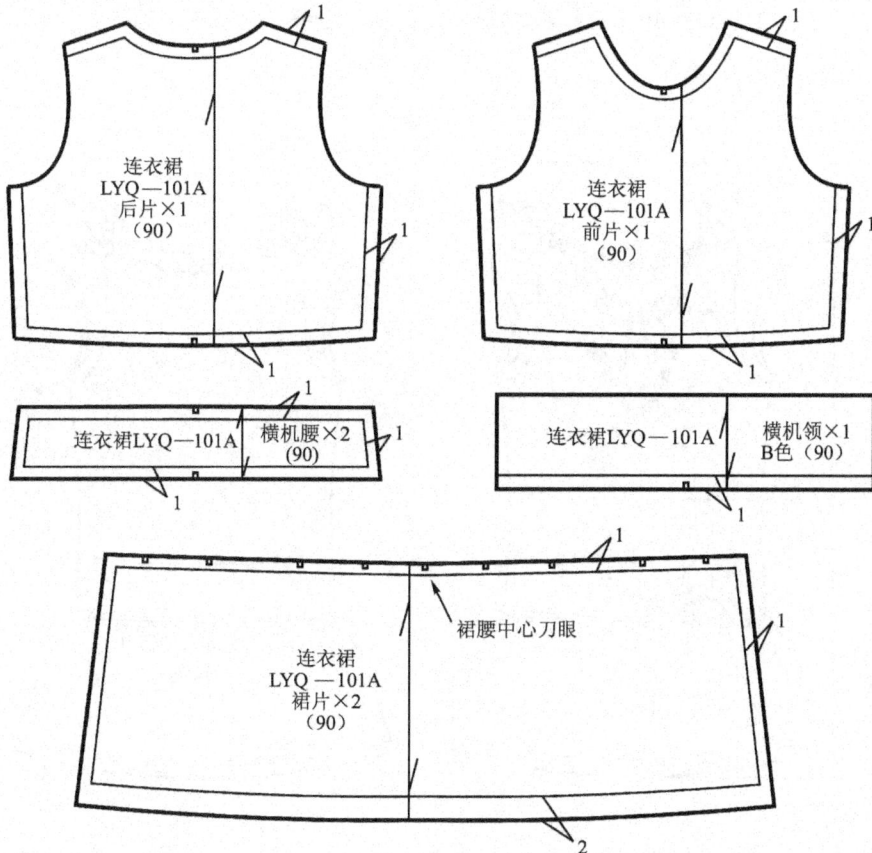

图 3 - 33

门襟贴边(毛样)及袖窿滚边的尺寸确定如下:

长度:9cm(净长) +2cm(缝份);宽度:3cm(净宽) ×2 +2cm(缝份)

袖窿滚边的尺寸按实际量得的袖窿尺寸来确定(图3-34)。

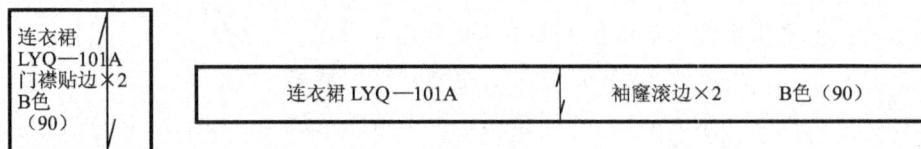

图3-34

作业与指导

花边领飞袖连衣裙的打板及生产工艺设计

款式特征:小圆领,上压一层本身布做成的木耳花边。前片领中心处有水滴形挖空,开口处装搭袢钉纽扣,沿水滴挖空处有绣花。袖子为飞袖造型且袖中心线裁开。肩宽点钉蝴蝶结装饰。裙子在胯部有5cm宽横向分割,胯部拼块右侧(穿起计)钉2.5cm宽本身布做的蝴蝶结装饰(穿起计)。裙子为抽细褶的造型,裙摆做1.5cm高双针,针距为0.6cm(图3-35)。

坯布成分:主料为J20.8tex(28英支)汗布,克重为150g/m²。

辅料:主标,尺码洗涤标。

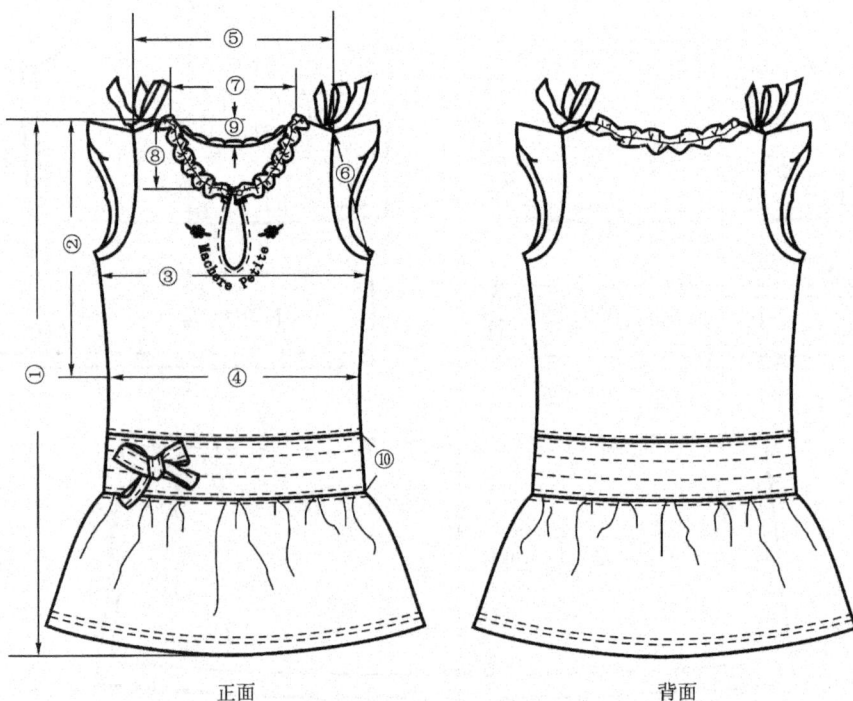

正面　　　背面

图3-35

成品规格:见表 3 - 27。

表 3 - 27 成品规格
单位:cm

代号	部位名称	尺 寸	代号	部位名称	尺 寸
①	裙长	45	⑥	挂肩	12
②	腰节高	22	⑦	领宽	12
③	$\frac{胸围}{2}$	27	⑧	前领深	6
④	$\frac{腰围}{2}$	25	⑨	后领深	2.5
⑤	肩宽	20	⑩	胯部分割片高	5

要求:

1. 写出该款式的缝制工艺流程。

2. 写出该款式的缝制要求(包括用针、用线、线迹密度、缝迹类型、缝制具体要求等)。

3. 用表格列出制图尺寸计算方法及结果。

4. 1∶5 制图(包括前后衣片、裙片、胯部分割片、袖片、蝴蝶结、领口花边,要求标注尺寸,线条符合要求,参见案例)。

5. 样板制作(格式及要求参见案例)。

要点提示:

1. 汗布的纵向回缩率和横向回缩率均为 2.5%。

2. 领口为三线拷边折进做光的做法(放缝 1cm),领口花边宽度为 2.5cm,两边做密拷。

3. 飞袖袖口做密拷,袖中心裁开处三线拷边折进做光。

4. 水滴形挖空处内有 3cm 宽贴边。

5. 胯部分割片上压一黑一红单针链式线迹装饰,右侧蝴蝶结四周做密拷,距宽度两端 0.6cm 处压一黑一红单针链式线迹装饰。

6. 肩宽点处的蝴蝶结宽 0.8cm,用单针双面光本身布做成。

7. 根据已知规格打样,细部规格按款式图比例结合实际比例确定(图 3 - 35)。

8. 根据款式图定绣花位。

9. 主标钉于后领中心,尺码洗涤标钉于左侧裙摆向上 10cm 居中。

实训十七 罗纹领 T 恤的样板设计与生产工艺设计

一、款式说明

款式特征:领型为罗纹领,底摆、袖口、袋口边为双针卷边,底摆侧缝开衩,贴袋(图 3 - 36)。

坯布成分:主料为 14.6tex(40 英支)股线彩条汗布,克重为 190g/m²;罗纹为 14.6tex 棉纱 + 7.7tex 涤纶(40 英支棉纱 + 70 旦涤纶)1 × 1 罗纹,克重为 240g/m²。

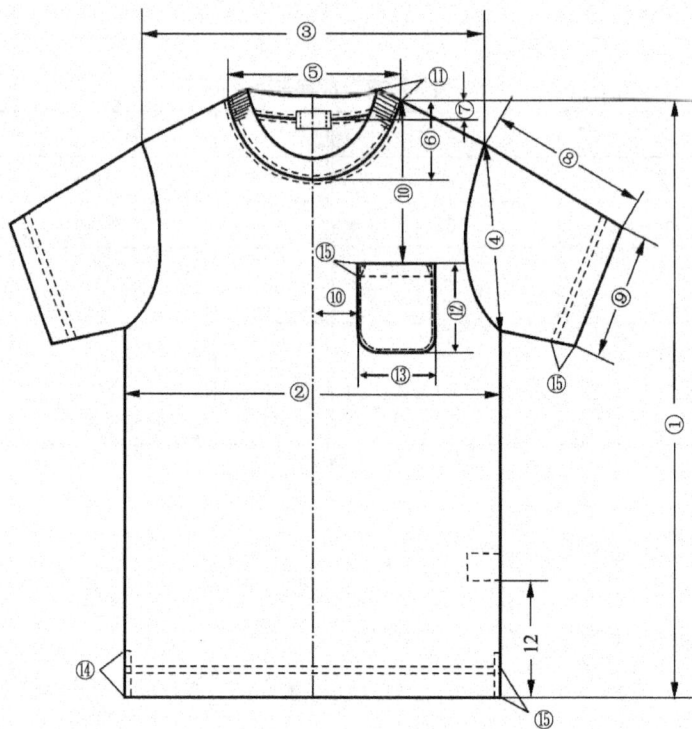

图 3 - 36

辅料:商标(含尺码标),洗涤标。

二、成品规格及测量部位

成品规格见表 3 - 28,测量部位见图 3 - 36。

表 3 - 28　成品规格　　　　　　　　　　　　　　　　　　单位:cm

代　号	部位名称	规　格　尺　寸			档差	公差
		165/84A S	170/88A M	175/92A L		
①	衣　长	68	70	72	2	±1.5
②	胸　围	100	105	110	5	±2
③	肩　宽	44	46	48	2	±1.5
④	挂　肩	23	24	25	1	±0.5
⑤	领　宽	17.5	18	18.5	0.5	±1
⑥	前领深	8	8.5	9	0.5	±0.5
⑦	后领深	2	2	2	0	±0.1
⑧	袖　长	22	23	24	1	±1

代　号	部 位 名 称	规 格 尺 寸			档差	公差
		165/84A S	170/88A M	175/92A L		
⑨	袖口宽	17.5	18	18.5	0.5	±1
⑩	口袋位	6.5/20.5	6.5/20.5	7/21.5	0.5	±0.2/0.5
⑪	领高	2.3			0	±0.1
⑫/⑬	口袋长/宽	12/11			0	±0.2
⑭	衩长	4			0	±0.2
⑮	袖口、下摆、袋口卷边	2.5			0	±0.1

三、缝纫线与缝纫用针要求

缝纫线要求：领双针绷缝底线用罗纹色尼龙线，其余用大身主色涤纶线，钉商标配商标色涤纶线。

缝纫用针要求：见表3－29。

表3－29　缝纫用针要求

缝纫机种	平缝机	四线包缝机	双针卷边机	双针绷缝机	三线包缝机	套结机
缝纫用针	9#	9#	9#	9#	9#	9#
针迹密度（针/2cm）	10	10,绱领11.5	9.5	9.5	9.5	1cm长

四、缝制工艺流程

四线拷袋口边→平缝袋口边→小烫台烫口袋净样→平车钉袋→双针卷袖口、卷下摆边→三线拷合领罗纹→四线拷肩→四线拷绱领罗纹→领一周绷缝→四线拷绱袖片→四线拷侧缝小开衩→四线拷合侧缝、袖底缝→袖口打暗回针再打明回针→平缝两侧摆小开衩→后领中钉商标。

五、缝制要求

1. 双针卷边：针距0.6cm，龙头2.5cm；双针卷袖口边、下摆边，注意双针宽窄一致，侧缝、袖子左右要对称。

2. 双针绷缝：领一周双针绷缝，倒缝，缝居中；双针宽窄一致；底线为尼龙线（图3－37）。

3. 三线拷克：拷合领罗纹，纹路要直。

4. 四线拷克：拷光袋口边，注意面料条（格）平直；拷绱领罗纹时，对好剪刀口，罗纹宽窄、松紧要一致；四线拷合左右肩时，后片衬0.5cm宽尼龙肩带，注意左右肩长短一致（图

3-38);拷绱袖片时,左右袖对条,袖子长短一致;拷侧缝小开衩一边,约11cm长;拷合侧缝、袖底缝时,左侧缝底边向上成品12cm处、半成品15cm处夹洗涤标,侧缝对条。

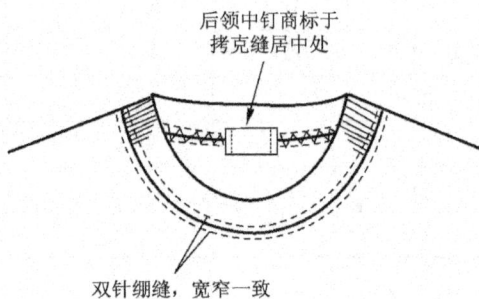

图 3-37

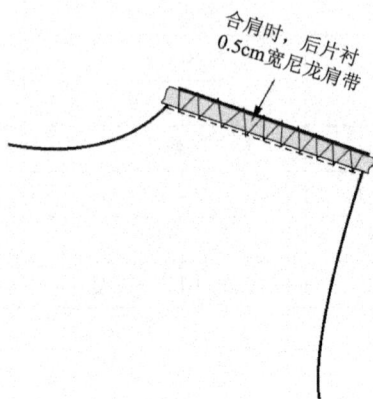

图 3-38

5. 平车:平缝袋口边,宽2.5cm,彩条要平直;平车钉袋,袋口钉倒三角形,口袋调绲明线0.15cm(图3-39),平缝侧缝小开衩,衩长4cm,明线宽0.6cm(图3-40);后领中钉商标,在拷克缝居中钉。

6. 套结机:小开衩套结,长1cm。

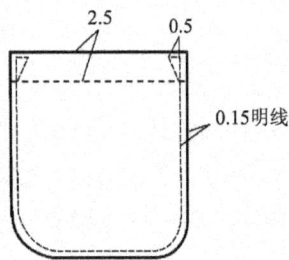

图 3-39

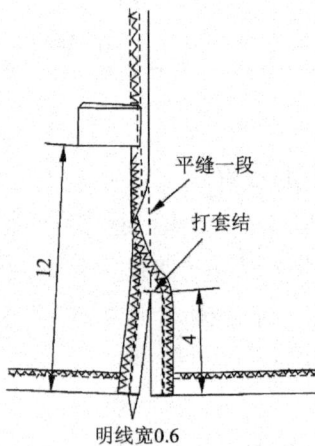

图 3-40

六、制图尺寸计算

以M号规格为例,采用规格演算法制图,制图时考虑坯布回缩率,不考虑缝耗,制作裁剪样板时再把缝耗加进去。经测试,该坯布纵向回缩率为2.2%,横向回缩率为2.5%。计算结果见表3-30。

表 3 – 30　制图尺寸计算　　　　　　　　　　　　　　　　单位:cm

衣片	序号	部　位	计　算　方　法	尺寸
大身	1	衣长	衣长规格÷(1 – 纵向回缩率)＝70÷(1 – 2.2%)	71.6
	2	$\dfrac{胸围}{4}$	$\dfrac{胸围规格}{4}$÷(1 – 横向回缩率)＝105/4÷(1 – 2.5%)	26.9
	3	$\dfrac{领宽}{2}$	领宽规格$\dfrac{18}{2}$。由于领宽部位在缝制过程中容易受到拉伸,故不考虑回缩率	9
	4	前领深	前领深规格8.5。由于领深部位在缝制过程中容易受到拉伸,故不考虑回缩率	8.5
	5	后领深	后领深规格2。由于领深部位在缝制过程中容易受到拉伸,故不考虑回缩率	2
	6	肩斜度	15:4	15:4
	7	$\dfrac{肩宽}{2}$	肩宽规格$\dfrac{46}{2}$。由于肩宽部位在缝制过程中容易受到拉伸,故不考虑回缩率	23
	8	挂肩	挂肩规格24。由于挂肩部位在缝制过程中容易受到拉伸,故不考虑回缩率	24
袖	9	袖长	袖长规格 – 0.3。由于袖长在整烫过程中该面料容易受到拉伸而伸长,故不加回缩,还应减去0.3	22.7
	10	袖山高	$\dfrac{袖窿弧长}{4}$ – 1(大身制图完毕后量取袖窿弧总长$\dfrac{}{4}$ – 1)	12
	11	袖山斜线	$\dfrac{袖窿弧长}{2}$ – 0.3	25
	12	袖口宽	袖口宽规格÷(1 – 横向回缩率)＝18÷(1 – 2.5%)	18.5
领	13	领罗纹长	罗纹领长规格2.3×2 + 拉伸回缩0.4	5
	14	领罗纹宽	领圈周长×85%	38.5
袋	15	口袋位(长度方向)	口袋位规格÷(1 – 纵向回缩率)＝20.5÷(1 – 2.2%)	21
	16	口袋位(宽度方向)	距离前中线6.5	6.5
	17	口袋大小(长/宽)	不考虑回缩率	12/11

七、制图

根据表 3 – 30 中计算所得尺寸,罗纹领 T 恤的大身制图见图 3 – 41、袖制图见图 3 – 42、领制图见图 3 – 43。制图步骤如下:

1. 大身辅助线制图步骤。

①画基本线(前后中线),并在基本线上确定衣长尺寸,衣长为 71.6cm。

②画下平线,在下平线上确定$\dfrac{胸围}{4}$尺寸,大小为 26.9cm,并以此点为起点,画前后中线

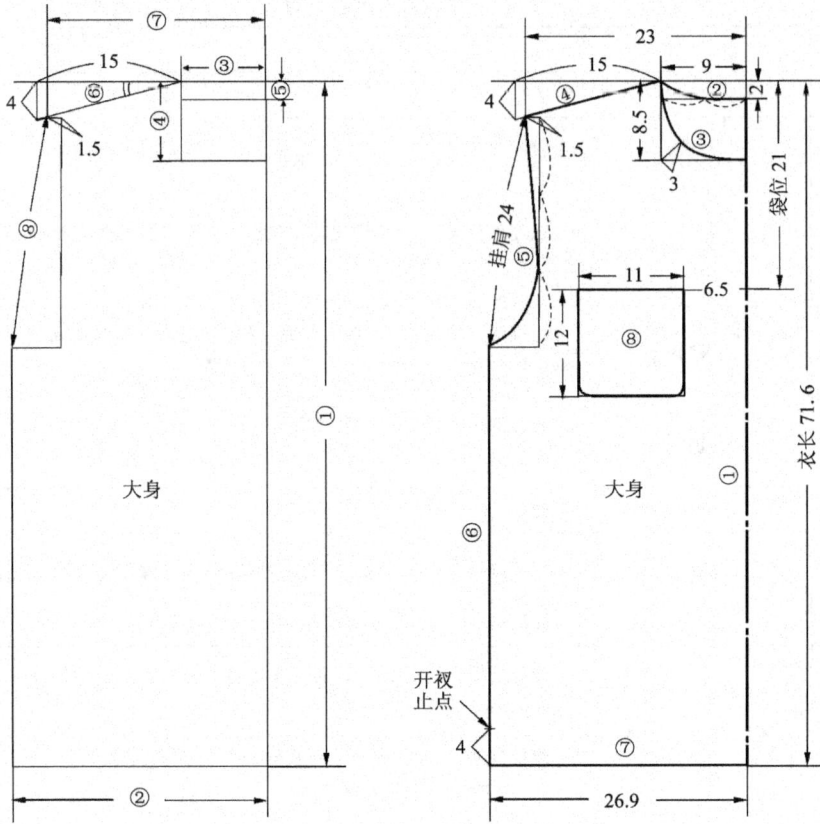

图 3 - 41

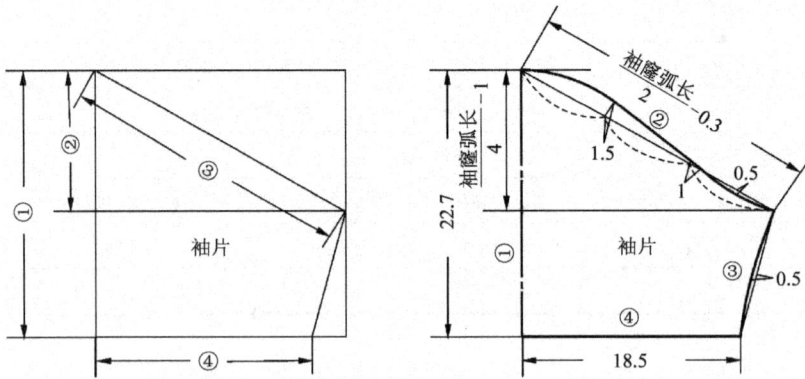

图 3 - 42

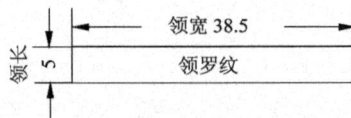

图 3 - 43

的平行线为侧缝线。

③画上平线,并在上平线上确定$\dfrac{领宽规格}{2}$,大小为9cm。

④画前领深线:以领宽点为起点,取8.5cm,画上平线的平行线。

⑤画后领深线:以领宽点为起点,取2cm,画上平线的平行线。

⑥画肩斜线:以领宽点为起点,取比值15:4确定肩斜度。

⑦画肩宽线:取$\dfrac{肩宽}{2}$,画前后中线的平行线与肩斜线相交,交点即为肩端点。

⑧以肩端点为圆心,以挂肩大24cm为半径,画弧线与侧缝线相交;以此交点为起点,画上平线的平行线为袖窿深线。

2. 大身结构线制图步骤。

①前后中线:按基本线,同时把基本线改为点画线。

②后领圈弧线:把后领宽分成两等份,从领肩点至后领中点画顺领弧线。

③前领圈弧线:从领肩点至前领中点通过角平分线上3cm点,画顺领弧线。

④肩斜线:从领肩点连接至肩端点为肩斜线。

⑤袖窿弧线:首先从肩端点引上平线的平行线,取1.5cm定点,再从该点引袖窿深线的垂直线,把该垂直线分成三等份,最后从肩端点至袖窿深点通过三分之一袖窿深点画顺袖窿弧线。

⑥画侧缝线:按辅助线,离下平线4cm处为开衩止点。

⑦画底摆线:按辅助线。

⑧画口袋:在前后中线上,从上平线往下量21cm,距离前中线6.5cm定袋位,口袋长为12cm,袋宽为11cm。

3. 袖子辅助线制图步骤。

①画基本线(袖中线),在基本线上确定袖长尺寸,袖长为22.7cm,并画上平线及下平线。

②袖山高线:自上平线往下量$\dfrac{袖窿弧长}{4}-1cm$画平行于上平线的平行线。

③袖斜线:自袖山顶点取$\dfrac{袖窿弧长}{2}-0.3cm$画斜线与袖山高线相交,自该交点画袖中线的平行线为袖肥线。

④下平线上,自袖中线起,量袖口大,把该点和袖山高线与袖肥线的交点相连即为袖底线。

4. 袖子结构线制图步骤。

①画袖中线:按基本线,同时把基本线改为点画线。

②画袖山弧线:把袖斜线分成三等份,如图定点画顺袖山弧线。

③袖底线:按辅助线,并于辅助线中点凹进0.5cm,画顺袖底弧线。

④袖口线:按辅助线。

八、制图要领说明

1. 肩斜的确定。肩斜的表示方法有两种,一种是以衣长水平线与肩端点的垂直距离"落肩量"来表示,如图3-44中的 BC 值。另一种方法是通过确定衣长水平线与肩斜之间夹角的度数,来确定大身样板的肩斜,如图3-45中∠BAC 的度数。国家标准中没有规定针织内衣的肩斜值,如果产品没有对肩斜值作出特别的规定,设计样板时可以根据产品的款式及经验来确定肩斜值。根据经验,确定方法如下:

(1)根据落肩尺寸确定肩斜。针织面料弹性较好,落肩尺寸一般在 2~5cm 之间,其取值随成品规格增大而增大,以 3~4cm 为最常用。

(2)根据角度确定肩斜。根据人体的肩斜角度,女性肩斜平均值为20°,男性为19°。因为针织面料的特点,针织产品的肩斜的角度一般为11°~16°。在制作样板时,为简化肩斜的样板制图,可按直角三角形两直角边比值15:3~15:4的坡度画图,采用此种制图方法,肩斜的角度约为11.3°~14.9°,本例采用15:4的坡度画图,见图3-44。

2. 袖山高及袖肥的确定。袖山高是指袖片最高点与袖片最宽处所引出的水平线之间的距离,如图3-45所示。袖山高尺寸在成品尺寸中一般不反映,但是袖山高的大小对袖子形状、服装造型有显著的影响。

袖肥指的是袖片最宽处的宽度,如图3-45所示。袖肥在成品尺寸中一般也不反映,它和袖山高一起制约着袖子的形状及穿着舒适性。在挂肩尺寸一定的情况下,袖山高与袖肥的关系成反比。袖山越高袖肥越小,袖子越合体;袖山越低袖肥越大,袖子越宽松。如图3-46所示。袖山高从 A 点增大到 A_1 点,袖肥从 C 点减小到 C_1 点;袖山高从 A 点减小到 A_2 点,袖肥从 C 点增大到 C_2 点。

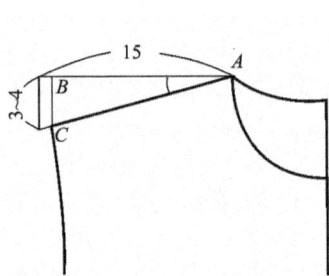

图 3-44

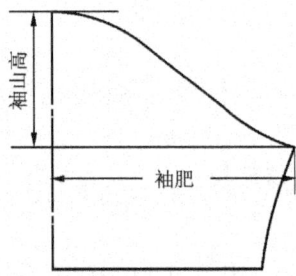

图 3-45

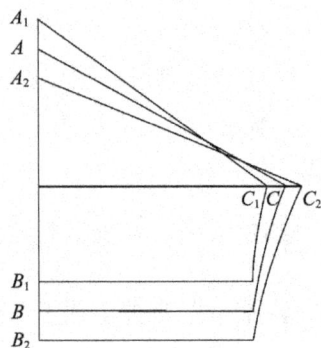

图 3-46

袖山高及袖肥的大小以衣身袖窿弧长为依据计算而得。如图3-47所示,前后衣身袖窿弧长之和用 AH 来表示,前袖窿弧长用"前 AH"表示,后袖窿弧长用"后 AH"表示。

确定袖山高的大小时,还需考虑袖子的外观造型,一般合体型袖子的袖山高大小定为 $\frac{AH}{3}$,较宽松型袖子的袖山高定为 $\frac{AH}{4}$ ~ $\frac{AH}{5}$ 之间,宽松型袖子的袖山高小于 $\frac{AH}{5}$。本实例中,经测量,AH 为52cm,袖山高定为 $\frac{AH}{4}$ - 1cm 即12cm。袖山高定好后,从袖山顶点引斜线长为

$\dfrac{AH}{2}-0.3$ cm 与袖山深线相交,即确定了袖肥的大小

(见本实例袖子制图)。这种方法的优点体现在以下

两方面:袖山弧线总长与预定的长度容易接近,保证

了袖山弧线总长与袖窿弧线总长之差约等于所需的

袖山吃势量,故大大提高了精确程度;可调节袖肥与

袖山高的大小,给袖子的造型带来了灵活可变性。

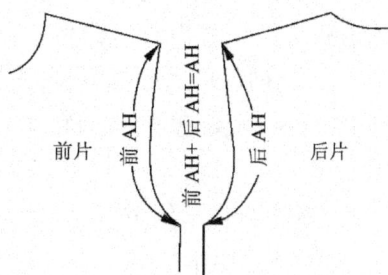

图 3-47

　3. 制图时,肩线与袖窿弧线相交处必须成直角,

这样前后肩线缝合后,肩端点附近成圆顺的弧线(图

3-48);图 3-49 所示为不合理的袖窿弧线。同理,

袖底线与袖口线相交处尽可能接近直角,以保证袖底线缝合后,袖口处弧线圆顺。制图完成

后,应测量袖窿弧长和袖山弧长之差,袖山弧长应大于袖窿弧长 0.3~0.5cm。

　4. 领罗纹宽确定。领罗纹宽等于领圈周长×85%,领圈周长 = 前领圈弧长 + 后领圈弧

长,如图 3-50 所示。本例为 38.5cm。

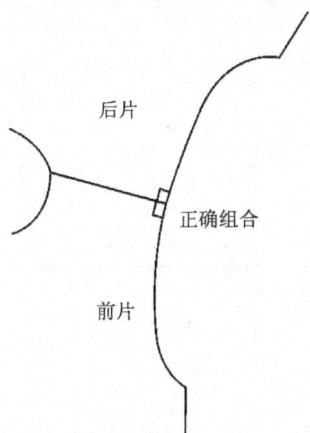

图 3-48

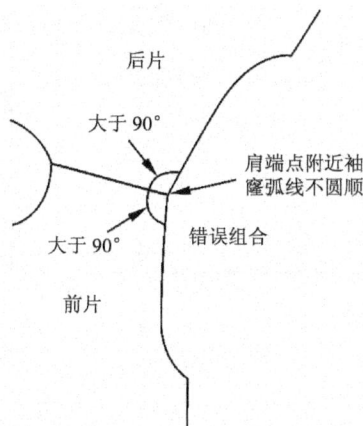

图 3-49

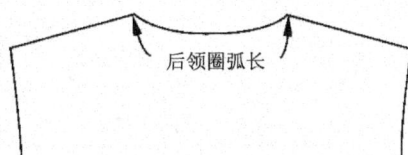

图 3-50

九、样板制作

　对制图四周加放缝份即成可供裁剪的毛样板。缝份加放如下:大身底边、袖口边、口袋

边缝份为 3cm(折边宽 2.5cm + 余量 0.5cm),口袋边另加 0.8cm 余量用于调节其和大身对

条;大身侧缝、袖窿、肩缝、袖底缝、领圈为四线拷边合缝,缝份均为 1cm;平缝机缭口袋,口袋三周缝份为 1cm;领罗纹拼合为三线拷缝,缝份为 0.75cm。

在底边、袖口折边处打剪口;在前后领中心处、袖山顶点打剪口;在缭口袋位打孔;在袖子和衣身上打对位记号,大身的对位记号在离侧缝 10cm 处,袖子的对位记号在离袖底缝 10cm 处。

在样板上标注丝缕方向,并写明款式名称或款号、规格、衣片名称、衣片需裁剪的片数等,见图 3 - 51 和图 3 - 52。

口袋需工艺板,用于烫口袋。

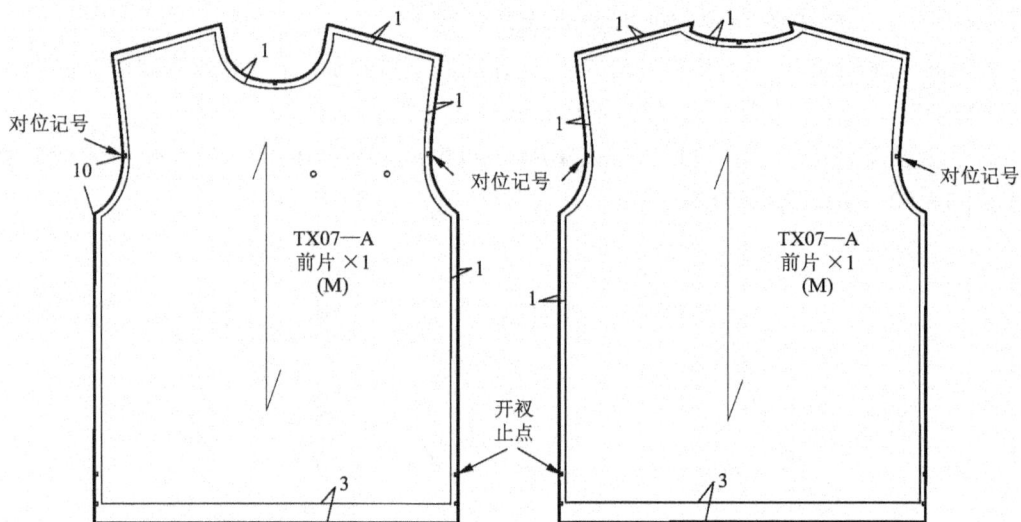

图 3 - 51

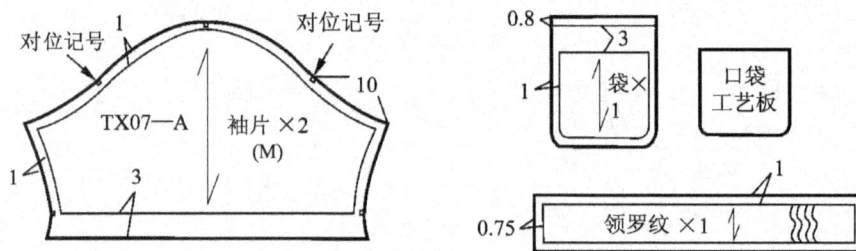

图 3 - 52

十、推板

罗纹领 T 恤的各部位档差见表 3 - 28。选取中间号型规格样板作为母板,大身及袖子分别选定前后中心线、袖中线作为推板时的纵向公共线,大身上平线、袖山高线作为推板时的横向公共线,在标准母板的基础上推出大号和小号标准样板。各部位档差及计算公式见表 3 – 31,推板见图 3 – 53 和图 3 – 54。

表 3 – 31　各部位档差及计算公式　　　　　　　　　　　　　　单位:cm

部位名称		部位代号	档差及计算公式			
			纵 档 差		横 档 差	
大身	小肩线	A	0	由于是公共线,$A=0$	0.25	$\dfrac{领宽档差}{2}$
		B	0.2	$\dfrac{肩宽档差}{10}$	1	$\dfrac{肩宽档差}{2}$
	前中心线	G	0.5	领深档差	0	由于是公共线,$G=0$
		F	2	衣长档差	0	由于是公共线,$F=0$
	侧缝线	D	1	挂肩档差	1.25	$\dfrac{胸围档差}{4}$
		E	2	衣长档差	1.25	$\dfrac{胸围档差}{4}$
	后领深点	C	0	后领深档差为0	0	由于是公共线,$C=0$
袖子	袖中线	A	0.5	$\dfrac{胸围档差}{10}$	0	由于是公共线,$A=0$
		D	0.5	$\dfrac{袖长档差}{10}-A$ 点档差	0	由于是公共线,$D=0$
	袖底缝线	B	0	由于是公共线,$B=0$	0.85	$1.5\times\dfrac{胸围档差}{10}+0.1$
		C	0.5	$\dfrac{袖长档差}{10}-A$ 点档差	0.5	袖口档差
领	领罗纹宽	E	0	罗纹长档差为0	2.5	领圈周长档差

十一、排料及用料计算

1. 排料要领。

(1)首先检查面料的门幅,并取出所需款号和尺码的样板。

(2)从毛边开始,两边按幅宽留出3cm余量,再划出排料图的幅宽。

(3)本着紧密排料、节约用料的原则,按先初排、后复排定稿的程序排出最佳效果。

(4)在排料图的一端应标明款号、规格及面料利用率;在排料图的每一片裁片上应标明规格及裁片名称。

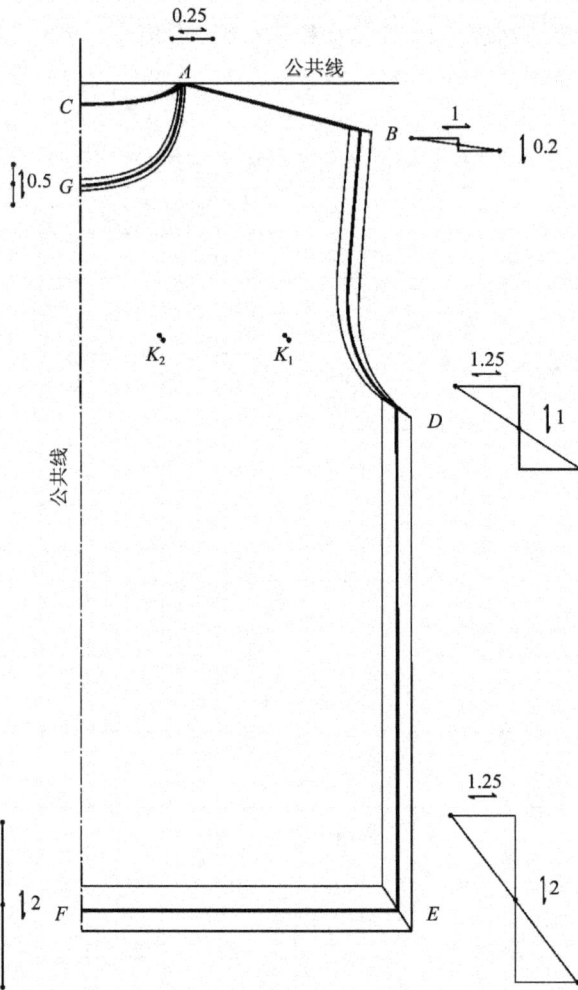

图 3－53

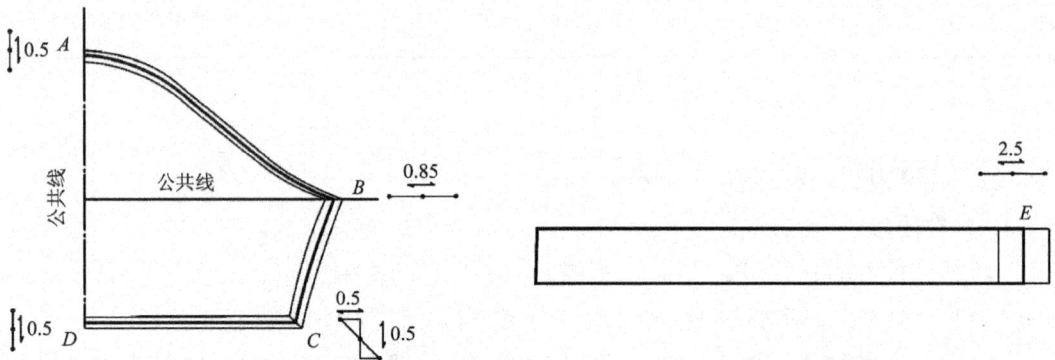

图 3－54

2. 裁剪部件明细表(表3–32)。

表3–32　裁剪部件明细表

部件名称	前　片	后　片	袖　片	袋　片	领罗纹
片数/每件	1	1	2	1	1

3. 单色织物排料。罗纹领T恤单色织物排料见图3–55和图3–56。

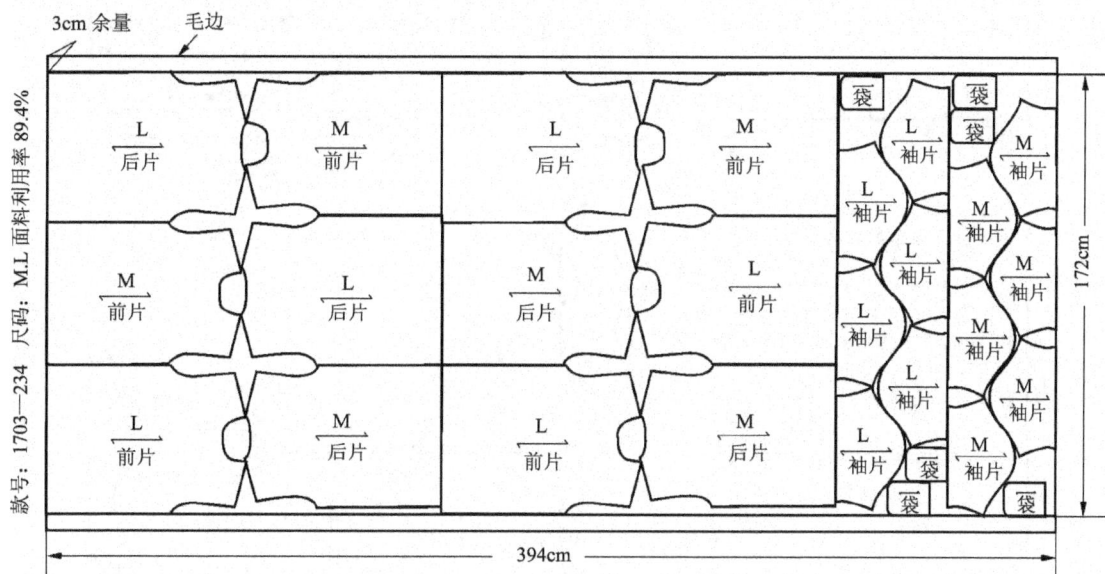

图3–55

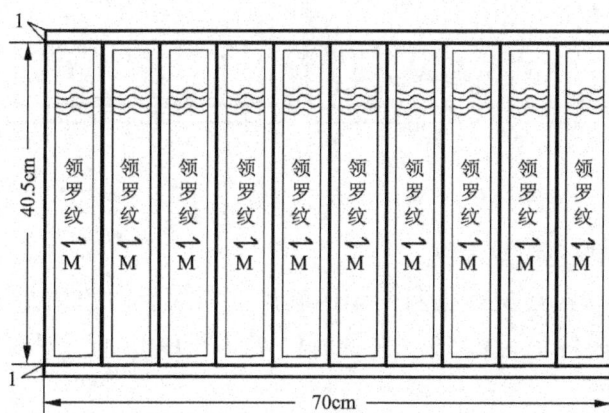

图3–56

4. 彩条织物排料。前后片对条;口袋对大身条;大身条以挂肩对位记号为准,左右对称,袖子条以对位记号为准,左右一致;袖子对位记号处的彩条和大身挂肩对位记号处的彩条一致。

大身排料见图 3 – 57，袖子、口袋排料见图 3 – 58。

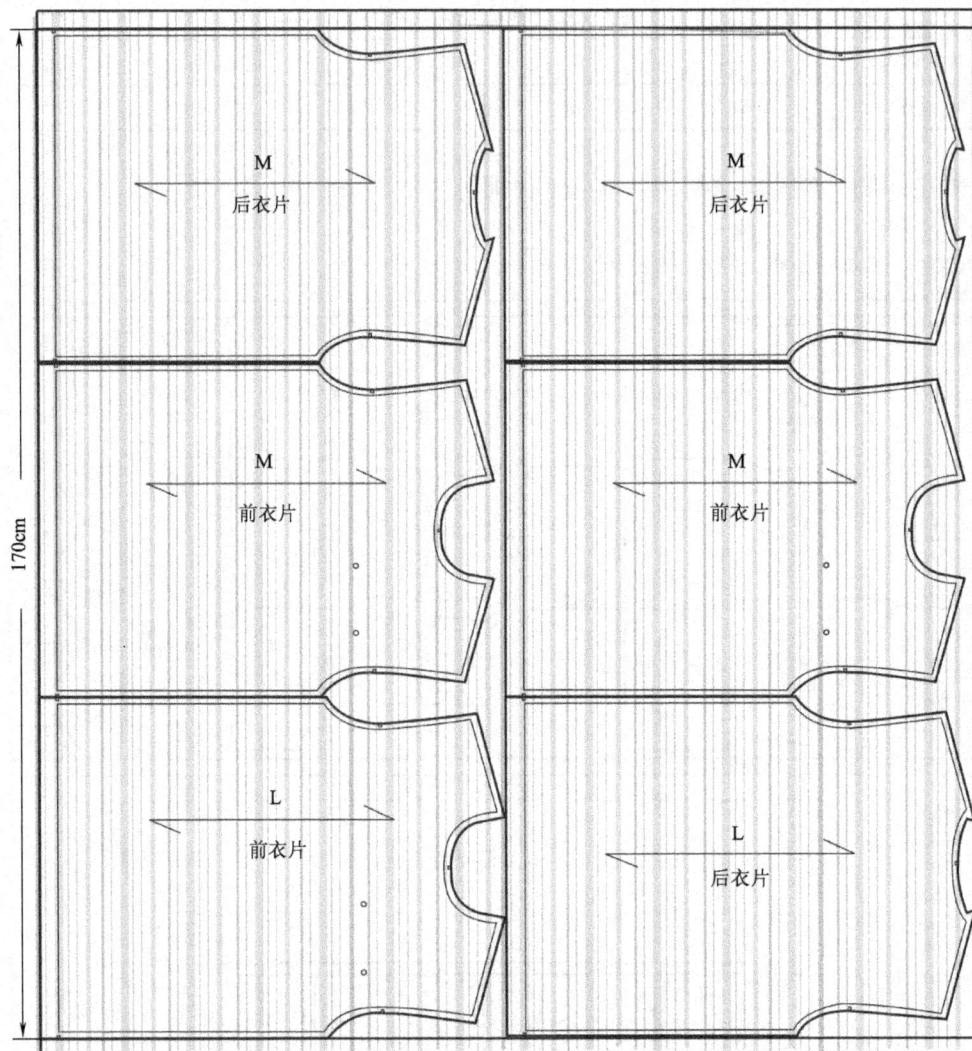

图 3 – 57

5. 用料计算。以单色织物为例：

（1）主料计算。门幅在实际排料门幅的基础上应加上两边的余量；大身面料段耗率为 0.8%，罗纹面料段耗率为 0.5%；大身面料克重为 190g/m²，罗纹克重为 240g/m²；染耗 3%。

$$大身单位用料面积 = \frac{门幅 \times 段长}{每段长内成品件数 \times (1 - 段耗率) \times 10000}$$

$$= \frac{178 \times 394}{6 \times (1 - 0.8\%) \times 10000} = 1.18 (m^2/件)$$

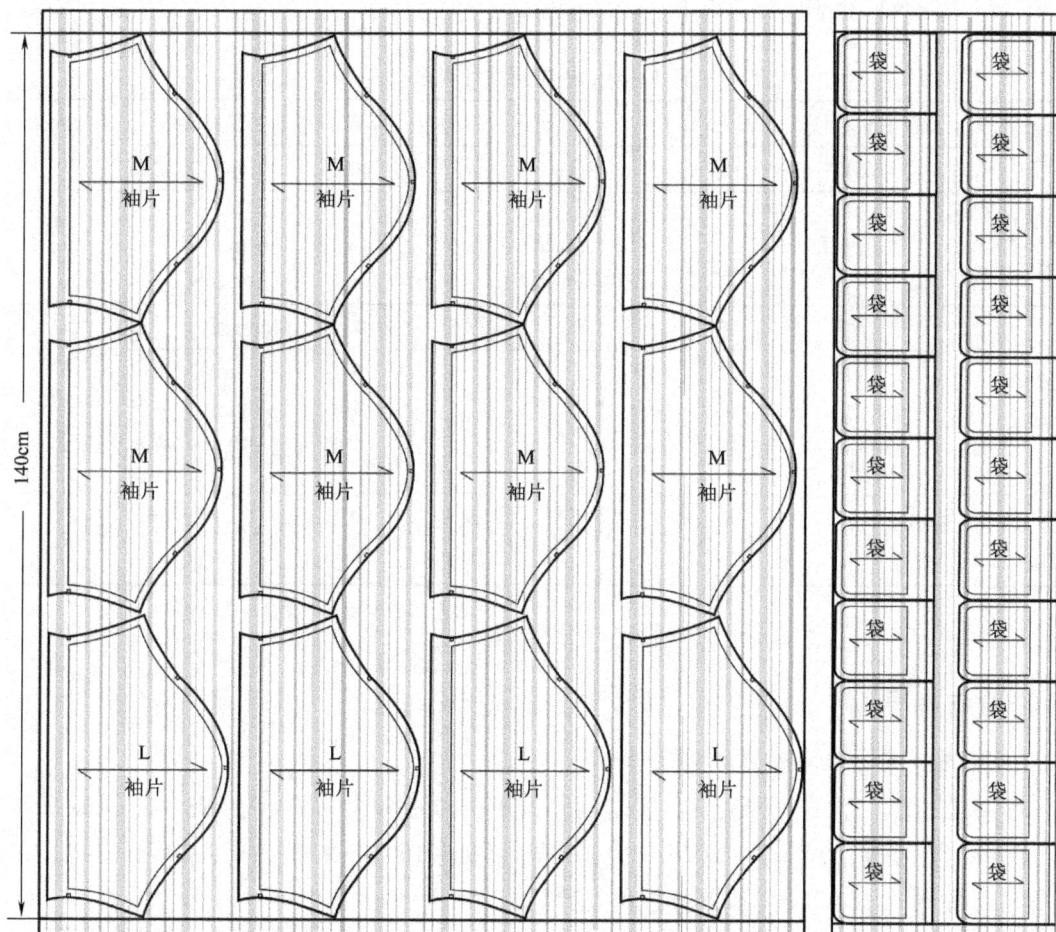

图 3 - 58

大身单位用料净坯重 = 单位用料面积 × 克重

$$= 1.18 \times 190 = 224.2 (\text{g/件})$$

大身单位用料毛坯重 = 单位用料净坯重量 × (1 + 染整损耗率)

$$= 224.2 \times (1 + 3\%) = 230.93 (\text{g/件})$$

（2）辅料计算。

$$罗纹单位用料面积 = \frac{门幅 \times 段长}{每段长内成品件数 \times (1 - 段耗率) \times 10000}$$

$$= \frac{42.5 \times 70}{10 \times (1 - 0.5\%) \times 10000} = 0.03 (\text{m}^2/\text{件})$$

罗纹单位用料净坯重 = 单位用料面积 × 克重

$$= 0.03 \times 240 = 7.2 (\text{g/件})$$

罗纹单位用料毛坯重 = 单位用料净坯重 × (1 + 染整损耗率)

$$= 7.2 \times (1 + 3\%) = 7.42 (\text{g/件})$$

（3）编制用料计算表。

表3-33　单位用料计算表

产品名称	使用坯布		纱支		克重(g/m²)		段耗(%)		染耗(%)
	大身	领口	汗布	罗纹	汗布	罗纹	汗布	罗纹	
罗纹领T恤	汗布	1×1罗纹	29.2tex×2(40英支/2)	14.2tex+7.7tex(40英支+70旦)	190	240	0.8	0.5	3

成品规格(cm)	大身						领口罗纹				
	筒径	门幅(cm)有效	毛边	段长(cm)	每段长内成品件数	单位用料毛坯重(g)	筒径	门幅(cm)	段长(cm)	每段长内成品件数	单位用料毛坯重(g)
M(105)L(110)	83.8cm(33英寸)	172	178	394	6	230.93	48.3cm(19英寸)	42.5	70	10	7.42

作业与指导

罗纹领背心的打板及生产工艺设计

款式特征:领口、下摆、挂肩处装罗纹,前片六道折裥,折裥和大身拼接处装花边,(图3-59)。

坯布成分:主料为JC22.4tex(26英支)汗布,克重为160g/m²;罗纹为JC14.6tex+7.7tex(40英支+70旦)1×1罗纹,克重为240g/m²。

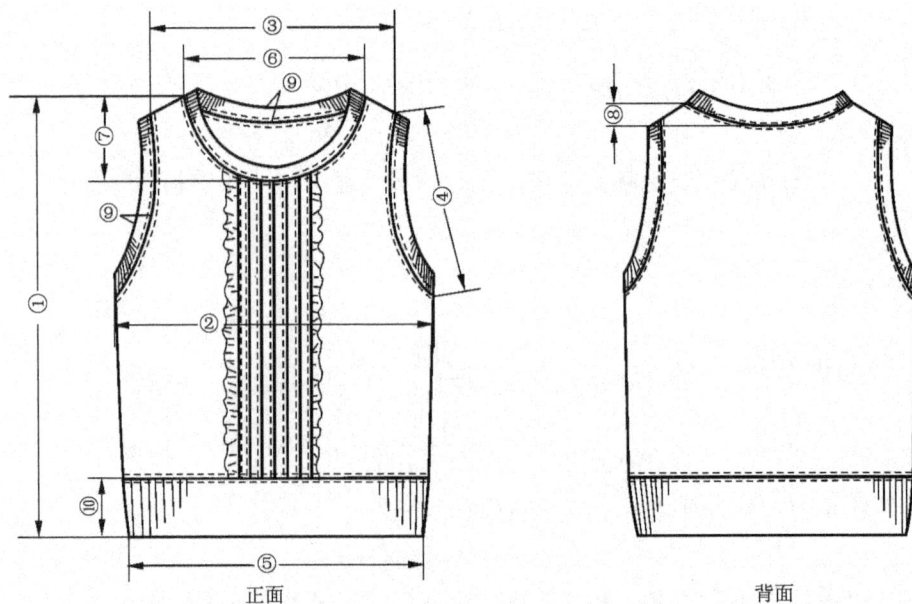

图3-59

辅料:商标(含尺码标),洗涤标。

规格尺寸:见表3-34。

表3-34　成品规格　　　　单位:cm

代号	部位名称	规格尺寸					公差
		S	M	L	XL	档差	
①	衣长	53	55	57	59	2	±1.5
②	胸围(一周)	88	92	96	100	4	±1
③	肩宽	35	37	39	41	2	±0.5
④	挂肩	23	24	25	26	1	±0.5
⑤	下摆(一周)	80	84	88	92	4	±1
⑥	领宽	19	20	21	22	1	±0.5
⑦	前领深	9.5	10	10.5	11	0.5	±0.5
⑧	后领深	3				0	±0.1
⑨	袖口、领口罗纹高	1.8				0	±0.1
⑩	下摆罗纹高	6				0	±0.2

要求:

1. 写出该款式的缝制工艺流程。
2. 写出该款式的缝制要求(包括用针、用线、线迹密度、缝迹类型、缝制具体要求等)。
3. 用表格列出制图尺寸计算方法及结果。
4. 1:5制图(包括前后身及罗纹,要求标注尺寸,线条符合要求,参见案例)。
5. 样板制作(格式及要求参见案例)。

要点提示:

1. 前片折裥面宽为1cm,折裥与大身拼合,拼合处装花边1cm宽,明线要求见图3-60

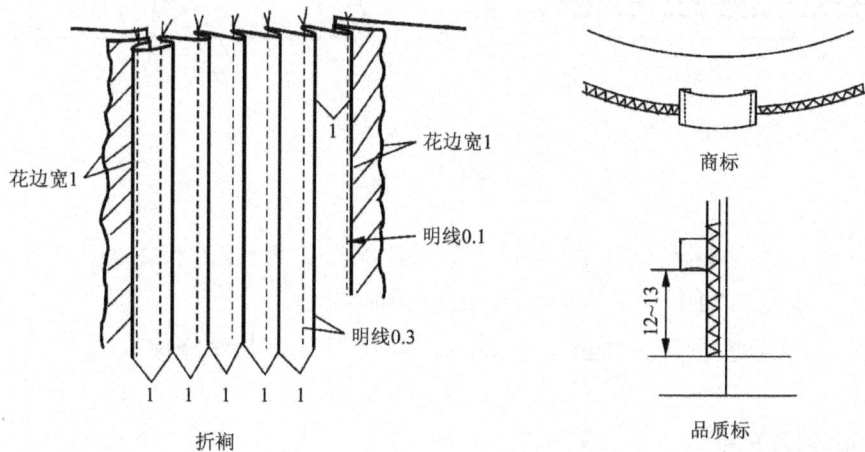

图3-60

所示。

2. JC22.4tex(26 英支)汗布的纵向回缩率和横向回缩率均为 2%。

3. 商标及品质标装钉要求。商标钉于后领中,拷克缝居中钉,商标两端缉明线 0.1cm,松度 0.5cm。四线拷克左侧缝时夹入品质标,距底边 12~13cm。见图 3-60。

实训十八　翻领扣子衫的样板设计与生产工艺设计

一、款式说明

款式特征:领型为横机领、底摆双针卷边、横机袖口、偏门襟、三粒扣,底摆侧缝开衩(图 3-61)。

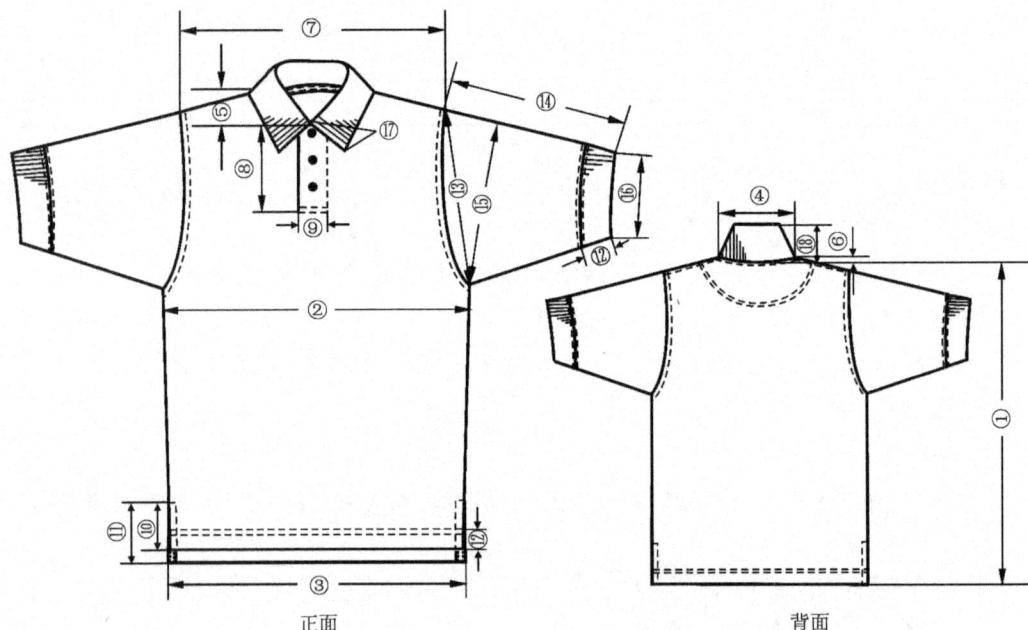

正面　　　　　　背面

图 3-61

坯布成分:主料为 12.1tex(24 英支)精梳棉单珠地网眼织物,克重为 220g/m²;罗纹为 14.6tex+7.7tex(40 英支+70 旦)1×1 罗纹,克重为 240g/m²。

辅料:人字纱带、无纺粘合衬、尼龙肩带、纽扣、商标(含尺码标)、洗涤标。

二、成品规格及测量部位

成品规格见表 3-35,测量部位见图 3-61。

表 3 – 35　成品规格　　　　　　　　　　　　单位:cm

代　号	部位名称	规　格　尺　寸				公　差
		S	M	L	档差	
①	后中长	73	75	77	2	±1.5
②	胸围/2	52.5	55	57.5	2.5	±1
③	下摆围/2	50.5	53	55.5	2.5	±1
④	领宽	16.8	17.3	17.8	0.5	±0.5
⑤	前领深	8	8.25	8.5	0.25	±0.5
⑥	后领深	1.5			0	±0.2
⑦	肩宽	47.5	49.5	51.5	2	±1.5
⑧	门襟长	16			0	±0.5
⑨	门襟宽	3.5			0	±0.2
⑩	前衩长	5			0	±0.5
⑪	后衩长	7			0	±0.5
⑫	袖口横机长	2.5			0	±0.2
	下摆双针宽	2.5			0	±0.2
⑬	挂肩	22.5	23.5	24.5	1	±0.5
⑭	袖长	22	22.5	23	0.5	±1
⑮	袖肥	22	23	24	1	±0.5
⑯	袖口宽	18	18.5	19	0.5	±0.5
⑰	前领长	6			0	±0.5
⑱	后中领高	7			0	±0.5

三、缝纫线与缝纫用针要求

缝纫线要求:29.1tex×3(60 英支/3)大身色涤纶线,钉商标配商标色涤纶线。

缝纫用针要求:见表 3 – 36 所示。

表 3 – 36　缝纫用针要求

缝纫机种	平缝机	四线包缝机	双针卷边机、双针绷缝机、单双针加固机	锁眼机	钉扣机	套结机
缝纫用针	9#	9#	9#	9#	9#	9#
针迹密度(针/2cm)	9.5~10	9.5	9	1.3cm(外径)	竖向平行钉	1cm 长

四、缝制工艺流程

前门襟贴边粘无纺粘合衬→双针卷下摆→前门襟缝贴边→四线拷光龟背→双针做龟背→合肩缝→单针加固两肩缝→平车绱横机领→平车做前门襟→平车缝商标→平车覆后领条钉商标→四线拷克绱左右横机袖口→双针加固左右横机袖口→四线拷克绱左右袖→单针加固左右袖挂肩→四线拷合左右侧缝→平车左右袖口打明回针→四线拷光左右衩→平车做左右衩→平车钉装饰标→左右衩打套结→门襟锁眼→钉扣。

五、缝制要求

1. 粘衬。前门襟贴边粘无纺粘合衬,注意粘合度,不烫黄;根据样板包烫,门襟净宽3.5cm;注意丝绺顺直,如图3-62所示。

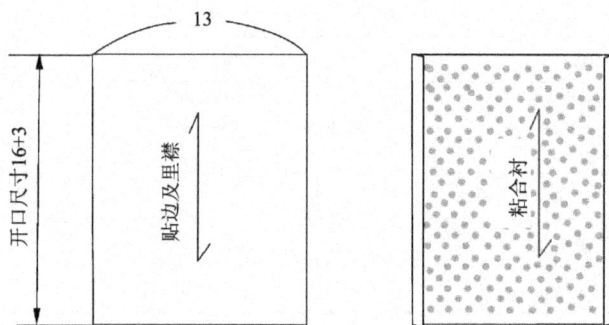

图 3-62

2. 双针卷下摆。龙头2.5cm,针距0.6cm。注意下摆顺直,宽窄一致,不毛进毛出,不撑开。

3. 贴前门襟。偏门襟,穿计左搭右。半成品长16.8cm,成品长16cm、宽3.5cm。注意丝绺顺直,不偏斜。同时开门襟,剪到线根处但不要剪断线,如图3-63所示。

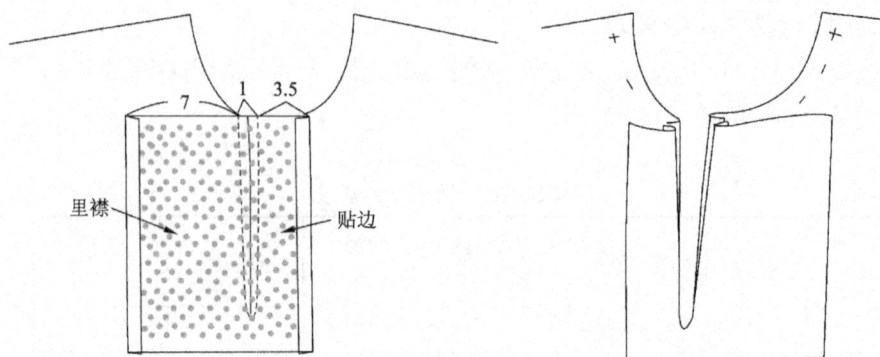

图 3-63

4. 四线拷光龟背。平服,保持圆弧圆顺美观。

5. 双针做龟背。针距0.6cm,龟背反面对大身反面,正面见明线圆顺,左右对称,如图3-64所示。

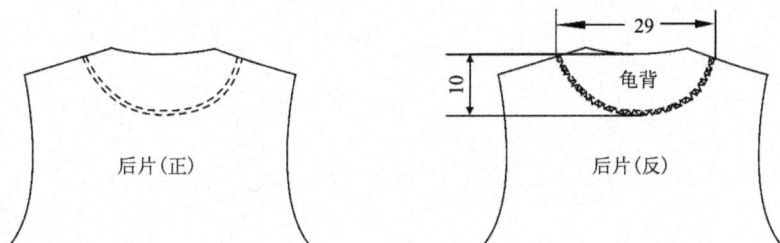

图3-64

6. 合肩缝。四线拷克合左右肩,后身带白色0.5cm尼龙肩带,注意两肩长短一致。

7. 单针加固两肩缝。拷克缝倒向后身,正面见明线0.5cm,肩部平服。

8. 平车绱横机领。领子刀眼对准肩缝,缝份0.8cm,领子夹在门里襟与衣身之间,门里襟上面放1cm宽人字纱带,纱带前端和前领角平齐,绱领一周。后中领高7cm,领角高6cm,两领角翻后平服,如图3-65所示。

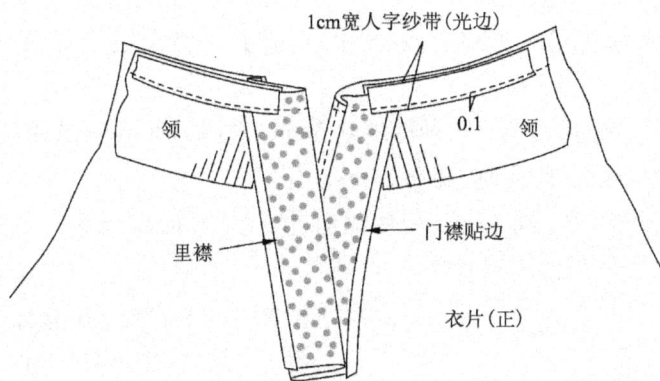

图3-65

9. 平车做前门襟。门襟四周缉0.15cm宽明线。门襟底端四线拷光,两侧打暗回针,外门襟底端缉线1cm单线。注意门襟上下宽窄一致,门襟底端刹线方正。门襟外形美观,如图3-66所示。

10. 平车缝商标。商标双折,有标志的一面朝外,尺码标对折,缸号标夹在尺码标中间,条码标放在尺码标下面,空白一面朝上钉,一齐居中钉在商标下沿。

11. 平车覆纱带钉商标。纱带倒向衣身,正面缉0.1cm明线,衣身正面线迹0.8cm,注意

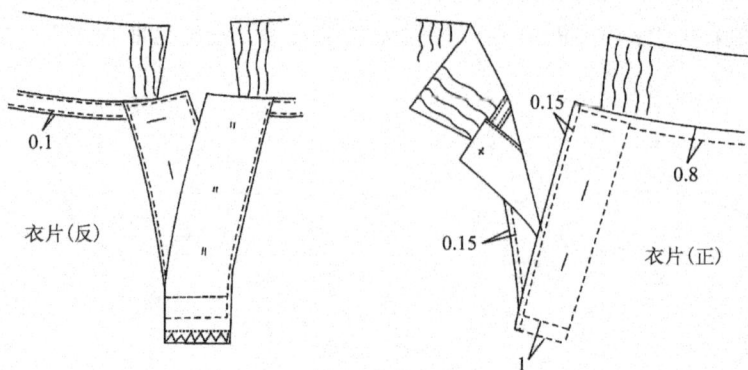

图 3 - 66

宽窄一致;两端至门襟边打回针,覆纱带时不要将商标上的字盖进。

12. 四线拷克绱左右横机袖口。袖口横机高 2.5cm。绱袖口时注意宽窄一致,吃势均匀。

13. 双针加固左右横机袖口。拷克缝倒向袖子,缉 0.15cm 明线,针距 0.6cm。

14. 四线拷克绱左右袖。袖中刀眼对准肩缝,肩缝倒向后身。注意两挂肩对称圆顺,松紧适宜。

15. 单针加固左右袖挂肩。缝份倒向大身,缉 0.5cm 明线。

16. 四线拷合左右侧缝。袖口、袖底十字缝对齐。穿着时左后摆缝向上净量 12cm 处夹放洗涤标,洗涤标中间对折在后身,标正面朝上。拷至近下摆刀眼处,留出一部分做左右衩。

17. 平车左右袖口打明回针。距袖底缝 0.3cm,打在后袖,和横机袖口一样高。

18. 四线拷光左右衩。拷边时,切 0.2cm 毛边。

19. 平车做左右衩。先固定衩长,后片比前片长 2cm,前衩长 5cm,后衩长 7cm,衩反面为大身色人字纱带,做好后侧缝顺直。

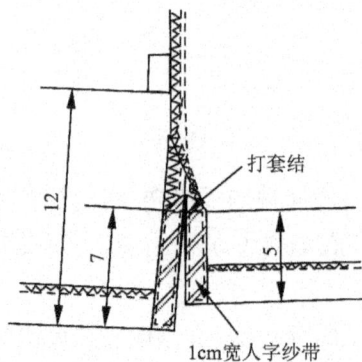

图 3 - 67

20. 平车右袖(穿起计)钉装饰标。钉于前袖距袖中 0.5cm 处,标两侧折光钉,有字的一面为正面,内外侧平齐,与大身平服。

21. 左右衩打套结。左右衩开口位打套结,结长 1cm,在侧缝左右对称,套结线要平直,不歪斜,如图 3 - 67 所示。

22. 面门襟锁眼。扣眼直径 1.3cm(外径),第一粒扣眼为横眼,距门襟顶端 1.5cm;第二粒与第三粒为竖眼,位置在第一粒扣眼与门襟最底端缉线三等分处,注意最上一个扣眼的外端过门襟中心线 0.3cm。按样板净样点点,要轻点,如图 3 - 68 所示。

23. 钉扣。门襟钉三粒大身色扣,呈"∥"。纽扣扣好后里襟不外露,领角无高低。洗涤标上空白处钉一枚备用扣(不要盖住字)。

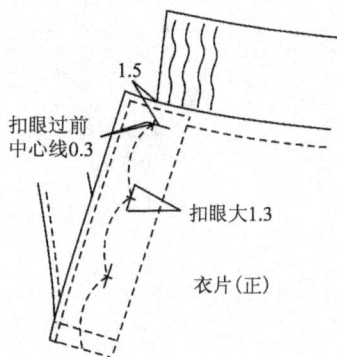

1.5

扣眼过前
中心线0.3

扣眼大1.3

衣片(正)

图 3 - 68

六、制图尺寸计算

以 S 号规格为例,采用规格演算法制图,制图时考虑坯布回缩率,不考虑缝耗,制作裁剪样板时再把缝耗加进去。经测试,该坯布纵向回缩率为 1.3%,横向回缩率为 3%。计算结果见表 3 - 37。

表 3 - 37　制图尺寸计算　　　　　　　　　　　　　　单位:cm

序　号	部　位	计　算　方　法	尺　寸
1	后中长	衣长规格÷(1-纵向回缩率)=73÷(1-1.3%)	73.9
2	$\dfrac{胸围}{2}$	$\dfrac{胸围规格}{2}$÷(1-回缩率)=52.5÷(1-3%)	54.1
3	$\dfrac{下摆围}{2}$	$\dfrac{下摆围规格}{2}$÷(1-回缩率)=50.5÷(1-3%)	52.1
4	领宽	由于领宽部位在缝制过程中容易受到拉伸,故不考虑回缩率,因缝门襟贴边使得领宽减小,故需加上0.5	17.3
5	前领深	前领深规格8。由于领深部位在缝制过程中容易受到拉伸,故不考虑回缩率	8
6	后领深	后领深规格1.5。由于领深部位在缝制过程中容易受到拉伸,故不考虑回缩率	1.5
7	肩宽	肩宽规格47.5。由于肩宽部位在缝制过程中容易受到拉伸,故不考虑回缩率	47.5
8	挂肩	挂肩规格22.5。由于挂肩部位在缝制过程中容易受到拉伸,故不考虑回缩率	22.5
9	袖长	(袖长规格-横机袖口长)÷(1-纵向回缩率)=19.5÷(1-1.3%)	19.8
10	袖肥	袖肥规格÷(1-横向回缩率)=22÷(1-3%)	22.7
11	袖口宽	袖口宽规格÷(1-横向回缩率)=18÷(1-3%)+0.2松量	18.8

七、制图

根据表 3 - 37 中计算所得尺寸,翻领扣子衫的制图见图 3 - 69 和图 3 - 70。

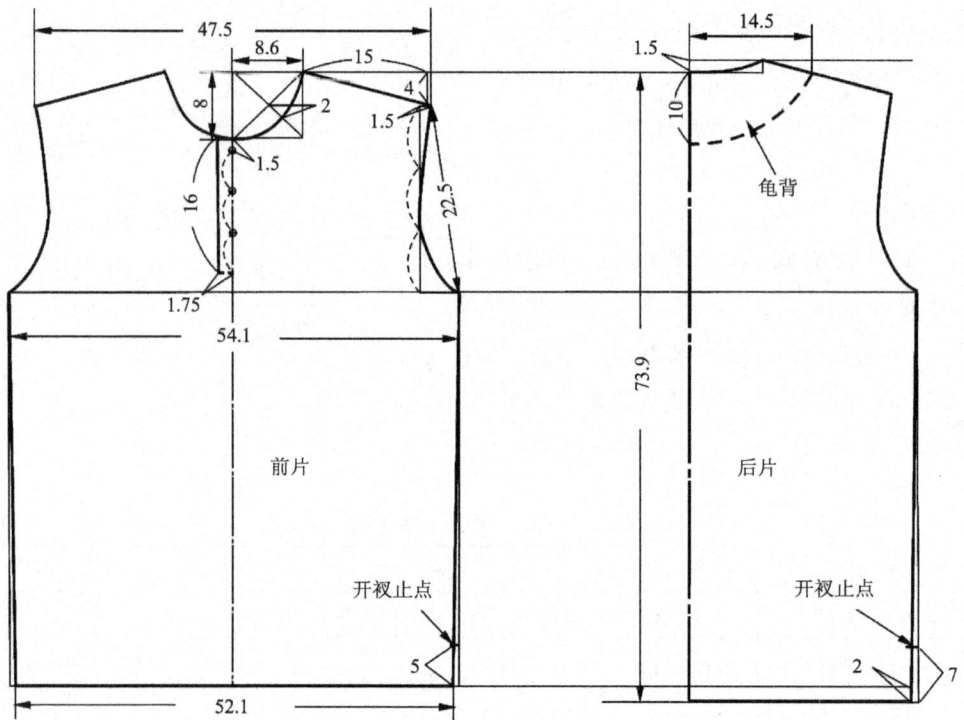

图 3 – 69

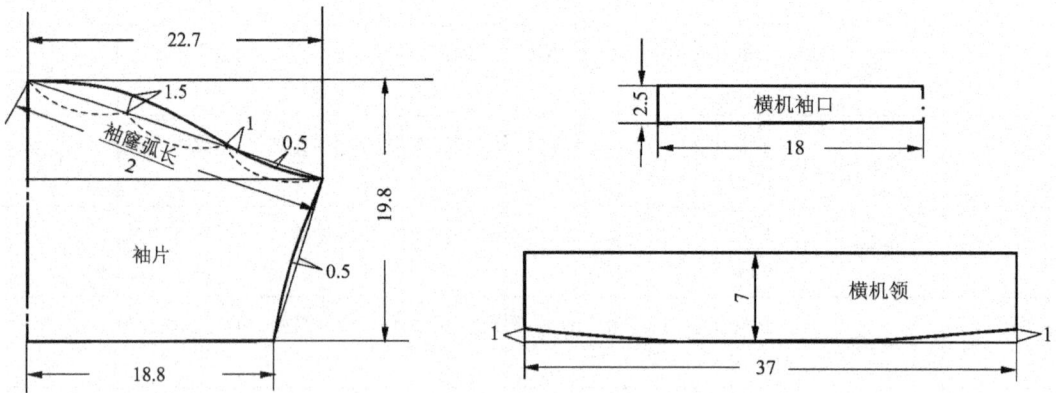

图 3 – 70

八、制图要领说明

后衣片的领宽、肩宽、肩斜度、胸宽、下摆大均与前衣片相同;后衣片上平线高出前衣片上平线 1.5cm,这是由男性体型特征和服装款式所决定的,男性后腰节长大于前腰节长,因此在服装制图时,一般后片上平线高出前片上平线 0 ~ 2cm,具体尺寸依服装款式而定。

九、样板制作

对制图四周加放缝份即成可供裁剪的毛样板。缝份加放如下:大身底边缝份为3cm(折边宽2.5cm+余量0.5cm),大身侧缝、袖窿、肩缝、袖底缝、袖口处为四线拷边合缝,缝份均为1cm;大身领圈、横机领领底线缝份为0.8cm。

在底边折边处打剪口;在前后领中心处、袖山顶点、绱门襟处打剪口;在门襟底端打孔;在袖子和衣身上打对位记号,大身的对位记号在离侧缝10cm处,袖子的对位记号在离袖底缝10cm处。

在样板上标注丝绺方向,并写明款式名称或款号、规格、衣片名称、衣片需裁剪的片数等。具体参照案例一。

作业与指导

半开襟翻领的制作

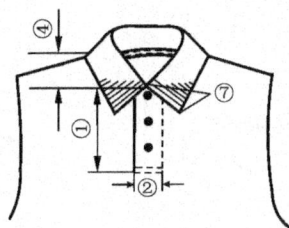

正面

图3-71

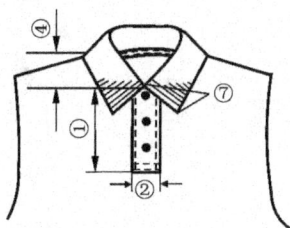

正面

图3-72

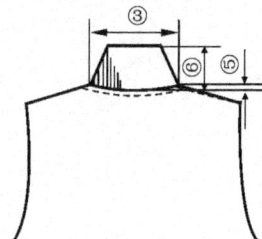

背面

图3-73

表3-38　半开襟翻领成品规格　　　　　　　　　　　　　　　　单位:cm

代号	部位名称	规格尺寸	代号	部位名称	规格尺寸
①	门襟长	16	⑤	后领深	1.5
②	门襟宽	3	⑥	后中领高	7
③	领宽	17	⑦	前领尖长	6
④	前领深	8			

要求:

1. 写出图3-71和图3-72两款领子的缝制工艺流程。

2. 1:5制图(包括前后片领圈及门襟,要求标注尺寸,线条符合要求,参见案例)。

3. 完成两款领子的缝制(要求规格尺寸及线迹符合要求)。

要点提示:

1. 图3-71的领子制作工艺要求参见本案例。

2. 图3-72的领子制作工艺要求参考第二章实训。

实训十九　滚领 T 恤的样板设计与生产工艺设计

一、款式说明

款式特征:领口、袖口为滚边,袖山头、领口前中心处抽细褶,底摆双针卷边,见图 3-74。

坯布成分:主料为 JC22.4tex(26 英支)圆机汗布,克重为 160g/m²。

辅料:领口、袖口罗纹切条 JC29.2tex×2(40 英支/2)1×1 罗纹,克重为 280g/m²;商标(含尺码标)、洗涤标。

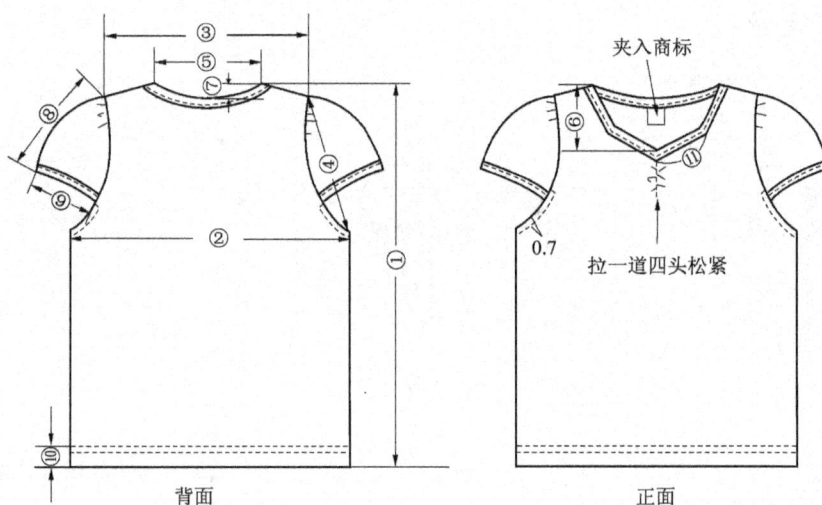

图 3-74

二、成品规格及测量部位

成品规格见表 3-39,测量部位见图 3-74。

表 3-39　成品规格　　　　　　　　　单位:cm

代号	部位名称	规 格 尺 寸 155/80A S	160/84A M	165/88A L	档差	公差
①	衣长	53	55	57	2	±1
②	$\frac{胸围}{2}$	42.5	45	47.5	2.5	±1
③	肩宽	36	38	40	2	±1
④	挂肩	16	17	18	1	±0.5

代号	部位名称	规 格 尺 寸			档差	公差
		155/80A S	160/84A M	165/88A L		
⑤	领宽	17.5	18	18.5	0.5	±0.5
⑥	前领深	10.5	11	11.5	0.5	±0.5
⑦	后领深	2	2	2	0	±0.1
⑧	袖长	9	10	11	1	±0.5
⑨	袖口宽	9	10	11	1	±0.5
⑩	底边折边	2.5			0	±0.1
⑪	前领口斜边	5.6	5.8	6	0.2	±0.1
⑫	头围拉伸	55	56	57	1	±1

三、缝纫线与缝纫用针要求

缝纫线要求:领双针绷缝底线用罗纹色尼龙线,其余用大身主色涤纶线,钉商标配商标色涤纶线。

缝纫用针要求:见表 3－40。

表 3－40　缝纫用针要求

缝纫机种	平 缝 机	四线包缝机	双针卷边机	单针滚边机
缝纫用针	9#	9#	9#	9#
针迹密度(针/2cm)	10	9~9.5	9~9.5	9~9.5

四、缝制工艺流程

前中心领下口拉一道 1cm 宽松紧→四线拷合右肩缝→单针滚领口→四线拷左肩→袖山收碎褶→单针滚袖口→四线合侧缝→双针卷下摆→平车缉袖→前中心领下口平车捏三角→钉商标。

五、缝制要求

1. 前中心领口向下 9.6cm 处拉一道四头松紧,成品为 7.6cm。
2. 四线拷合右肩,后片衬尼龙纱带。
3. 领口单针双包滚边 0.8cm。
4. 四线拷合左肩,后片衬尼龙纱带,领口处 0.8cm 横套结于后片。
5. 袖山两剪口间收碎褶,成品为 9cm(S)、10cm(M、L)。
6. 袖口单针双包滚边 0.8cm。

7. 四线合侧缝,左侧缝中间放洗涤标。

8. 卷下摆,双针三线绷缝。

9. 按剪口平车绱袖子后四线拷光,平车袖下压人字纱带,正面缉线 0.7cm。

10. 前中心滚边处距两边 5.6cm(S)、5.8cm(M)、6cm(L)各捏一三角,便于平服,如图 2 所示。

11. 商标对折夹入后领中滚边。

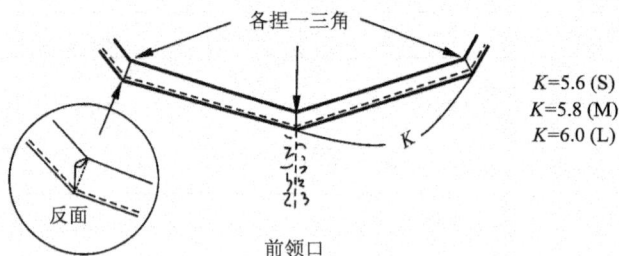

图 3 - 75

六、制图尺寸计算

以 M 号规格为例,采用规格演算法制图,制图时考虑坯布回缩率不考虑缝耗,制作裁剪样板时再把缝耗加进去。经测试,该坯布纵、横向回缩率均为 2.5%。计算结果见表 3 - 41。

表 3 -41　制图尺寸计算　　　　　　　　　　　　　　　单位:cm

序 号	部 位	计 算 方 法	尺 寸
1	衣长	衣长规格 ÷(1 - 纵向回缩率)= 55 ÷(1 - 2.5%)	56.4
2	$\dfrac{胸围}{2}$	$\dfrac{胸围规格}{2}$ ÷(1 - 回缩率)= 45 ÷(1 - 2.5%)	46.2
3	肩宽	肩宽规格 38。由于肩宽部位在缝制过程中容易受到拉伸,故不考虑回缩率	38
4	挂肩	挂肩规格 17。由于挂肩部位在缝制过程中容易受到拉伸,故不考虑回缩率	17
5	领宽	领宽规格 18。由于领宽部位在缝制过程中容易受到拉伸,故不考虑回缩率	18
6	前领深	前领深规格 11。由于领深部位在缝制过程中容易受到拉伸,故不考虑回缩率	11
7	后领深	后领深规格 2。由于领深部位在缝制过程中容易受到拉伸,故不考虑回缩率	2
8	袖长	袖长规格 ÷(1 - 纵向回缩率)= 10 ÷(1 - 2.5%)	10.3
9	袖口宽	袖口宽规格 ÷(1 - 横向回缩率)= 10 ÷(1 - 2.5%)	10.3

七、制图

根据表 3 -41 中计算所得尺寸,滚领 T 恤基本型制图如图 3 -76 所示,衣身变化如图 3 -77 所示,衣袖变化如图 3 -78 所示。

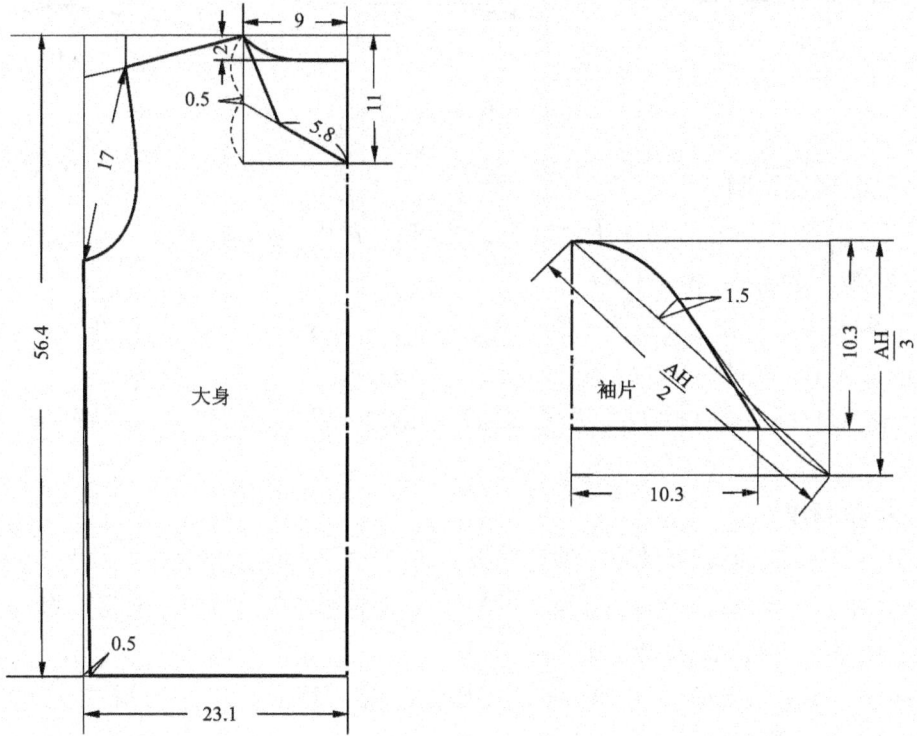

图 3 -76

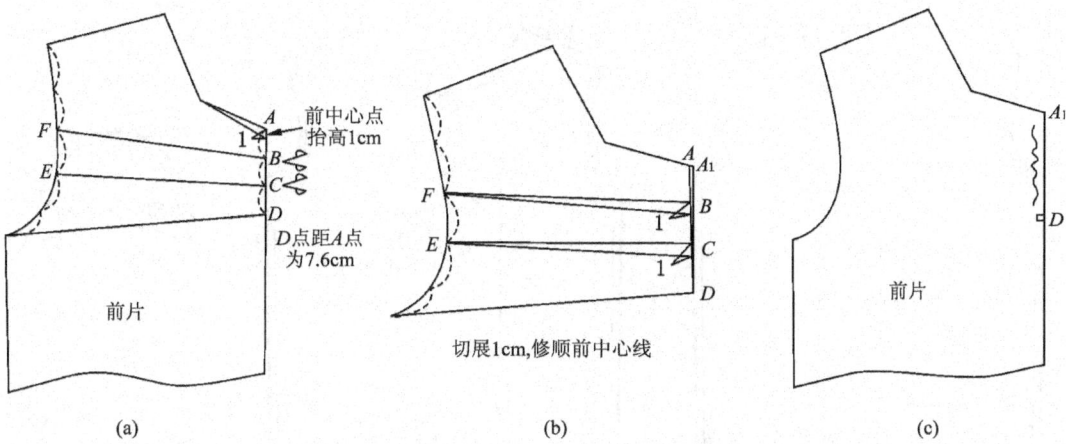

图 3 -77

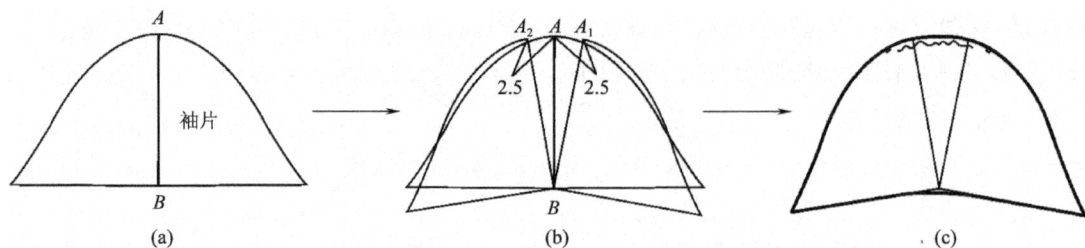

图 3 – 78

八、制图要领说明

1. 双针机缝下摆时,容易使下摆变大,在实际生产中,为了保证成品尺寸,通常在制图时,两边侧缝线各缩进 0.5～1cm。

2. 前领口中心点在拉完四头松紧后有所降低,约降低 1cm 左右,因此在纸样变化时,前中心点应抬高 1cm,以保证成品尺寸,如图 3 – 77(a)所示。

3. 切展辅助线应设在胸围线以上,以保证胸围尺寸不变,如图 3 – 77(a)所示。

九、样板制作

对制图加放缝份即成可供裁剪的毛样板。缝份加放如下:大身底边放缝为 3cm(折边宽 2.5cm + 余量 0.5cm);大身侧缝、袖窿、肩缝、袖山头为四线拷边合缝,放缝均为 1cm;领口、袖口为滚边,且为实滚,故放缝为 0。

在底边 3cm 处打上剪口;在前后袖窿装袖止点、袖山顶点处打上剪口;在袖山缩缝起、止点处打剪口,在前片缩缝止口处打孔。

在样板上标注丝绺方向,并写明款式名称或款号、规格、衣片名称、衣片需裁剪的片数等,如图 3 – 79 所示。

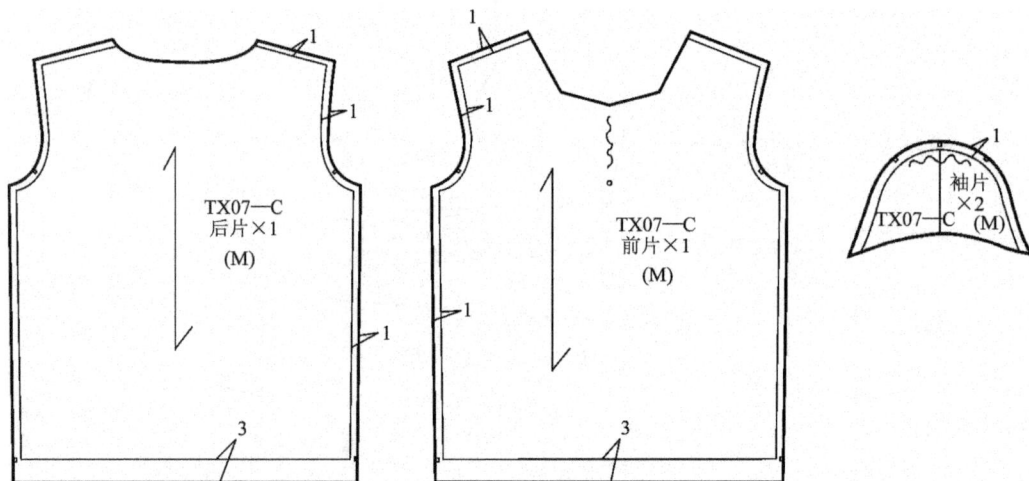

图 3 – 79

作业与指导

滚边领的制作

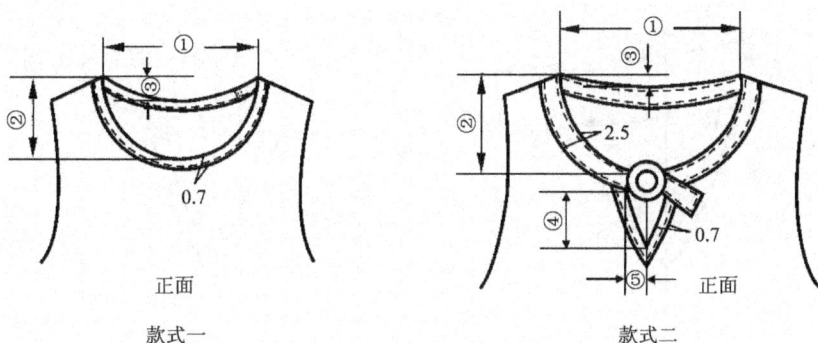

图 3 - 80

表 3 - 42　成品规格　　　　　　　　　　　　　　　　　　单位:cm

代　号	款　式　一			款　式　二				
	①	②	③	①	②	③	④	⑤
部位名称	领宽	前领深	后领深	领宽	前领深	后领深		
规格尺寸	22	13.5	3	20	8.5	2.5	5	1.5

要求:

1. 写出款式一、款式二(图 3 - 80)两款领子的缝制工艺流程。

2. 1∶5 制图(包括领圈制图及放缝,要求标注尺寸、线条符合要求)。

3. 完成两款领子的缝制(要求规格及线迹符合要求)。

要点提示:

1. 款式一滚领接头缝制工艺:单针双包滚领,缉 0.1cm 明线,领接缝在穿着的左侧距肩缝 2.5cm 处,滚领时先打一剪口,滚领明线一致,领型圆顺;平车接头,缝份倒向后中,缝 0.3cm 明回针,反面毛边止口外露 0.2cm,接缝位平服,原身布不脱散,如图 3 - 81 所示。

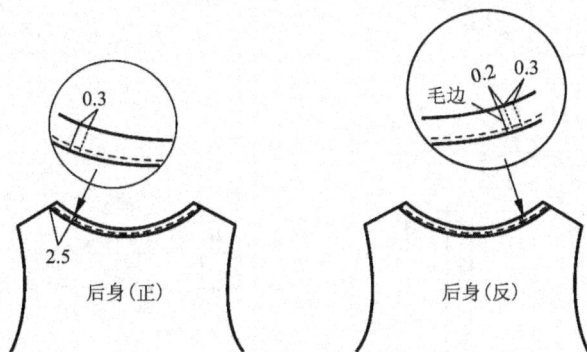

图 3 - 81

2. 款式二的领子制图及缝制工艺参考图 3 – 82。

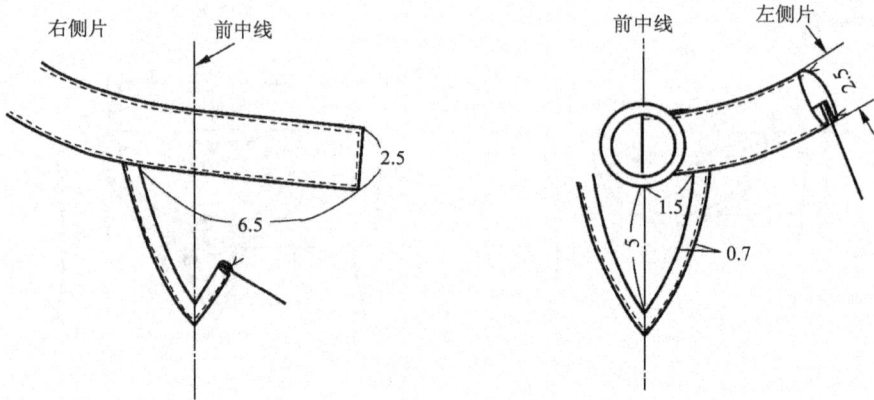

图 3 – 82

实训二十　衬衫领 T 恤的样板设计与生产工艺设计

一、款式说明

款式特征:带领座的衬衫领,袖口、下摆边为双针卷边,前后片贴格子面料,前门襟气眼穿棉绳打结,侧缝下摆贴格子布(图 3 – 83)。

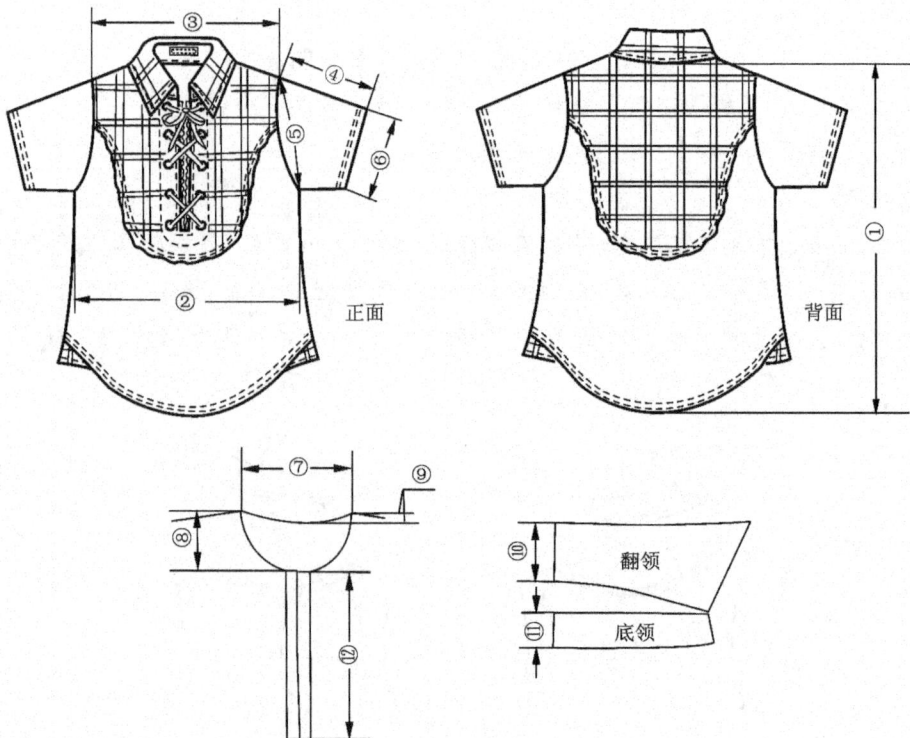

图 3 – 83

二、成品规格及测量部位

成品规格见表 3 - 43,测量部位见图 3 - 83。

表 3 - 43　成品规格　　　　　　　　　　　　　　　　　　　单位:cm

代号	部位名称	规 格 尺 寸				公 差
		110/64	120/68	130/72	档差	
①	后中长	40	44	48	4	±1.5
②	胸围	64	68	72	4	±1.5
③	肩宽	26	28	30	2	不小于此尺寸
④	袖长	12	13	14	1	±1.5
⑤	挂肩	15	16	17	1	±0.7
⑥	袖口宽	11.5	12	12.5	0.5	±1
⑦	领宽	14	14.5	15	0.5	±1
⑧	前领深	6.5	7	7.5	0.5	±1
⑨	后领深	2	2	2	0	±1
⑩	翻领后宽	4	4.5	5	0.5	±0.2
⑪	底领后宽	2.5	2.5	2.5	0	±0.1
⑫	门襟深	14	15	16	1	±0.2
	带子长	100	105	105	$\frac{5}{2}$档	±1.5

三、面辅料说明

坯布成分:主料:大身、袖子为 JC18.2tex(32 英支)汗布;前后片贴布、下摆侧缝贴布、翻领、底领为朝阳格。

辅料:粘合衬、扁空心绳、尼龙带、缝纫线、花边。

缝制辅料明细:见表 3 - 44。

表 3 - 44　缝制辅料明细表

序 号	名 称	规 格	使 用 方 法
1	尼龙带	0.5cm 宽大身色	拷合前、后肩时带进后片上,放松包进刀门
2	扁空心绳	0.7cm 宽大身色	烫平后剪断,穿气眼内,分尺码确定长短
3	粘合衬	有纺衬	气眼位及翻领、领座
4	缝纫线	29.1tex×3(60 英支/3)大身色涤纶线	平车面底线、套结面底线、锁眼面底线、拷克面线、双针面线
		150 旦大身色低弹丝	拷克底线、双针底线
		29.1tex×3(60 英支/3)商标、装饰标色涤纶线	钉商标面底线、钉装饰标面底线
5	三角花边	1.8cm 宽	前中心门襟两边夹入三角花边

四、缝制工艺流程

领及门襟粘衬→平车缝门襟→四线拷合左右肩→做领→装领→双针卷下摆→绱袖→四线拷合左右侧缝、袖底缝→袖口双针卷边→三线拷光侧贴布两三角边→侧贴布和大身缝合→打套结→钉商标→穿绳子。

五、缝制要求

1. 领座、翻领及门襟一周粘有纺衬,注意牢度。

2. 缝门襟。格子布履在大身上缝门襟,门襟处格子布与大身面料之间夹入三角花边,花边露出面料 0.8cm;钉气眼 10 个;试后生产,确保成品气眼居中、平直,如图 3-84 所示。

3. 格子布与大身固定,弧形部分双针绲线,露出毛边 0.2cm,如图 3-85 所示。

4. 下摆双针折边 1cm,针距 0.6cm。双针宽窄一致,不起链。

5. 袖口双针折边 1.5cm,针距 0.6cm。双针宽窄一致,不弯曲。

6. 四线拷合左右肩,后片衬 0.5cm 宽尼龙肩带,注意左右肩长短一致。

7. 勾绲领子,翻领三周绲明线 0.5cm,绲时防止领面起皱。

8. 领座和翻领组合,后中心眼刀对准。

9. 绱领,对准绱领三眼刀,绲明线 0.2cm。

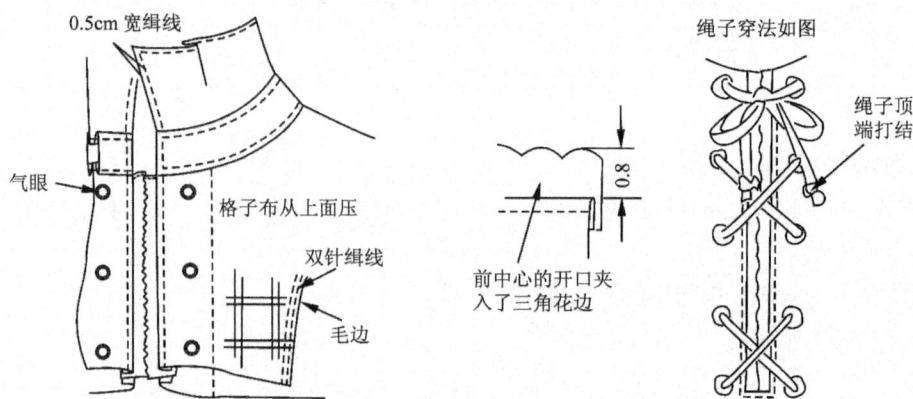

图 3-84

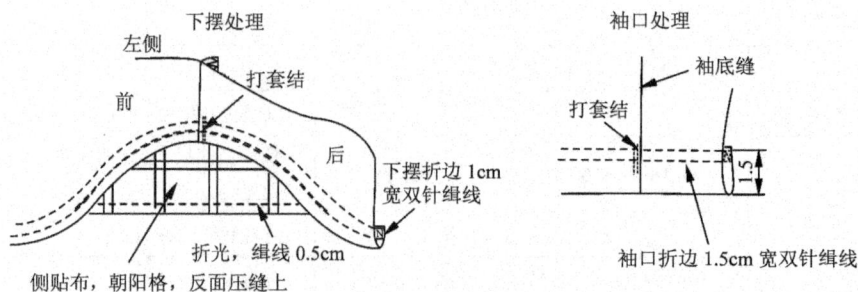

图 3-85

10. 四线拷克绱袖,衣片在上拷克。

11. 四线拷合左右侧缝、袖底缝,拷平服,前片在上拷克,袖底十字缝对齐,左右长短一致,不撑不抓。

12. 三线拷光侧贴布两三角边,略切丝 0.2cm,侧贴布底边三折光缉明线 0.5cm,侧贴布和大身缝合,如图 3 - 86 所示。

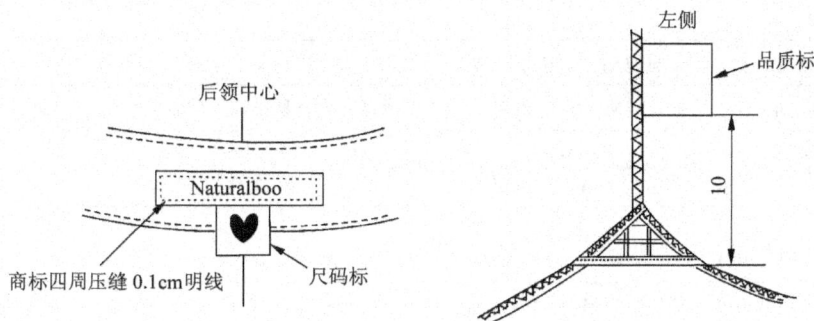

图 3 - 86

13. 穿着时的左侧缝前片(成品)距侧贴布底边 10cm 处夹品质标。对折夹,有字样的一面在上,如图 3 - 86 所示。

14. 左右侧缝与侧贴布连接处、左右袖底缝折边处分别打竖向套结 0.8cm 长,打套结时缝份倒向后片。

15. 平车缝合商标,中下方吊尺码标(尺码标双折内夹一缸号标),缝份 0.6cm,明线 0.1cm,隆起 0.5cm,如图 3 - 86 所示。

16. 绳尾两端平车双折打回针 0.5cm,门襟气眼内穿 0.7cm 宽大身色扁绳,绳左右外露一致。分尺码,毛头向内侧,绳子穿法如图 3 - 84 所示,绳子顶端打结。

六、制图尺寸计算

以号型 120/68 规格为例,采用规格演算法制图,制图时考虑坯布回缩率不考虑缝耗,制作裁剪样板时再把缝耗加进去。经测试,该坯布纵向回缩率为 2.5%,横向回缩率为 2%。计算结果见表 3 - 45。

表 3 - 45 制图尺寸计算 单位:cm

衣片	序号	部位	计 算 方 法	尺 寸
大身	1	后中长	后中长规格 ÷ (1 - 纵向回缩率) = 44 ÷ (1 - 2.5%)	45.1
	2	$\frac{胸围}{4}$	$\frac{胸围规格}{4}$ ÷ (1 - 横向回缩率) = $\frac{68}{4}$ ÷ (1 - 2%)	17.3
	3	$\frac{领宽}{2}$	$\frac{领宽规格}{2}$。由于领宽部位在缝制过程中容易受到拉伸,故不考虑回缩率	7.25

衣片	序号	部位	计　算　方　法	尺　寸
大身	4	前领深	前领深规格7。由于领深部位在缝制过程中容易受到拉伸,故不考虑回缩率	7
	5	后领深	后领深规格2。由于领深部位在缝制过程中容易受到拉伸,故不考虑回缩率	2
	6	肩斜度	15:3.5	15:3.5
	7	$\dfrac{肩宽}{2}$	$\dfrac{肩宽规格}{2}$。由于肩宽部位在缝制过程中容易受到拉伸,故不考虑回缩率	14
	8	挂肩	挂肩规格16。由于挂肩部位在缝制过程中容易受到拉伸,故不考虑回缩率	16
袖	1	袖长	袖长规格 -0.3。由于袖长在整烫过程中容易受到拉伸而伸长,故不加回缩	13
	2	袖山高	$\dfrac{AH}{5}\left(\dfrac{大身制图完毕后量取袖窿弧总长}{5}\right)$	
	3	袖山斜线	$\dfrac{AH}{2}-0.3$	
	4	袖口宽	袖口宽规格 ÷(1 - 横向回缩率) =12 ÷(1 -2%)	12.3

七、制图

根据表3 - 45 中计算所得尺寸,衬衫领 T 恤的制图如图3 - 87 所示。

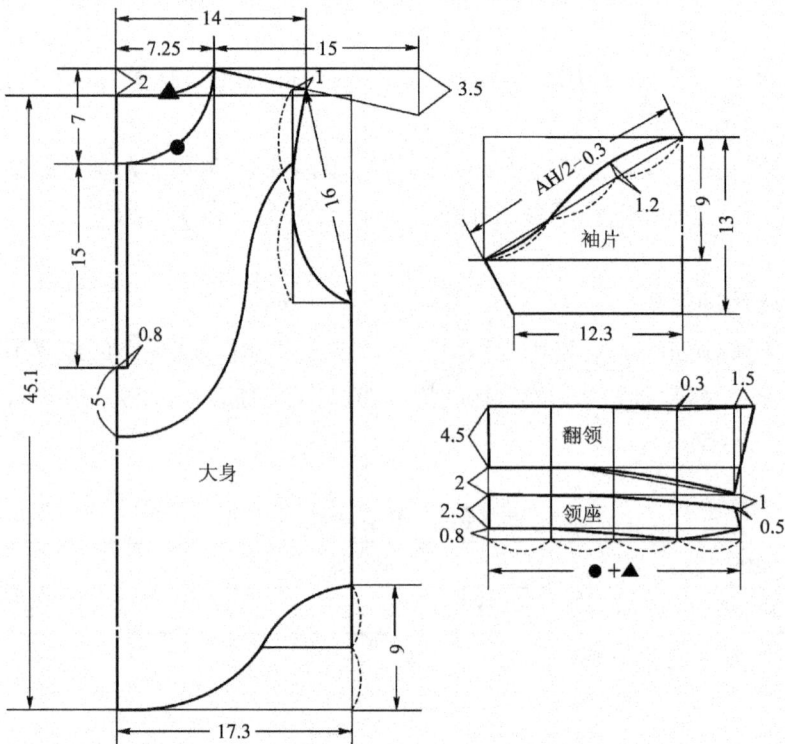

图 3 - 87

八、样板制作

对制图四周加放缝份即成可供裁剪的毛样板。缝份加放如下：袖口边放缝为2cm(折边宽1.5cm+余量0.5cm)，大身侧缝、袖窿、肩缝、袖底缝为四线拷边合缝，放缝均为1cm；平缝机做领及绱领，领圈放缝为1cm；翻领及领座四周放缝为1cm。

在前后领中心处、袖山顶点打上剪口；在绱门襟位打孔；在领子和衣身领圈上打上对位记号。

在样板上标注丝绺方向，并写明款式名称或款号、规格、衣片名称、衣片需裁剪的片数等，见图3-88和图3-89所示。

领子需工艺板，用于烫领及做领。

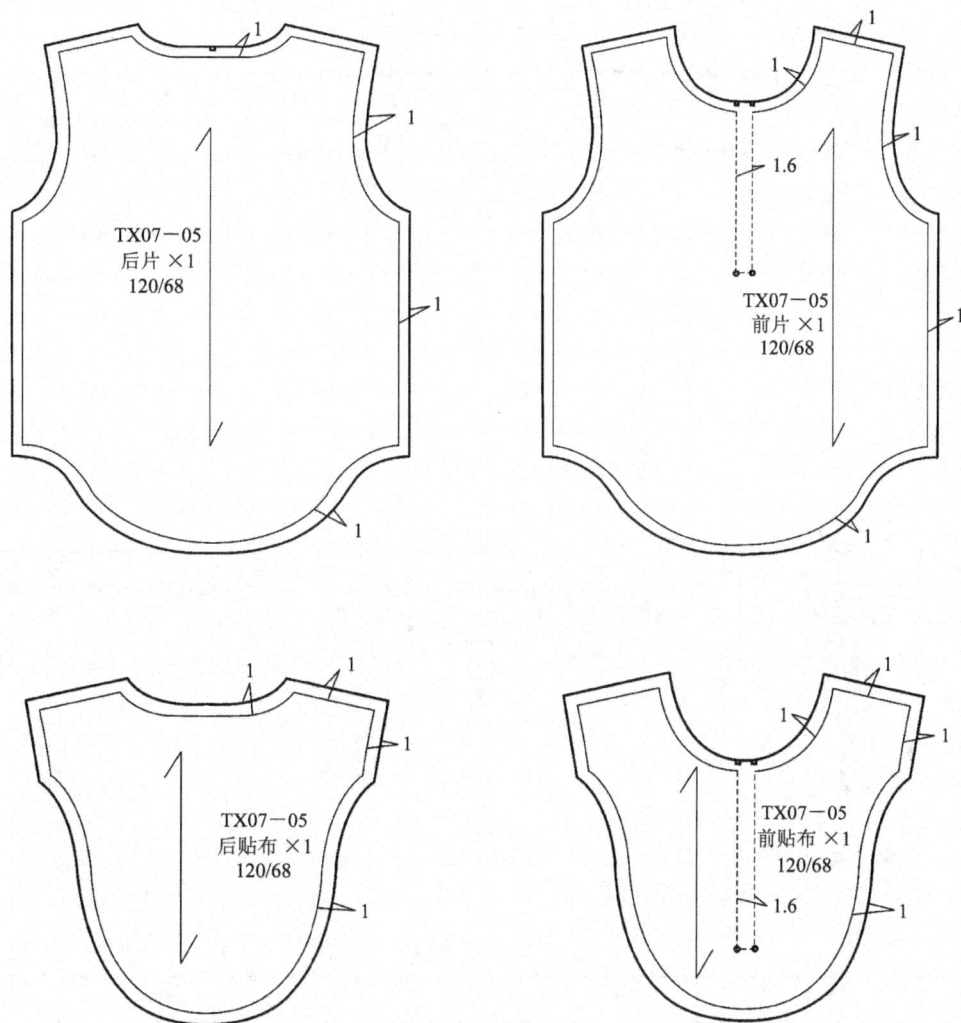

图3-88

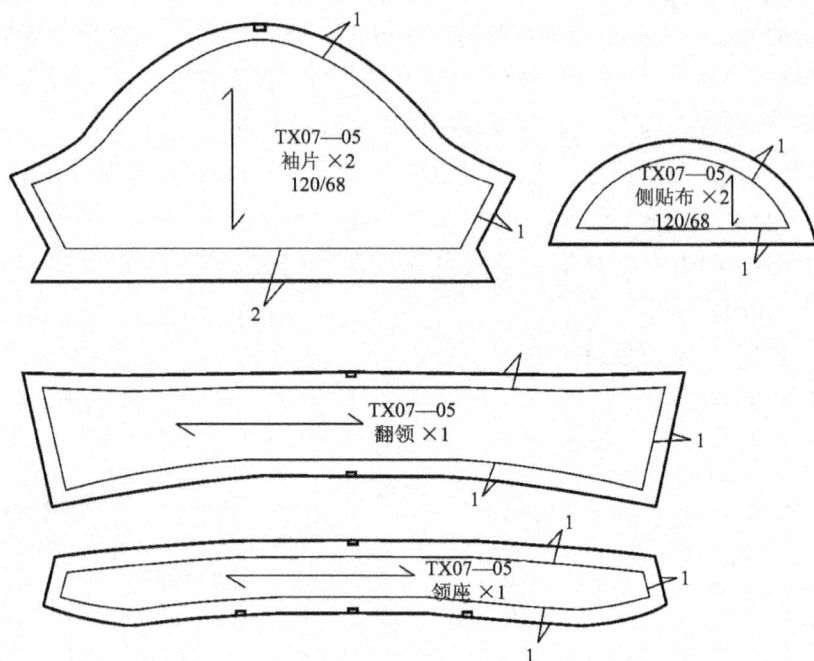

图 3 - 89

作业与指导

衬衫领的缝制

正面

图 3 - 90

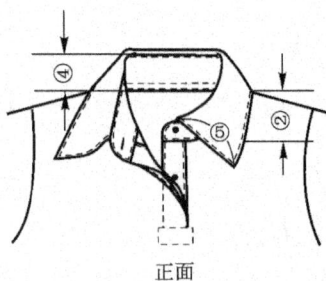

正面

图 3 - 91

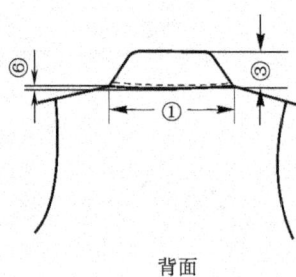

背面

图 3 - 92

表 3 - 46　成品规格
单位:cm

代　号	①	②	③	④	⑤	⑥
部位名称	领宽	前领深	翻领后高	领座后高	前领尖长	后领深
规格尺寸	15	7.5	4	3	6	1.5

要求:

1. 写出图 3 - 90 和图 3 - 91 两款领子的缝制工艺流程。

2. 1:5 制图(包括前后片领圈及领子,要求标注尺寸,线条符合要求,参见案例)。

3. 完成两款领子的缝制(要求规格尺寸及线迹符合要求)。

要点提示:

1. 图 3 - 91 的领子制作及绱领工艺参考第二章实训。

2. 图 3 - 90 的领子制作及绱领工艺参考图 3 - 91 的领子制作及绱领工艺。

实训二十一　插肩袖风帽衫的样板设计与生产工艺设计

一、款式说明

款式特征:下摆、袖口为罗纹,袖型为插肩袖,口袋为贴袋,装帽,如图 3 - 93 所示。

坯布成分:主料为 JC18.2tex × 2 + 58.3tex(32 英支/2 + 10 英支)半精梳毛圈布,克重为 320g/m²。

辅料:下摆、袖口罗纹为 JC27.8tex + 7.7tex(21 英支 + 70 旦)2 × 2 氨纶罗纹,克重为 360g/m²;商标(含尺码标)、洗涤标。

二、成品规格及测量部位

成品规格见表 3 - 47,测量部位见图 3 - 93。

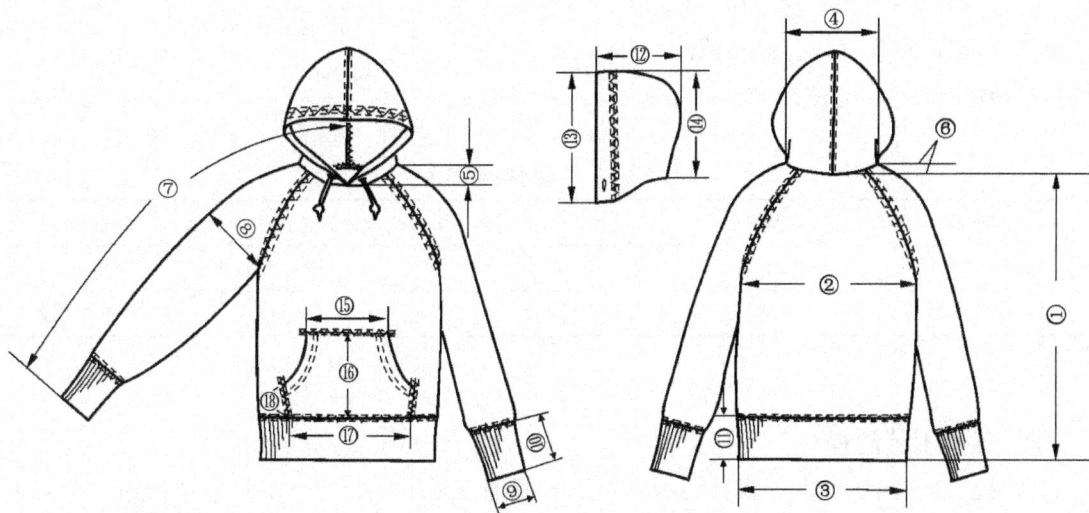

图 3 - 93

表 3 - 47　成品规格　　　　　　　　　　　　　　　　　　单位:cm

代　号	部位名称	规　格　尺　寸			档差	公差
		155/80A S	160/85A M	165/90A L		
①	后中长	59	61	63	2	±1
②	胸围/2	47.5	50	52.5	2.5	±1
③	下摆围/2	41.5	44	46.5	2.5	±1
④	领宽	18	18.5	19	0.5	±0.5
⑤	前领深	8	8.5	9	0.5	±0.5
⑥	后领深	2.5			0	±0.1
⑦	袖长	72	76	80	4	±1
⑧	袖肥	19	20	21	1	±0.5
⑨	袖口围/2	8.5	9	9.5	0.5	±0.5
⑩	袖口罗纹长	7			0	±0.1
⑪	下摆罗纹长	6.5			0	±0.1
⑫/⑬/⑭	风帽	24.25/36/28		25/37/29	0.75/1/1	±0.5
⑮/⑯/⑰/⑱	口袋	27.5/19.5/35.5/5.5		28/20/36/6	0.5/0.5/0.5/0.5	±0.5

三、缝纫线与缝纫用针要求

缝纫线要求:38.9tex×4(60英支/4),绷罗纹处的三针五线的面线为罗纹色,其余大身色涤纶线,钉商标配商标色涤纶线。

缝纫用针要求:见表 3 - 48。

表 3 - 48　缝纫用针要求

缝纫机种	平 缝 机	三线、四线包缝机	双针绷缝机	三线五针机
缝纫用针	9#	9#	9#	9#
针迹密度(针/2cm)	9.5	9~9.5	9.5	9~9.5

四、缝制工艺流程

帽檐锁眼→四线合帽→双针绷缝帽中缝→帽檐三针五线卷边→双针卷袋口边→三针五线绷口袋上口→口袋上口三针五线处平车打回针→三针五线绷口袋外侧→口袋外侧三针五线处平车打回针→平车拼合袖口罗纹、下摆罗纹→三线包缝绷插肩袖→绷袖处三针五线绷缝→四线包缝合大身→三线包缝分别绷袖口罗纹、下摆罗纹→袖口罗纹、下摆罗纹处三针五线绷缝→四线包缝绱帽→钉商标→穿帽绳。

五、缝制要求

1. 帽檐竖锁眼,眼大1cm(不连线迹),眼中心距帽檐和第一根针线居中。

2. 帽檐三针五线卷边2.5cm,卷边时注意宽窄一致,不能有毛边外露。

3. 双针卷袋口边2cm,三针五线绱口袋上口,毛边外露0.3cm,三针五线缉至口袋口外3cm处。

4. 平车口袋上口三针五线结尾处打竖回针0.6cm长,三针五线装饰线过袋边成品2.5cm,回针要打牢,以防水洗后松开。

5. 三针五线绱口袋外侧,毛边外露0.3cm,三针五线缉至口袋口外3cm处。

6. 平车口袋外侧三针五线处打横回针0.6cm长,三针五线装饰线过袋边成品2.5cm,回针要打牢,以防水洗后松开,如图3-94所示。

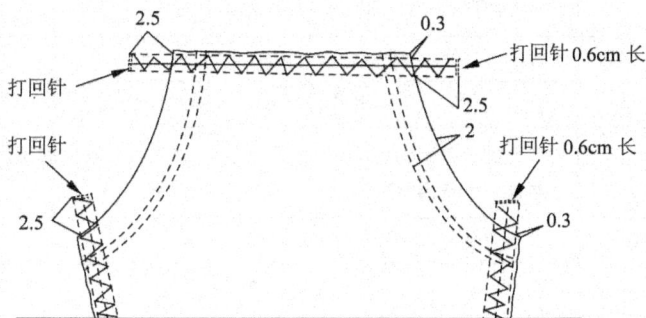

图3-94

7. 袖口、下摆及绱袖处为三针五线绷缝,所有用到三针五线的地方为配色涤纶线,罗纹处为罗纹色,钉商标配商标色涤纶线,其他大身色涤纶线。

8. 四线拷合绱帽片,帽檐重叠2cm,拷时注意松紧要一致。

9. 四线包缝合大身,注意袖底十字缝对齐。

10. 平车后中钉商标,钉于后中向下1cm处。

六、制图尺寸计算

以M号规格为例,采用规格演算法制图,制图时考虑坯布回缩率不考虑缝耗,制作裁剪样板时再把缝耗加进去。经测试,该坯布纵、横向回缩率均为2%。计算结果见表3-49。

七、制图

根据表3-49中计算所得尺寸,插肩袖T恤制图如图3-95和图3-96所示。制图步骤如下:

表 3－49　制图尺寸计算　　　　　　　　　　　　　　　　单位:cm

序　号	部　位	计　算　方　法	尺　寸
1	后中长	(衣长规格－罗纹长)÷(1－纵向回缩率)＝(61－6.5)÷(1－2%)	55.6
2	$\dfrac{胸围}{2}$	$\dfrac{胸围规格}{2}$÷(1－回缩率)＝50÷(1－2%)	51
3	领宽	领宽规格18.5。由于领宽部位在缝制过程中容易受到拉伸,故不考虑回缩率	18.5
4	前领深	前领深规格8.5。由于领深部位在缝制过程中容易受到拉伸,故不考虑回缩率	8.5
5	后领深	后领深规格2.5。由于领深部位在缝制过程中容易受到拉伸,故不考虑回缩率	2.5
6	袖长	(袖长规格－罗纹长7)－1。由于袖长在整烫过程中该面料容易受到拉伸而伸长,故不加回缩,还应减去1	68
7	袖肥	袖肥大规格÷(1－横向回缩率)＝20÷(1－2%)	20.5
8	袖口宽	袖口大规格÷(1－横向回缩率)＝9÷(1－2%)	9.5
9/10/11	风帽	风帽前长由于受双针绷缝的影响容易伸长,故不加回缩,帽宽和帽后长各加0.5cm回缩	24.75/36/28.5
12/13/14/15	口袋	口袋宽和高各加0.5cm回缩	28/20/36/5.5

1. 大身辅助线制图步骤(图 3－95):

①画基本线(前后中线),并在基本线上确定后中长尺寸,后中长为55.6cm。

②画下平线,在下平线上确定$\dfrac{胸围规格}{4}$,大小为25.5cm,并以此点为起点,画前后中线的平行线为侧缝线。

③画上平线:以后中长为基础,向上量取2.5cm画下平线的平行线为上平线,并在上平线上确定$\dfrac{领宽规格}{2}$,大小为9.25cm。

④画前领深线:以领宽点为起点,量取8.5cm,画上平线的平行线。

⑤画肩斜线:以领宽点为起点,取比值15:4确定肩斜度。

⑥以前后中线与上平线的交点为起点,量取袖长尺寸68cm,在肩斜线的延长线上确定一点为袖中线与袖口线的交点 A。

⑦画袖口宽:以 A 点为起点,量取袖口宽9.5cm 为袖底线与袖口线的交点 B。

⑧画袖肥:距离侧缝线3cm画侧缝线的平行线,量取袖肥20.5cm与侧缝线的平行线相交,交点为D;袖肥线与袖中线垂直,交点为C。

⑨以肩颈点为起点,在前领圈弧线上量取4cm为 E 点,用直线连接 DE。

⑩以 E 点为圆心,以 DE 的长度为半径,画弧线与侧缝线相交,交点为 F,用直线连

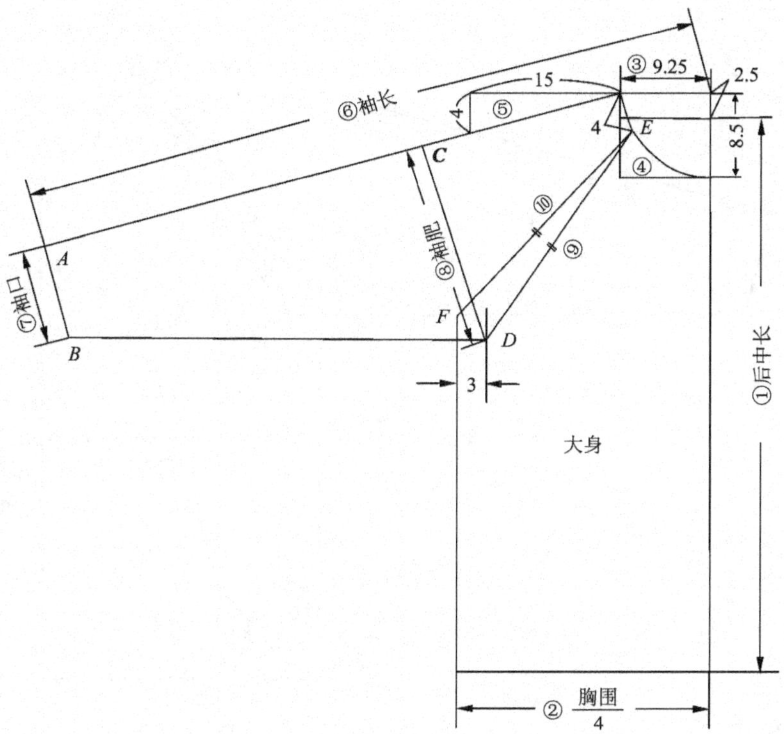

图 3 - 95　框架图

接 EF。

2. 大身结构线制图步骤(图 3 - 96):

①前后中线:按基本线,同时把基本线改为点画线。

②后领圈弧线:把后领宽分成两等份,从领肩点至后领中点画顺领弧线。

③前领圈弧线:从领肩点至前领中点通过角平分线上 3cm 点,画顺领弧线。

④袖中线:从领肩点连接至袖口点为袖中线。

⑤袖口线:按辅助线。

⑥袖窿弧线及袖山弧线:将直线 EF 分成三等份,离 E 点三分之一处凸出 0.8cm,KF 中点凹进 0.5cm,画顺弧线 $\overset{\frown}{EKF}$ 即为前袖窿弧线;测量 $\overset{\frown}{KF}$ 弧长,修正 F′ 点,使得 $\overset{\frown}{KF'}=\overset{\frown}{KF}$,画顺弧线 $\overset{\frown}{EKF'}$ 即为前袖山弧线;从肩颈点沿后领圈弧线量取 3cm 得点 G,画顺弧线 $\overset{\frown}{GKF}$ 即为后袖窿弧线;画顺弧线 $\overset{\frown}{GKF'}$ 即为后袖山弧线。

⑦袖底线:直线连接 BF′。

⑧侧缝线:按辅助线。

⑨底摆线:按辅助线。

⑩画口袋:在前后中线上,从下平线往上量20cm为口袋高,袋底宽18cm在下平线上,袋顶宽14cm画底边线的平行线,袋侧长5.5cm,画顺袋口弧线。

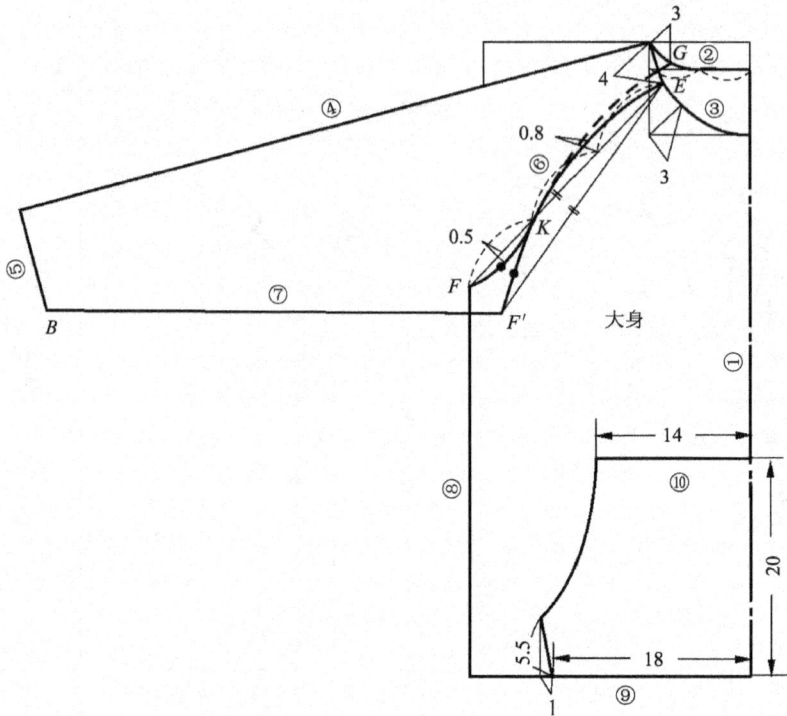

图 3 – 96

3. 帽子制图。帽子框架图及结构线完成图见图 3 – 97。

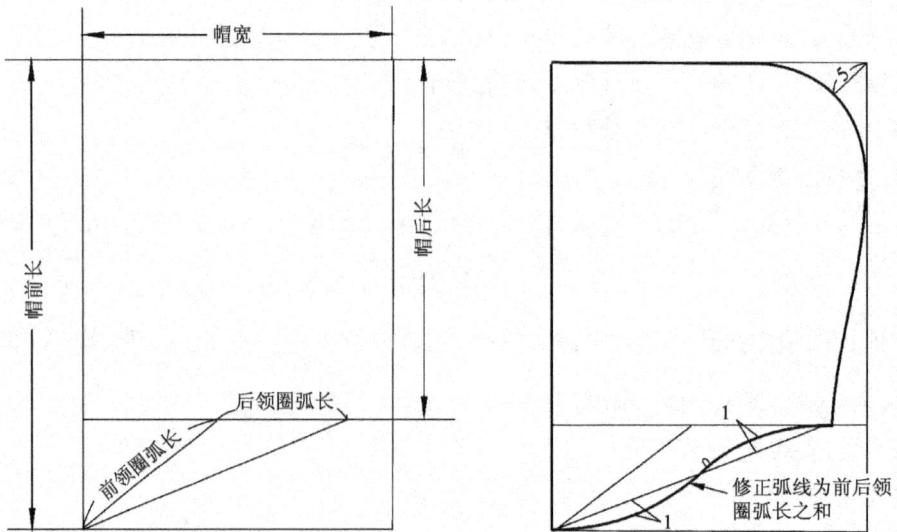

图 3 – 97　帽子制图

八、制图要领说明

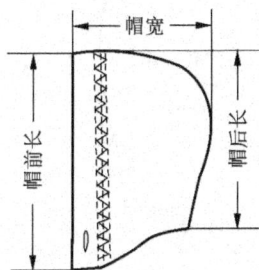
图 3 - 98

图 3 - 99

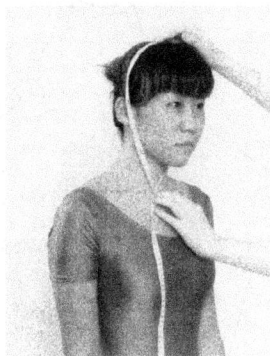
图 3 - 100

　　帽子相关部位尺寸确定:从前领围中心点开始通过头顶部再量至前领围中心点,加上必要的松量作为帽前长尺寸的依据,使用软尺自额头中央经过耳朵上方,绕脑后突出处围量一周的尺寸为头围,是帽宽尺寸的依据。

九、样板制作

　　从图 3 - 96 中分离出前片、后片、袖片及袋片,对制图加放缝份即成可供裁剪的毛样板。大身底边、侧缝、袖窿、领圈、袖山头为四线拷边合缝,缝份均为 1cm;帽中缝及帽底缝为四线拷缝,缝份均为 1cm,帽檐放缝份 3cm(折边宽 2.5cm + 余量 0.5cm);袋口缝为 2.5cm(折边宽 2cm + 余量 0.5cm),口袋上口及侧边缝份为 0(毛边),口袋下口缝份为 1cm。

　　在前片底边绱口袋处打上剪口;在前后领中心点、袖山前后交界处打上剪口;在前片袋位处打孔。

　　在样板上标注丝绺方向,并写明款式名称或款号、规格、衣片名称、衣片需裁剪的片数等,如图 3 - 101 和图 3 - 102 所示。

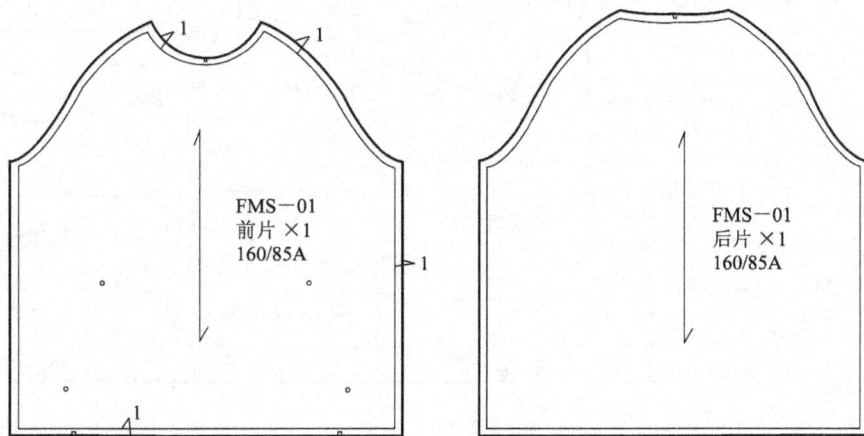
图 3 - 101

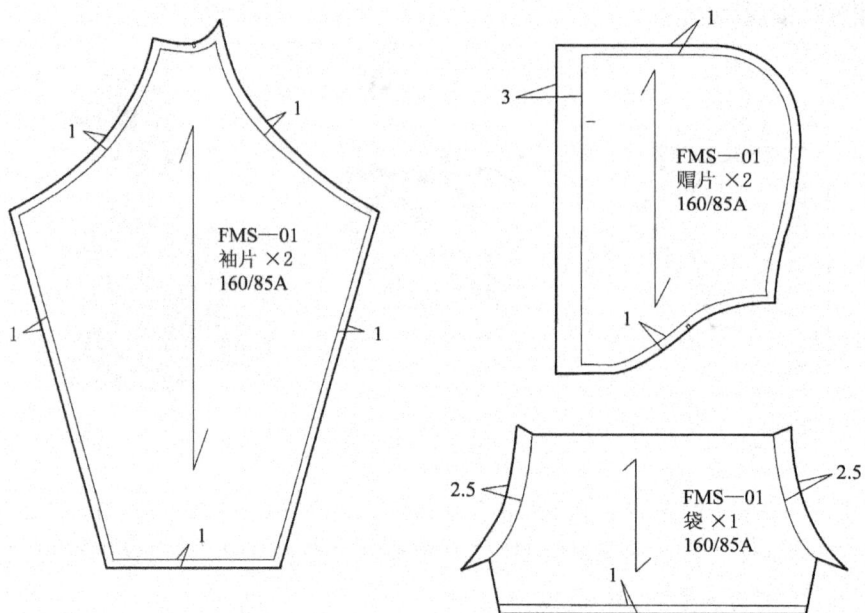

FMS—01
袖片 ×2
160/85A

FMS—01
帽片 ×2
160/85A

FMS—01
袋 ×1
160/85A

图 3 – 102

十、排料图

排料图见图 3 – 103 所示。

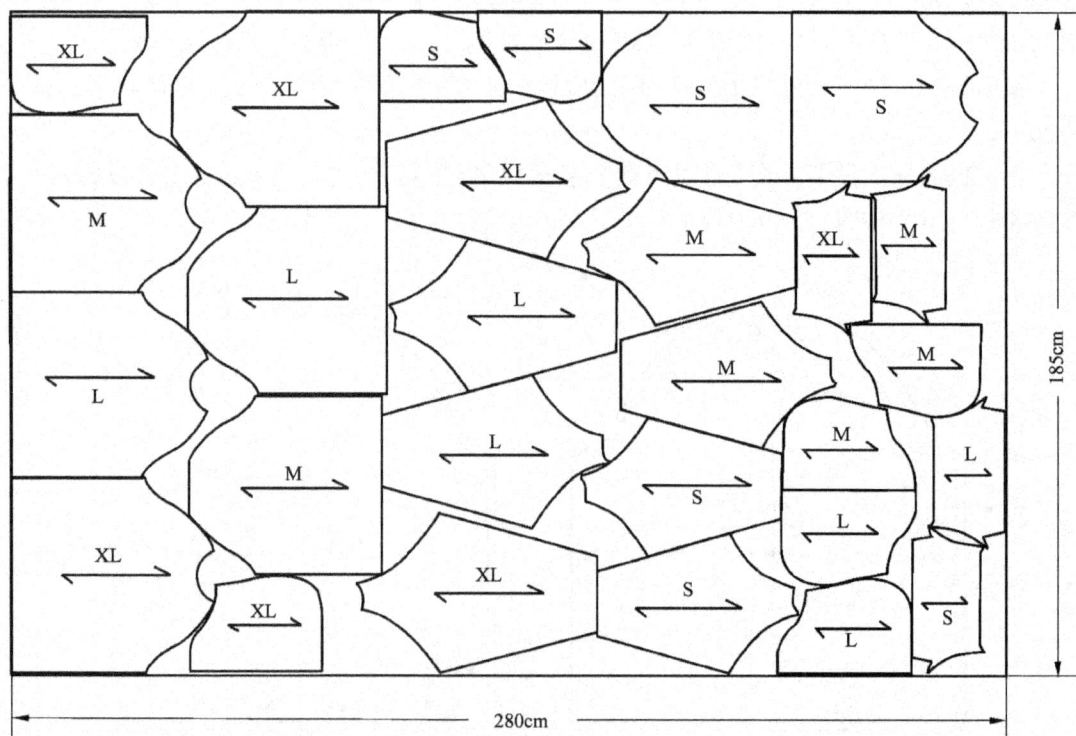

图 3 – 103

作业与指导

插肩袖短袖衫的打板及生产工艺设计

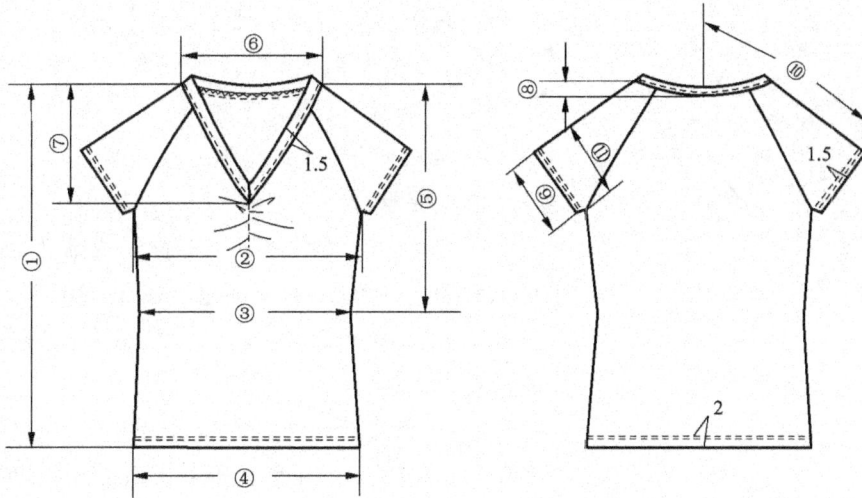

图 3 - 104

款式特征:领口为鸡心领、加边宽 1.5cm,下摆、袖口处卷边,下摆卷边宽 2cm,袖口卷边宽 1.5cm,插肩袖,前中心抽碎褶,腰略收(图 3 - 104)。

坯布成分:主料为 JC22.4tex(26 英支)汗布,克重为 160g/m²。

辅料:商标(含尺码标),洗涤标。

成品规格:见表 3 - 50。

表 3 - 50　成品规格　　　　　　　　　　　　　　　　单位:cm

代 号	部 位 名 称	规 格 尺 寸				公差
		S	M	L	XL	
①	衣长	55	57	59	61	±1.5
②	胸围	78	82	86	90	±1
③	腰围	74	78	82	86	±1
④	摆围	78	82	86	90	±1
⑤	腰节长	36.5	37	37.5	38	±0.5
⑥	领阔	19	20	21	22	±0.5
⑦	前领深	16.5	17	17.5	18	±0.5
⑧	后领深	3	3	3	3	±0.1
⑨	袖口围	28.5	29.5	30.5	31.5	±0.5
⑩	袖长	28	29	30	31	±0.5
⑪	袖肥	30	31	32	33	±0.5

要求:

1. 写出该款式的缝制工艺流程。

2. 写出该款式的缝制要求(包括用针、用线、线迹密度、缝迹类型、缝制具体要求等)。

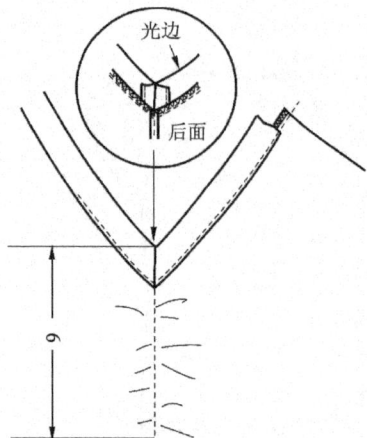

图 3-105

3. 用表格列出制图尺寸计算方法及结果。

4. 1:5 净样制图(包括前后身及袖子,要求标注尺寸,线条符合要求,参见案例)。

5. 样板制作(格式及要求参见案例)。

要点提示:

1. 前片中心抽碎褶,抽褶位置成品为前领口往下 9cm,褶量为 3.5cm,缝制要求见图 3-105。

2. JC22.4tex(26 英支)汗布的纵向回缩率和横向回缩率均为 2%。

3. 商标位于后领口中心,商标上口线与四线包缝平齐,两端缝合,左右宽松度为 0.5cm,品质标装钉位于左侧缝,距离底边 15cm。

实训二十二　插肩袖抽褶衫的样板设计与生产工艺设计

一、款式说明

款式特征:插肩袖,鸡心领,领口、袖山抽碎褶,胸部横向分割线抽细裥,底摆双针卷边,肩带采用缎带,胸前蝴蝶结装饰,后背装橡筋,见图 3-106。

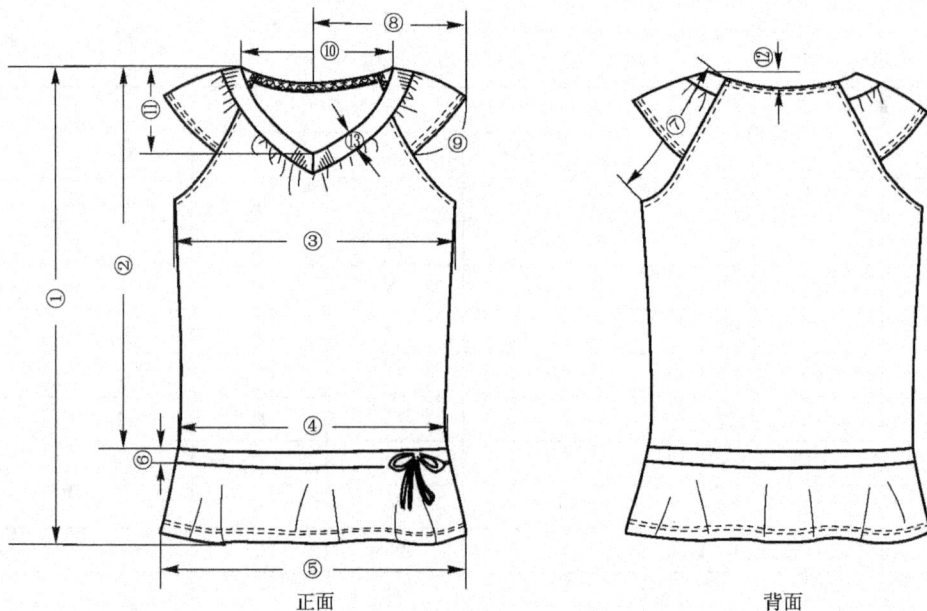

正面　　　　　　　　　　背面

图 3-106

坯布成分:主料为JC22.4tex(26英支)圆机汗布,克重为160g/m²,领口为横机罗纹。

辅料:缝纫线、商标(含尺码标)、洗涤标。

二、成品规格及测量部位

成品规格见表3-51,测量部位见图3-106。

表3-51　成品规格

单位:cm

代　号	部 位 名 称	规　格　尺　寸				公差
		145/72A	150/76A	155/80A	档差	
①	衣长	52	54	56	2	±1
②	腰长(低腰)	41	42	43	1	±1
③	$\dfrac{胸围}{2}$	36	38	40	2	±1
④	$\dfrac{腰围}{2}$	34	36	38	2	±1
⑤	$\dfrac{下摆围}{2}$	50	52	54	2	±1
⑥	腰带宽	2.5	2.5	2.5	0	±0.1
⑦	后袖窿弧长	19	20	21	1	±0.5
⑧	袖长	19	20	21	1	±0.5
⑨	袖口宽	12	13	14	1	±0.5
⑩	领宽	16.5	17	17.5	0.5	±0.5
⑪	前领深	9.5	10	10.5	0.5	±0.5
⑫	后领深	3.5	3.5	3.5	0	±0.1
⑬	领高	3.5	3.5	3.5	0	±0.1
	最小领拉量	57	58	59	1	±1

三、缝纫线与缝纫用针要求

缝纫线要求:面、底线均采用大身主色涤纶线,钉商标配商标色涤纶线。

缝纫用针要求:见表3-52。

表3-52　缝纫用针要求

缝纫机种	平 缝 机	四线包缝机	双针卷边机
缝纫用针	9#	9#	9#
针迹密度(针/2cm)	10	9~9.5	9~9.5

四、缝制工艺流程

双针卷袖口→平车袖山收褶→前领圈收褶→四线前片绱袖→平车做鸡心领→装鸡心领→双针卷后领圈→四线后片绱袖→四线装腰节→四线合下摆右侧缝→四线装下摆→四线合左侧缝→双针卷下摆→做蝴蝶结→钉蝴蝶结→钉商标。

五、缝制要求

1. 双针卷袖口,内折0.8cm,针距0.6cm,卷边宽窄一致,里缝不可空、毛。

2. 平车袖山收褶成13.6cm,收褶均匀。

3. 前领圈按刀口收褶成16.5cm,收褶均匀,左右对称。

4. 装前片袖,左右对称;袖窿内折压0.6cm单线,宽窄一致,不可拉断线,袖口处横封口。

5. 平车做鸡心领,针距加密,缝份烫分开,平车装领鸡心,鸡心居中,左右对称,不可歪斜。

6. 四线装鸡心领,刀口对齐,吃势均匀,左右对称,宽窄一致。

7. 平车后领中缝主标,洗涤标。

8. 双针卷后领圈,内折压0.8cm,针距0.6cm,卷边宽窄一致,里口不可空、毛。

9. 四线合后片与袖窿,左右对称,袖口前后对称,后领圈缝份后倒,平车刹针,长0.4cm×宽0.4cm。

10. 袖窿底内折压0.6cm单线,宽窄一致,四线合右侧缝,不可起吊。

11. 四线装腰节,弧度顺。

12. 四线合下摆右边缝。

13. 四线装下摆,腰节宽窄一致。

14. 四线合左侧缝,腰节对齐,腋下缝份倒向后片,平车刹针,长0.4cm×宽0.6cm。

15. 双针卷下摆,内折2cm,针距0.6cm,折边宽窄一致里口不可空、毛。

16. 1cm做腰节蝴蝶结绳,宽1cm,长40cm;叠蝴蝶结翅膀长4cm,尾巴长7.5cm。

17. 距左侧缝6cm处,平车腰节中间钉蝴蝶结,钉牢不可拉掉。

六、制图尺寸计算

以150/76号型规格为例,采用规格演算法制图,制图时考虑坯布回缩率不考虑缝耗,制作裁剪样板时再把缝耗加进去。经测试,该坯布纵、横向回缩率均为2.5%。计算结果见表3-53。

表3-53 制图尺寸计算 单位:cm

序 号	部 位	计 算 方 法	尺 寸
1	衣长	衣长规格÷(1-回缩率)=54÷(1-2.5%)	55.4
2	腰长	腰长规格÷(1-回缩率)=42÷(1-2.5%)	43
3	$\frac{胸围}{2}$	$\frac{胸围规格}{2}$÷(1-回缩率)=38÷(1-2.5%)	39
4	$\frac{腰围}{2}$	$\frac{腰围规格}{2}$÷(1-回缩率)=36÷(1-2.5%)	37

序 号	部 位	计 算 方 法	尺 寸
5	$\dfrac{下摆围}{2}$	$\dfrac{下腰围规格}{2}÷(1-回缩率)=52÷(1-2.5\%)$	53.2
6	后袖窿弧长	后袖窿弧长规格19。由于挂肩部位在缝制过程中容易受到拉伸,故不考虑回缩率	19
7	袖长	袖长规格20。由于袖长在缝制过程中容易受到拉伸,故不考虑回缩率	20
8	袖口宽	袖口宽规格÷(1-回缩率)=13÷(1-2.5%)	13.3
9	领宽	领宽规格17。由于领宽部位在缝制过程中容易受到拉伸,故不考虑回缩率	17
10	前领深	前领深规格10。由于领深部位在缝制过程中容易受到拉伸,故不考虑回缩率	10
11	后领深	后领深规格3.5。由于领深部位在缝制过程中容易受到拉伸,故不考虑回缩率	3.5

七、制图

根据表3-53中计算所得尺寸,插肩袖抽褶衫基本型制图如图3-107所示,前衣身褶

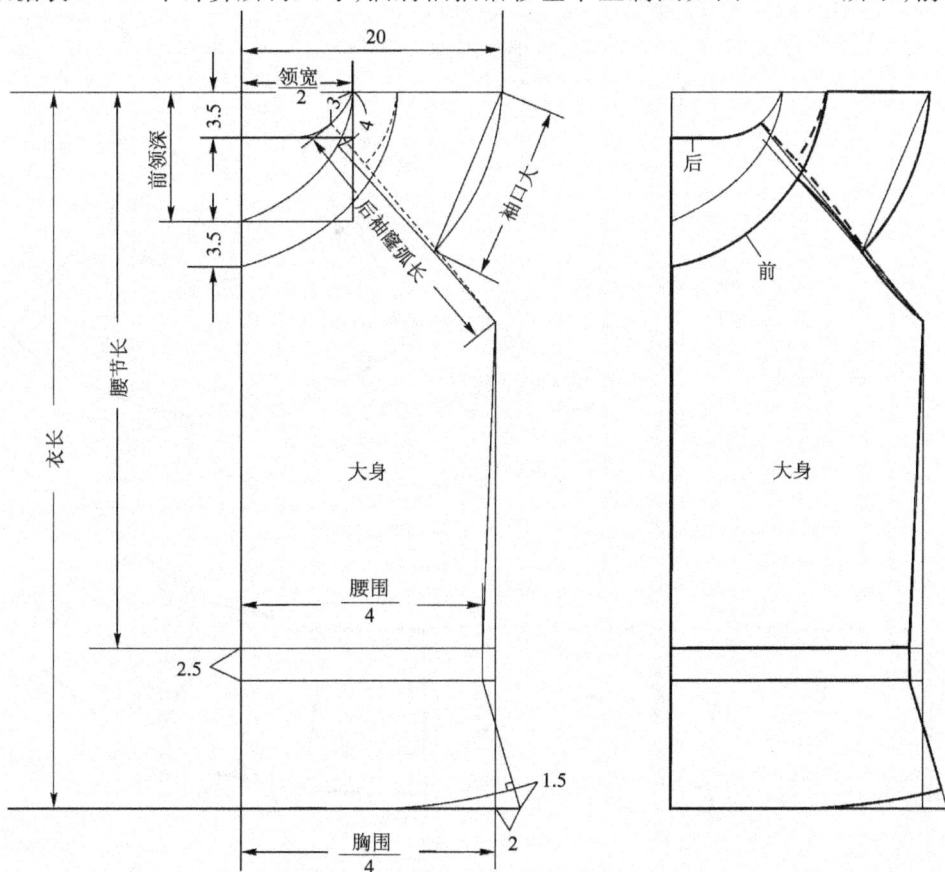

图3-107

量展开如图 3 - 108 所示,袖子褶量展开如图 3 - 109 所示,下摆褶量展开如图 3 - 110 所示。

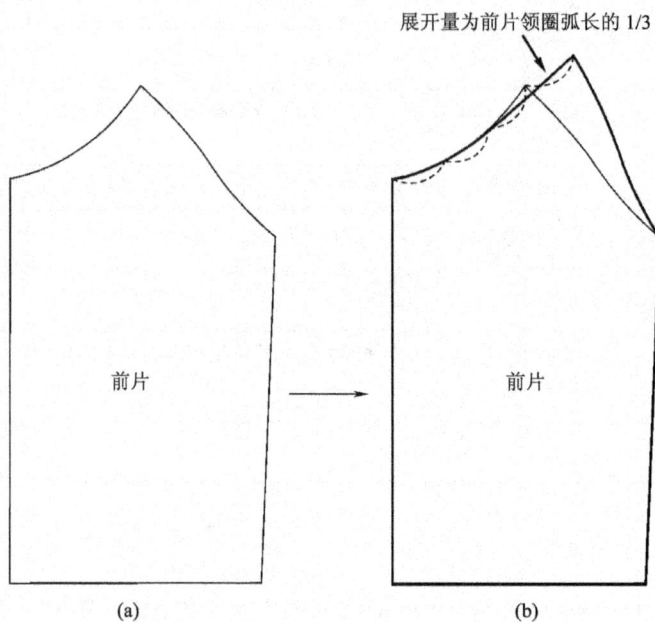

展开量为前片领圈弧长的 1/3

前片

前片

(a)

(b)

图 3 - 108

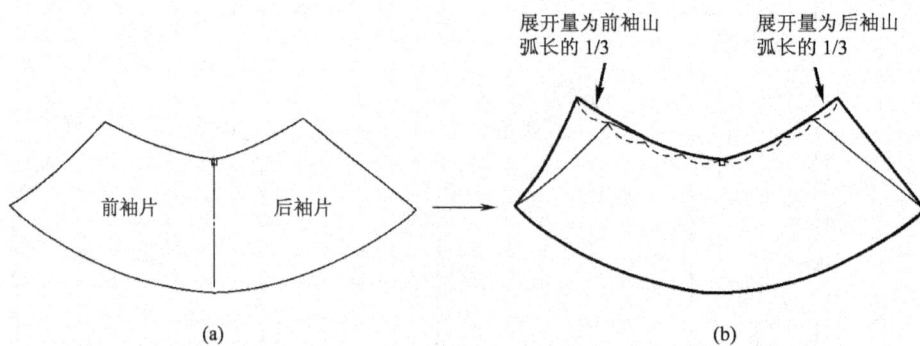

展开量为前袖山弧长的 1/3

展开量为后袖山弧长的 1/3

前袖片　后袖片

(a)

(b)

图 3 - 109

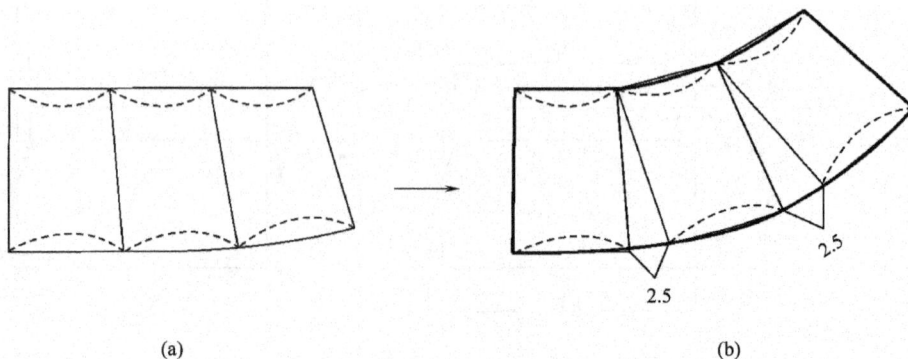

2.5

2.5

(a)

(b)

图 3 - 110

八、样板制作

对制图加放缝份即成可供裁剪的毛样板。缝份加放如下:下摆底边、袖口底边、后领口边放缝为 1.3cm(折边宽 0.8cm + 余量 0.5cm);其余放缝均为 1cm。

在底边 1.3cm 处、前领口中心处、袖山中点打对位剪口。

在样板上标注丝绺方向,并写明款式名称或款号、规格、衣片名称、衣片需裁剪的片数等,如图 3 – 111 和图 3 – 112 所示。

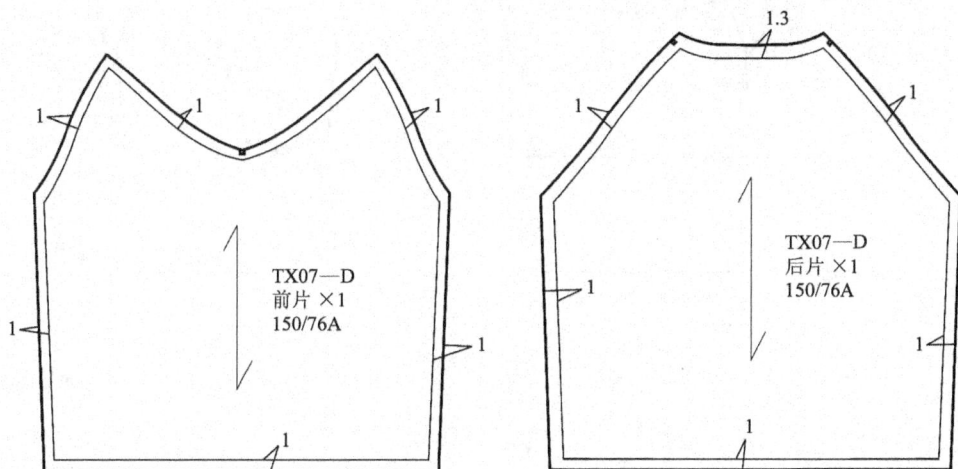

图 3 – 111

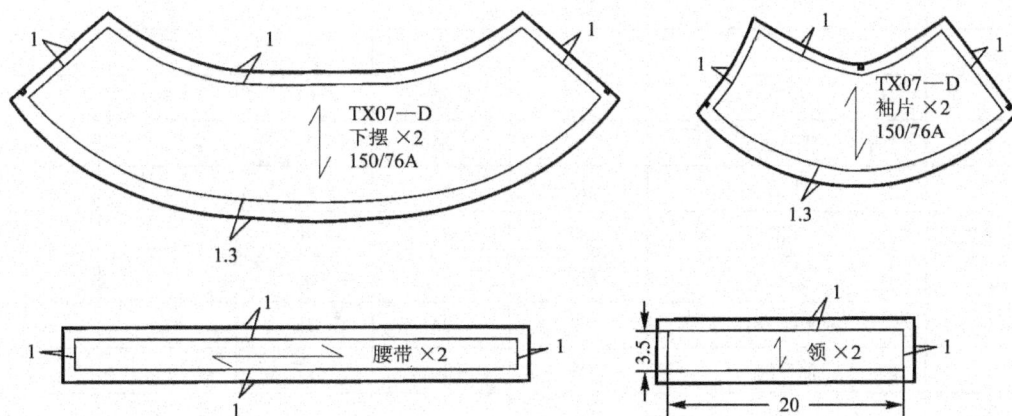

图 3 – 112

作业与指导

横向分割插肩袖的打板及生产工艺设计

款式特征:插肩袖,袖山及袖口收松紧;前后片横向分割,抽碎褶(图 3 – 113)。

坯布成分:主料为 JC22.4tex(26 英支)汗布,克重为 160g/m²。

辅料:商标(含尺码标),洗涤标。

成品规格:见表3-54。

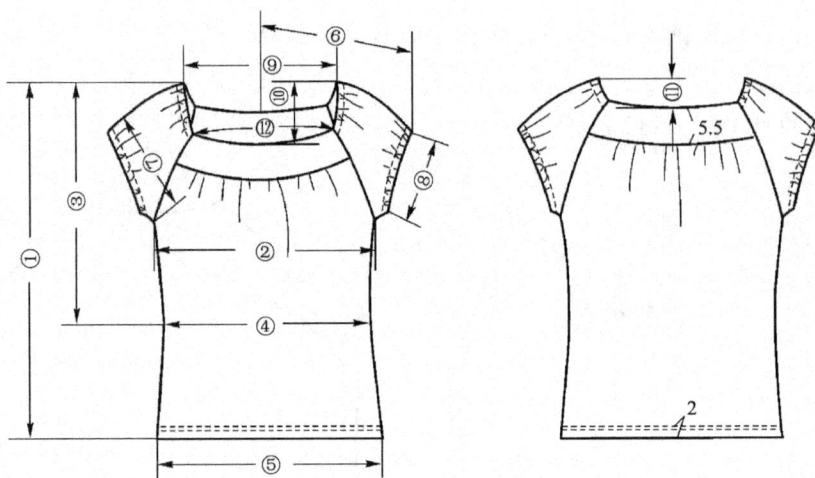

图 3-113

表 3-54 成品规格 单位:cm

代号	部位名称	规格尺寸			档差	公差
		155/80A S	160/84A M	165/88A L		
①	衣长	53	55	57	2	±1
②	胸围	79	86	91	5	±2
③	腰节长	35	36	37	1	±1
④	腰围	77	82	87	5	±2
⑤	摆围	80	85	90	5	±2
⑥	袖长	28.8	29.8	30.8	1	±0.5
⑦	袖肥(一周)	33	34	35	1	±0.5
⑧	袖口围	28	26	27	1	±0.5
⑨	领宽	23.5	24	25.5	0.5	±0.5
⑩	前领深	10	10.5	11	0.5	±0.2
⑪	后领深	5	5	5	0	±0.2
⑫	前衣片领口宽	19	20	21	1	±0.5
	前后袖山弧长	16.5	17	17.5	0.5	±0.5

要求:

1. 写出该款式的缝制工艺流程。

2. 写出该款式的缝制要求(包括用针、用线、线迹密度、缝迹类型、缝制具体要求等)。

3. 用表格列出制图尺寸计算方法及结果。

4. 1:5 制图(包括前后身及袖片,要求标注尺寸、线条符合要求,参见案例)。

5. 样板制作(格式及要求参见案例)。

要点提示:

1. 袖口及袖山折边明线宽 1cm,内装 0.5cm 宽松紧,如图 3 – 114 所示。

2. JC22.4tex(26 英支)汗布的纵横向回缩率均为 2.5%。

3. 前后片育克为双层折边。

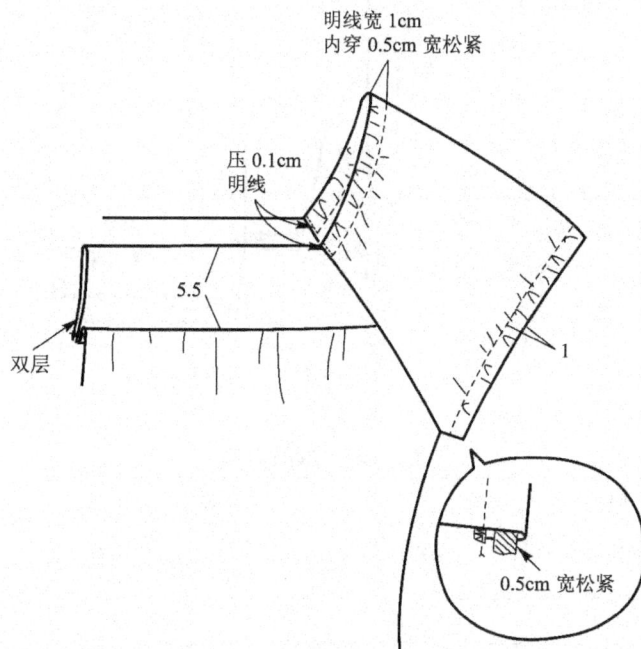

图 3 – 114

实训二十三　立领夹克的样板设计与生产工艺设计

一、款式说明

款式特征:立领,前开襟 8 粒扣,单嵌线直插袋,平装袖,领、袖口、下摆为罗纹,下摆罗纹与面料拼接,见图 3 – 115。

坯布成分:主料为 550g/m² 全棉绒布,领口、袖口、下摆为 1×1 横机罗纹。

辅料:缝纫线、商标(含尺码标)、洗涤标。

二、成品规格及测量部位

成品规格见表 3 – 55,测量部位见图 3 – 115。

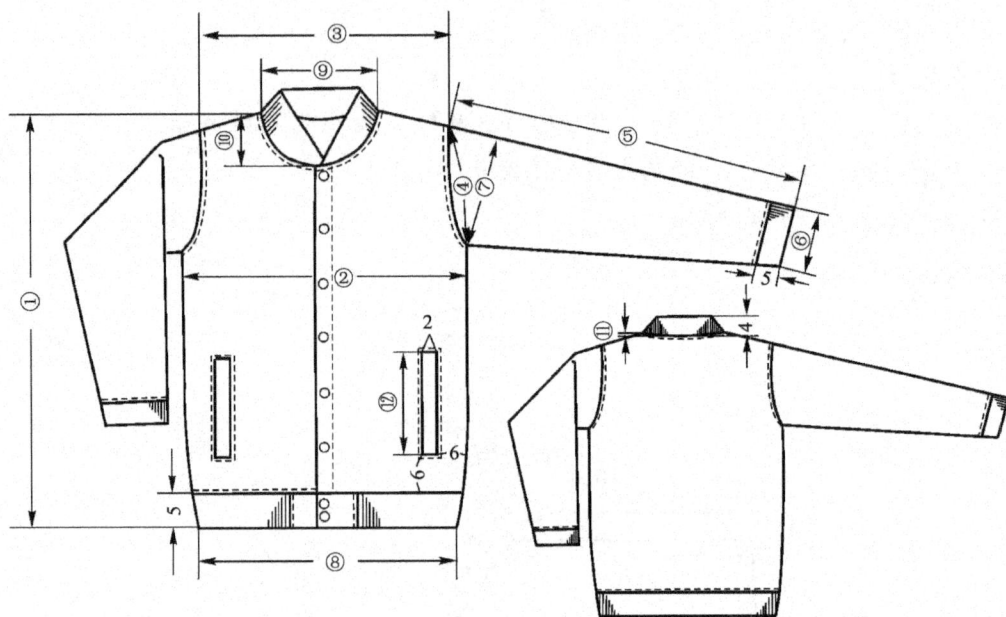

图 3 – 115

表 3 – 55　成品规格

单位:cm

代　号	部位名称	规　格　尺　寸			档差	公差
		165/84A S	170/88A M	175/92A L		
①	衣长	68	70	72	2	±1.5
②	胸围 2	54	56	58	2	±1
③	肩宽	46	47	48	1	±1
④	挂肩	25	26	27	1	±0.5
⑤	袖长	60.5	62	63.5	1.5	±1
⑥	袖口宽	8.5	9	9.5	0.5	±0.2
⑦	袖肥	24	25	26	1	±0.5
⑧	下摆围 2	47	49	51	2	±1
⑨	领宽	18.5	19	19.5	0.5	±0.5
⑩	前领深	7.5	8	8.5	0.5	±0.2
⑪	后领深	1.5	1.5	1.5	0	±0.1
⑫	袋长	15	15.5	16	0.5	±0.2

三、缝制工艺流程

烫衬→做斜插袋→四线拷合肩缝→挂面拷边→缂领→四线缂袖→四线合摆缝→拼合袖口罗纹→缂袖口罗纹→拼合下摆罗纹→四线缂下摆罗纹→锁眼、钉纽→钉商标。

四、缝制工艺流程及缝制要求

1. 袋嵌线、下摆拼块面、挂面粘无纺衬。

2. 做袋。两前片按样袋位各做一单嵌线袋,嵌线烫衬后对折烫平,净宽2cm,袋四周缂0.1cm明线,两层袋布四周四线拷合,外侧与门襟摘滴,下口牵袢做在下摆里。

3. 四线拷合肩缝,内衬牵肩带,两肩长短一致。

4. 连挂面,挂面外口四线拷边。

5. 缂领。横机领对折烫平,按眼位缂,前领夹在前片与挂面领口之间,后领与大身拷合,在大身上领周缂0.6cm明线,缂线缂到门里襟止口边。

6. 缂袖。四线缂袖,眼刀对准,在大身上袖窿一周缂0.5cm明线。

7. 合摆缝。四线拼合摆缝,拷缝平直,袖底十字缝对齐。

8. 四线拼合横机袖口,四线缂横机袖口,正面缂0.5cm明线在大身上。

9. 下摆横机对折烫平,夹在拼块面里之间拼合,正面缂0.6cm明线在拼块上。

10. 四线缂下摆,下摆前面夹在前片与挂面之间,后面与大身一周四线拷合,下摆一周缂0.6cm单线在大身上。

11. 挂面向里折进缂3cm单线,一直缂到下摆缝。

12. 配色四合纽共8粒,左门襟居中按眼位钉面纽,右门襟居中按眼位钉底纽,纽位如图3-116所示。

13. 主标夹在后领口居中,尺码标夹在主标位向左0.5cm处,洗涤标夹在左摆缝内侧底边向上净15cm处(含下摆)。

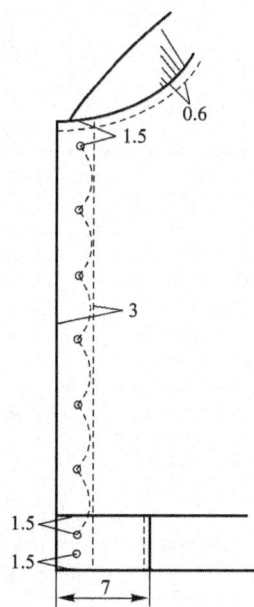

图 3 - 116

五、制图尺寸计算

以170/88A号型规格为例,采用规格演算法制图,制图时考虑坯布回缩率不考虑缝耗,制作裁剪样板时再把缝耗加进去。经测试,该坯布纵向回缩率为2.5%、横向回缩率为2.2%。计算结果见表3-56所示。

六、制图

根据表3-56中计算所得尺寸,立领夹克衣身制图如图3-118所示,袖子制图如图3-117所示,领子制图如图3-119所示。

表 3 - 56　制图尺寸计算　　　　　　　　　　　　　　单位:cm

序　号	部　位	计　算　方　法	尺　寸
1	衣长	衣长规格÷(1-纵向回缩率)=70÷(1-2.5%)	71.8
2	胸围/2	胸围规格/2÷(1-横向回缩率)=56÷(1-2.2%)	57.2
3	肩宽	肩宽规格47。由于肩宽部位在缝制过程中容易受到拉伸,故不考虑回缩率	47
4	挂肩	挂肩规格26。由于挂肩部位在缝制过程中容易受到拉伸,故不考虑回缩率	26
5	袖长	袖长规格62-罗纹长5-拉伸伸长0.5。由于袖长在整烫过程中该面料容易受到拉伸而伸长,故不加回缩,还应减去0.5	56.5
6	袖口宽	袖口宽规格9+回缩0.25	9.25
	袖口罗纹长	袖口罗纹长规格5+拉伸回缩0.4	5.4
7	袖肥	袖肥规格÷(1-横向回缩率)=25÷(1-2.2%)	25.6
8	下摆围/2	下摆围规格/2+回缩1	50
	下摆罗纹长	袖口罗纹长规格5+拉伸回缩0.4	5.4
9	领宽	领宽规格19。由于领阔部位在缝制过程中容易受到拉伸,故不考虑回缩率	19
10	前领深	前领深规格8。由于领深部位在缝制过程中容易受到拉伸,故不考虑回缩率	8
11	后领深	后领深规格1.5。由于领深部位在缝制过程中容易受到拉伸,故不考虑回缩率	1.5
12	口袋大小(长/宽)	不考虑回缩率	15.5/2
13	横机领罗纹长	罗纹领长规格4+拉伸回缩0.4	4.4

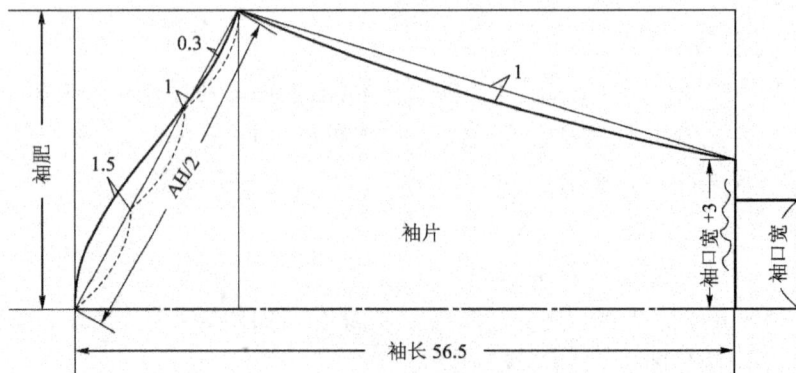

图 3 - 117

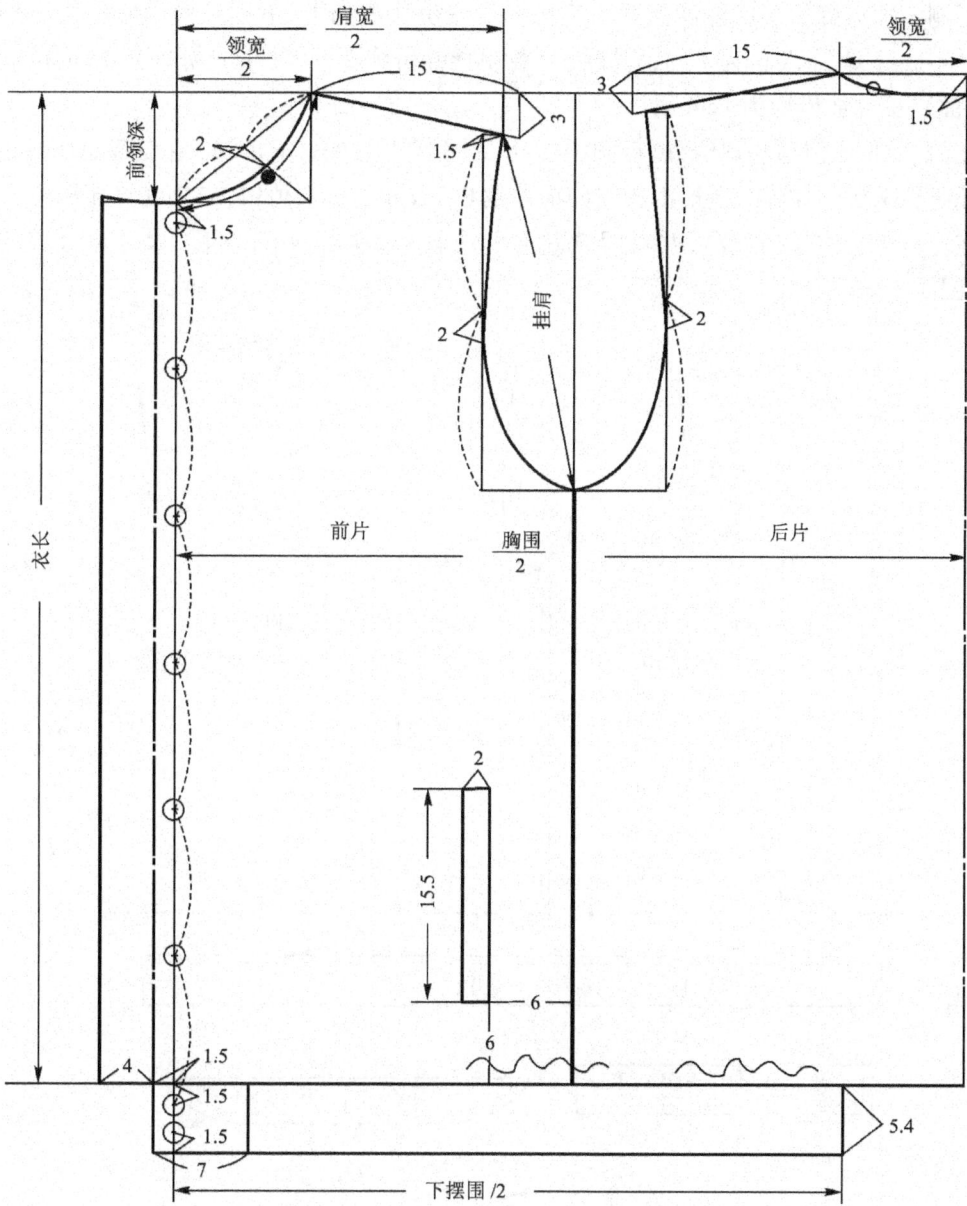

图 3 - 118

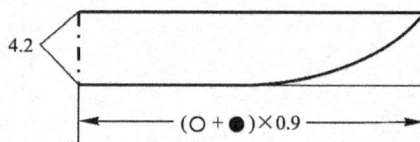

图 3 - 119

七、样板制作

对制图加放缝份即成可供裁剪的毛样板。缝份加放如下:下摆罗纹、袖口罗纹、领罗纹光边处不放缝,其余缝份为1cm;袋嵌线两端放缝缝份为2cm,其余缝份均为1cm;前后衣身(除挂面)、袖片缝份均为1cm。

在前中线处、门襟止口线处、后领中线处、装领线中心处打上剪口;由于后袖窿弧线比前袖窿弧线长1.5cm,因此,在袖山中点向前袖偏0.75cm处打上剪口;口袋处打孔标位。

在样板上标注丝绺方向,并写明款式名称或款号、规格、衣片名称、衣片需裁剪的片数等,如图3-120所示。

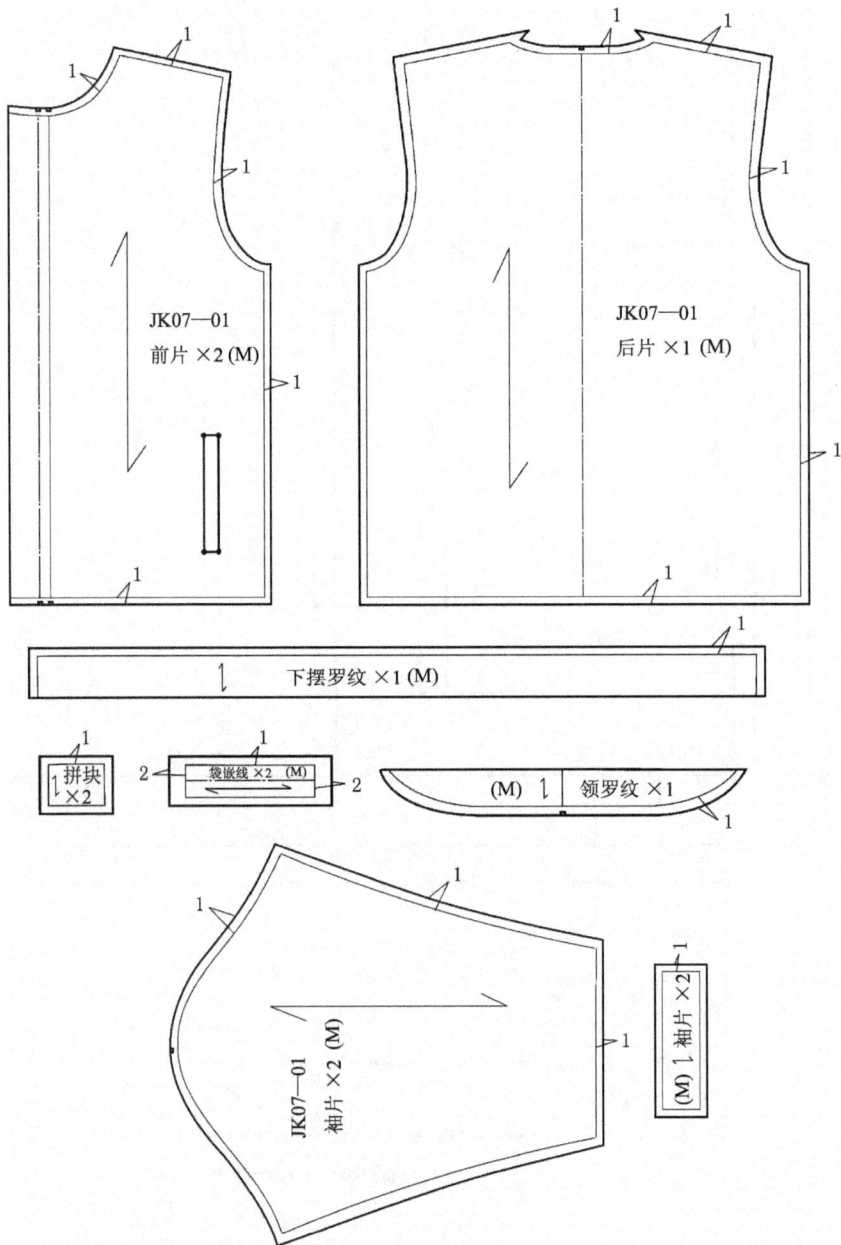

图 3-120

作业与指导

插肩袖立领外套的打板及生产工艺设计

款式特征:立领、插肩袖、斜插袋,领、袖口、下摆为横机罗纹,前门襟装拉链,下摆装拉链处、前门襟处三针五线装饰,袖窿装嵌条(图3-121)。

坯布成分:主料为18.2tex+2.2tex(32英支+20旦)弹力单面布,克重为200g/m²;领、袖口、下摆为18.2tex(32英支)1×1横机彩条罗纹,克重为230g/m²。

辅料:商标(含尺码标),洗涤标、29.1tex×3(60英支/3)涤纶线、拉链、嵌条、主吊牌等。

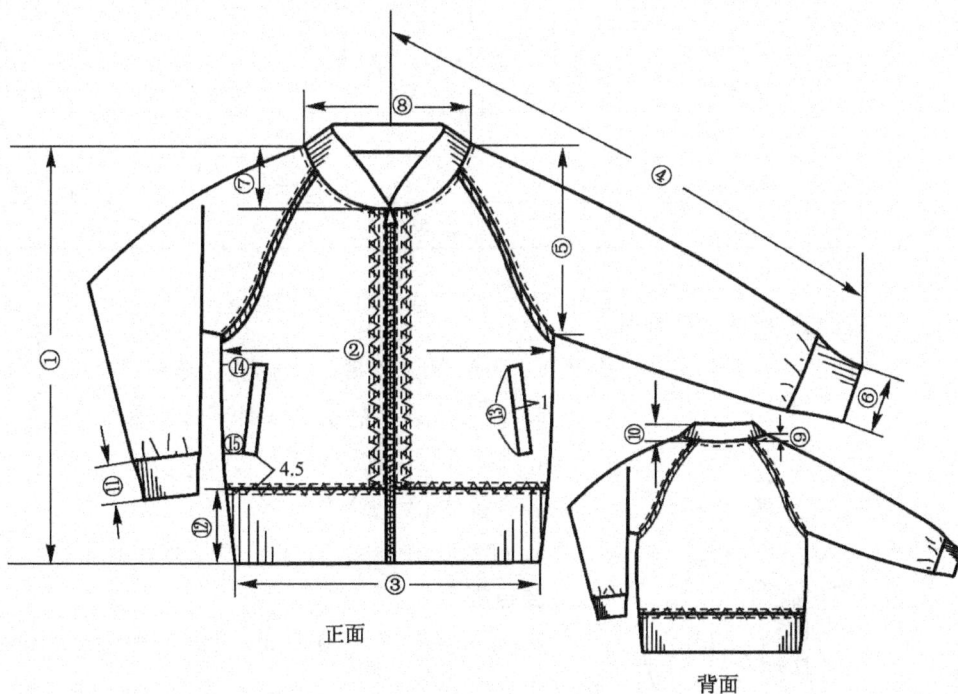

图3-121

成品规格:见表3-57。

表3-57 成品规格   单位:cm

代 号	部 位 名 称	规 格 尺 寸				公差
		140/72A	150/76A	160/80A	档差	
①	衣长	50	53	56	3	±1
②	胸围/2	42	44	46	2	±1
③	下摆围/2	34	36	38	2	±1
④	袖长	65.5	70.5	75.5	5	±1.5

代 号	部位名称	规 格 尺 寸				公差
		140/72A	150/76A	160/80A	档差	
⑤	袖窿深	19	20	21	1	±0.5
⑥	袖口宽/2	8.5	9	9.5	0.5	±0.5
⑦	前领深	5.75	6	6.25	0.25	±0.2
⑧	领宽	15.5	16	16.5	0.5	±0.5
⑨	后领深	2	2	2	0	±0.1
⑩	领罗纹高(后中)	5	5	5	0	±0.2
⑪	袖口罗纹高	5	5	5	0	±0.2
⑫	下摆罗纹高	8	8	8	0	±0.2
⑬	袋长	11.5	12	12.5	0.5	±0.2
⑭/⑮	袋位	8/5.3	8.5/5.8	9/6.3	0.5/0.5	±0.2

要求:

1. 写出该款式的缝制工艺流程。

2. 写出该款式的缝制要求(包括用针、用线、线迹密度、缝迹类型、缝制具体要求等)。

3. 用表格列出制图尺寸计算方法及结果。

4. 1:5制图(包括前后身、领、袖片,要求标注尺寸,线条符合要求,参见案例)。

5. 样板制作(格式及要求参见案例)。

要点提示:

1. 插肩袖嵌条宽0.3cm,袖窿压明线0.1cm;领圈压明线0.7cm。

2. 门襟装拉链处压明线0.1cm,离装拉链0.3cm处三针五线装饰,如图3-122所示。

3. 18.2tex+2.2tex(32英支+20旦)弹力单面布的纵向回缩率为2.5%,横向回缩率为2%。

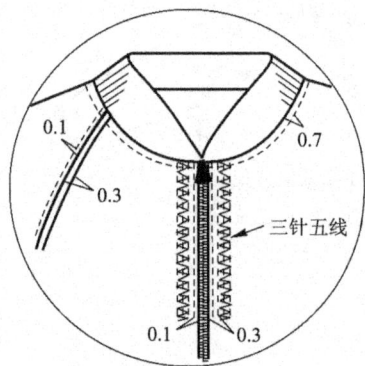

图3-122

实训二十四 运动衫的样板设计与生产工艺设计

一、款式说明

款式特征:翻领,前门襟装拉链,单嵌线斜插袋,连身袖,领、袖口、下摆为罗纹面料,见图3-123。

坯布成分:主料为丝盖棉组织,领口、袖口、下摆为1×1罗纹,100%棉。

辅料:缝纫线、商标(含尺码标)、洗涤标。

二、成品规格及测量部位

成品规格见表 3-58,测量部位见图 3-123。

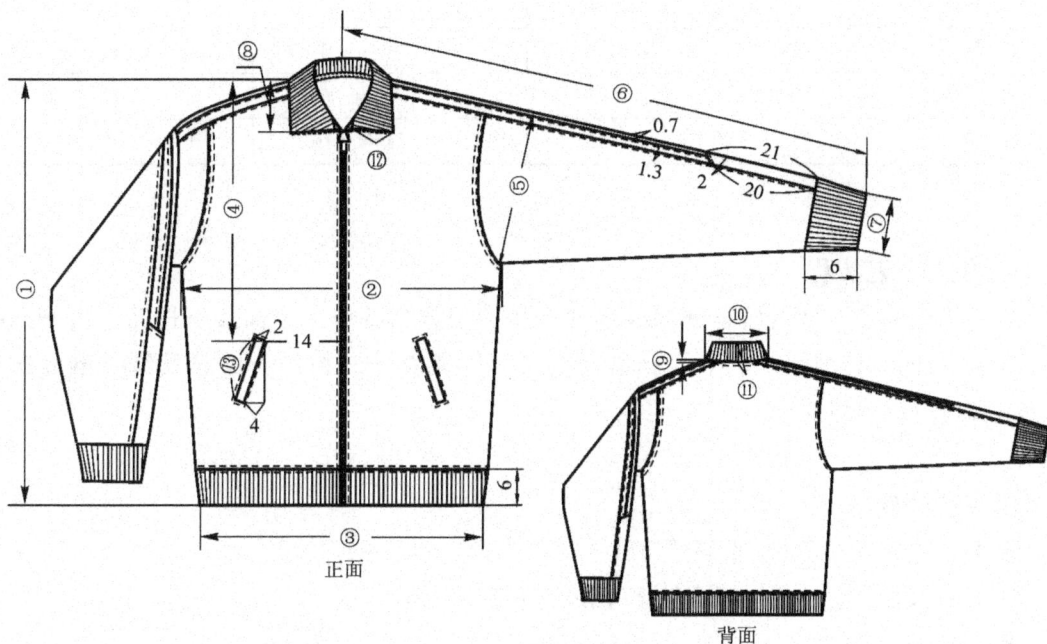

图 3-123

表 3-58　成品规格　　　　　　　　　　　　　　　　　单位:cm

代　号	部 位 名 称	规　格　尺　寸			档差	公　差
		155/80A S	160/84A M	165/88A L		
①	衣长	63	65	67	2	±1.5
②	$\frac{胸围}{2}$	50	52	54	2	±1
③	$\frac{摆围}{2}$	41	43	45	1	±1
④	袋位	33	33.5	34	0.5	±0.5
⑤	袖肥	23.5	24.5	25.5	1	±0.5
⑥	袖长	79	83	87	4	±1.5
⑦	袖口宽	10	10.5	11	0.5	±0.2
⑧	前领深	8	8.5	9	0.5	±2
⑨	后领深	2	2	2	0	±0.1
⑩	领宽	18	18.5	19	0.5	±0.2

代 号	部 位 名 称	规 格 尺 寸			档差	公 差
		155/80A S	160/84A M	165/88A L		
⑪	后领高	7	7	7	0	±0.1
⑫	领尖长	7	7	7	0	±0.1
⑬	口袋长	15	15.5	16	0.5	±0.2

三、缝制工艺流程

袖口罗纹拼接→做斜插袋→四线绱袖→拼袖子装饰条→绱装饰条→挂面拷边→绱领子→合大身,同时钉侧标→绱下摆→绱下摆处双针绷缝→装拉链→绱领及绱拉链处压明线→绱袖口罗纹→钉商标。

四、缝制要求

1. 袖口罗纹拼接(平车来回两道)。

2. 做挖袋(平缝),袋布四周合缝(四线拷克)。

3. 绱袖片(四线拷克),绱袖处绷缝(双针三线)。

4. 拼袖子装饰条(先四线包缝,后平车压线0.1cm)。

5. 绱装饰条(先四线拷克),压明线0.1cm(平缝)。

6. 挂面拷边(四线拷克),绱领子(四线拷克)同时放滚条。

7. 合大身(四线拷克),同时钉侧标。

8. 绱下摆(四线拷克),绱下摆处双针绷缝。

9. 装拉链(平缝)。

10. 绱领及绱拉链处压明线0.6cm。

11. 绱袖口罗纹(四线拷克)。

12. 袋布与挂面固定(平缝)。

13. 滚条压线0.1cm同时钉主标(平缝)。

五、制图尺寸计算

以160/84A号型规格为例,采用规格演算法制图,制图时考虑坯布回缩率不考虑缝耗,制作裁剪样板时再把缝耗加进去。经测试,该坯布纵横向回缩率均为2.2%。计算结果见表3-59。

六、制图

根据表3-59中计算所得尺寸,运动衫制图如图3-124所示。

表 3－59　制图尺寸计算　　　　　　　　　　　　　　　单位:cm

序号	部　位	计　算　方　法	尺寸
1	衣长	（衣长规格 － 下摆罗纹高）÷（1 － 纵向回缩率）=（65 － 6）÷（1 － 2.2%）	60.3
2	$\frac{胸围}{2}$	$\frac{胸围规格}{2}$ ÷（1 － 横向回缩率）= 52 ÷（1 － 2.2%）	53.2
3	下摆宽	$\left(\frac{下摆围规格}{2} + 回缩 1\right) \times 2 = (43 + 1) \times 2$	88
	下摆罗纹长	下摆罗纹长规格 6 × 2 ＋ 拉伸回缩 1	13
4	袋位	袋位规格 ÷（1 － 纵向回缩率）= 33.5 ÷（1 － 2.2%）	34.2
5	袖肥	袖肥规格 ÷（1 － 横向回缩率）= 24.5 ÷（1 － 2.2%）	25
6	袖长	袖长规格 83 － 袖口罗纹长 6 － 拉伸伸长 0.5。 由于袖长在整烫过程中该面料容易受到拉伸而伸长,故不加回缩,还应减去 0.5	76.5
7	袖口宽	袖口宽规格 10.5 ＋ 回缩 0.25	10.8
	袖口罗纹长	袖口罗纹长规格 6 × 2 ＋ 拉伸回缩 1	13
8	前领深	前领深规格 8.5。由于领深部位在缝制过程中容易受到拉伸,故不考虑回缩率	8.5
9	后领深	后领深规格 2。由于领深部位在缝制过程中容易受到拉伸,故不考虑回缩率	2
10	领宽	领宽规格 18.5。由于领宽部位在缝制过程中容易受到拉伸,故不考虑回缩率	18.5
11	领罗纹长	罗纹领长规格 7 × 2 ＋ 拉伸回缩 1	15

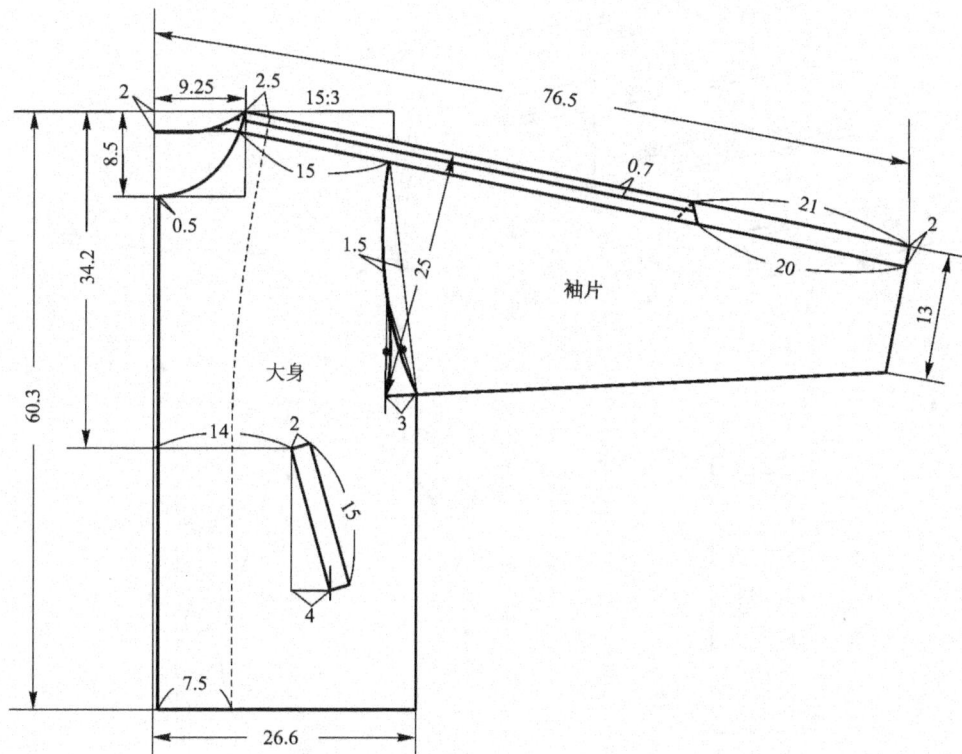

图 3－124

七、样板制作

对制图加放缝份即成可供裁剪的毛样板。缝份加放如下：下摆罗纹、袖口罗纹、领罗纹按计算所得尺寸另加放缝1cm；袋嵌条两端放缝为2cm；前后衣身、挂面、袖片、袖拼条放缝均为1cm；袋布、嵌条毛样板裁剪见图3-126所示。

在样板上标注丝绺方向，并写明款式名称或款号、规格、衣片名称、衣片需裁剪的片数等，如图3-125和图3-126所示。

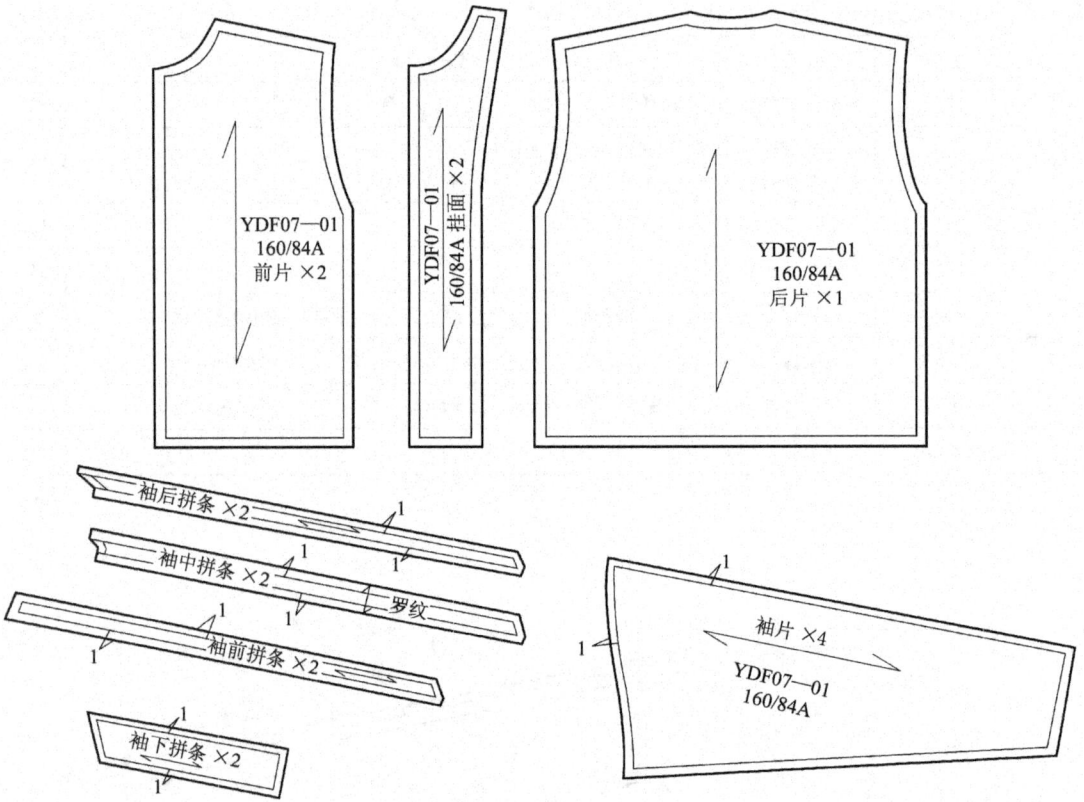

图 3-125

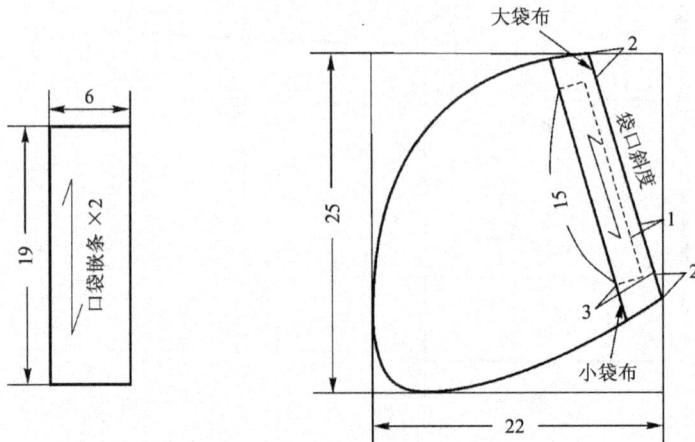

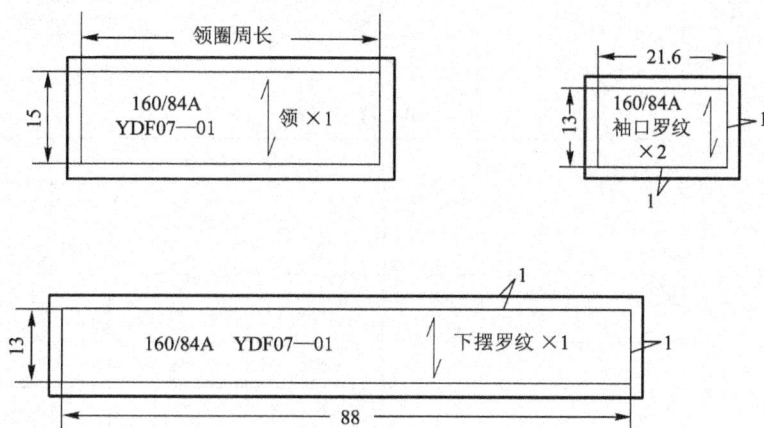

图 3 - 126

作业与指导

拉链风帽衫的打板及生产工艺设计

款式特征:大身及袖横向分割,胸部分割线以上前门襟装拉链,领口装风帽,袖口、下摆为罗纹,前胸、后片下摆处植绒印花 (图 3 - 127)。

坯布成分:主料为全棉水洗绒布,克重为 $550g/m^2$;袖口、下摆为 18.2tex(32 英支)1×1 罗纹,克重为 $230g/m^2$。

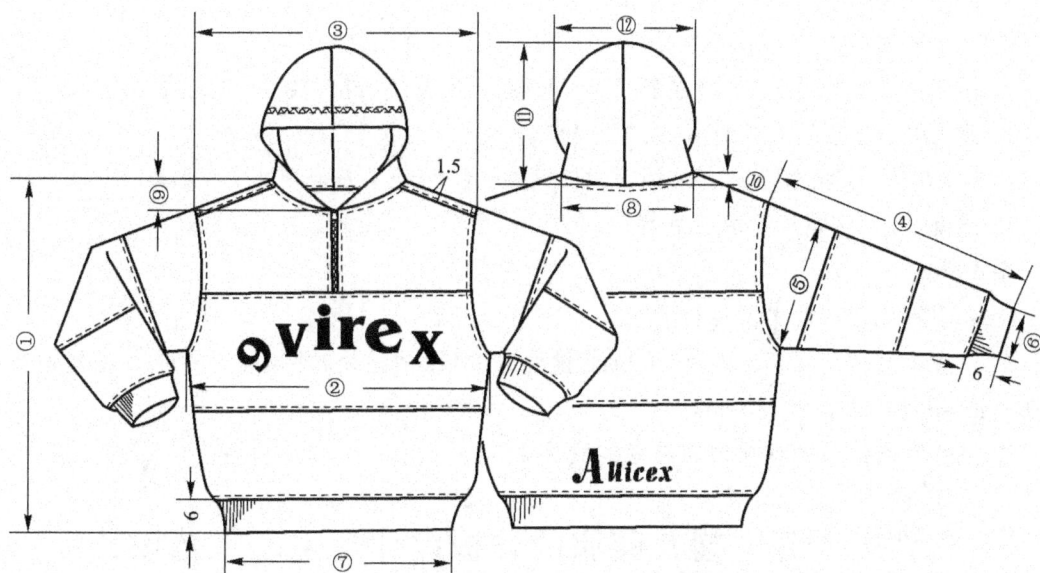

图 3 - 127

辅料:商标(含尺码标),洗涤标、29.1tex×3(60英支/3)涤纶线、拉链、主吊牌等。

成品规格:见表3-60。

表3-60 成品规格

单位:cm

代号	部位名称	规格尺寸				差
		M	L	XL	档差	
①	衣长	75	78	81	3	±1
②	胸围/2	60	63	66	3	±1
③	肩宽	54	56	58	2	±1
④	袖长	61	63	65	2	±1.5
⑤	袖肥	27	28	29	1	±0.5
⑥	袖口围/2	9	10	11	1	±0.5
⑦	摆围/2	46	49	52	3	±0.2
⑧	领宽	23	24	25	1	±0.5
⑨	前领深	5	5.5	6.5	0.5	±0.1
⑩	后领深	1.5	1.5	1.5	0	±0.2
⑪	帽高	35	36	37	1	±0.2
⑫	帽宽	25	26	27	1	±0.2

要求:

1. 写出该款式的缝制工艺流程。

2. 写出该款式的缝制要求(包括用针、用线、线迹密度、缝迹类型、缝制具体要求等)。

3. 用表格列出制图尺寸计算方法及结果。

4. 1:5制图(包括前后身、领、袖片,要求标注尺寸,线条符合要求,参见案例)。

5. 样板制作(格式及要求参见案例)。

要点提示:

1. 分割线位置按款式图自行设计。

2. 门襟装拉链处压明线0.5cm,其他横向分割线、袖窿处、袖口处、下摆、过肩处均缉明线0.5cm;帽檐折边宽为2.5cm。

3. 全棉水洗绒布的纵横向回缩率均设为2%。

实训二十五　婴儿爬服的样板设计与生产工艺设计

一、款式说明

款式特征:领型为氨纶罗纹小立领。前片胸围处横向分割,前中心开口,共有8粒纽扣。

左边腋下 7cm 起装商标(穿起计)。普通平装袖,袖口、脚口装氨纶罗纹。后片裆部拼一裆布,前片下端 3 粒纽扣与后裆布扣合形成裤腿。见图 3 – 128。

坯布成分:主料为 JC18.2tex(32 英支)棉毛布,克重为 190g/m²。

辅料:领子、袖口罗纹 JC29.2tex×2(40 英支/2)1×1 氨纶罗纹,克重为 250g/m²;纽扣;商标(含尺码、面料成分)。

二、成品规格及测量部位

成品规格见表 3 – 61,测量部位见图 3 – 128。

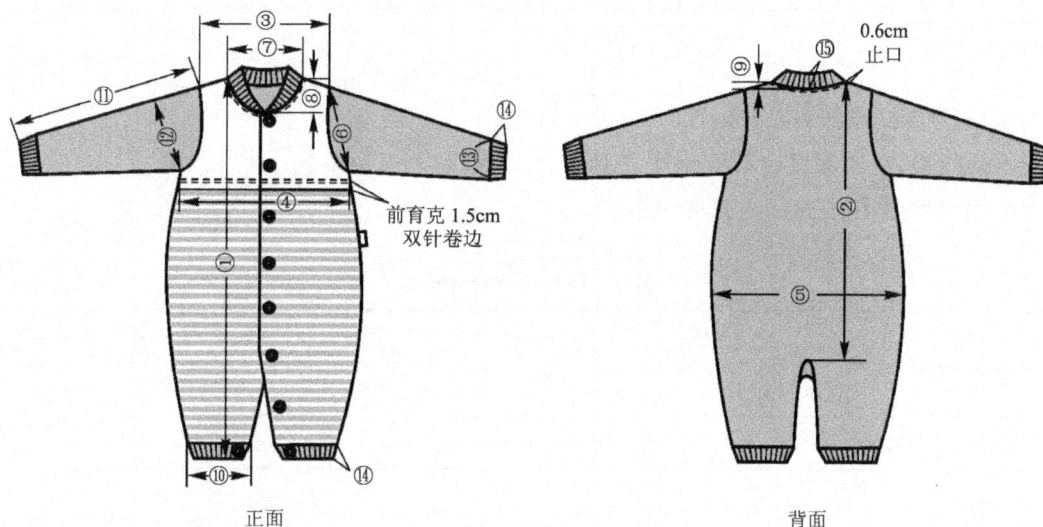

图 3 – 128

表 3 – 61 成品规格 单位:cm

代 号	部 位 名 称	规 格 尺 寸				公 差
		3 个月	6 个月	12 个月	档差	
①	衣长	46	56	66	10	±1
②	肩顶至裆	34	40	45	5	±0.5
③	肩宽	20	22	24	2	±0.5
④	胸围/2	26	28	30	2	±1
⑤	臀围/2	29	31	33	2	±1
⑥	挂肩	11	12	13	1	±0.5
⑦	领宽	10.5	11	12	1	±0.3
⑧	前领深	5	5.5	6	0.5	±0.3
⑨	后领深	1.5	1.5	1.5	0	±0.1

代号	部位名称	规格尺寸				公差
		3个月	6个月	12个月	档差	
⑩	脚口宽(拉量)	13	14	15	1	±0.5
⑪	袖长	20	23	26	3	±0.5
⑫	袖肥	10.5	11.5	12.5	1	±0.5
⑬	袖口宽(拉量)	8.5	9	9.5	0.5	±0.3
⑭	袖口、脚口罗纹高	2	2	2	0	±0.1
⑮	立领高	2.2	2.2	2.5	0.2	±0.1

三、缝纫线与缝纫用针要求

缝纫线要求:所有缝合部位采用大身C色涤棉线。

缝纫用针要求:见表3-62所示。

表3-62　缝纫用针要求

缝纫机种	平缝机	四线包缝机	双针卷边机	锁眼机	钉扣机
缝纫用针	11#	11#	11#	11#	12#
针迹密度(针/2cm)	9	8	8~9	—	—

四、缝制工艺流程

三线拷合前育克和前片→四线拷合后片和裆布→四线拷合左、右肩→平车绱领后四线拷光→四线拷合绱袖→四线拷合袖底缝和侧缝→四线拷合绱裤口罗纹→三线拷光裆布并折边→领圈和前中心压止口→钉商标。

五、缝制要求

1. 三线拷合前育克和前片,育克双针卷边1.5cm(线迹均匀顺直)。

2. 四线拷合后片和裆布(切边均匀顺直)。

3. 四线拷合左、右肩,后片放0.5cm宽纱带,缝份倒向后片。

4. 平车绱领后四线拷光。

5. 四线拷合绱袖,四线拷合袖底缝和侧缝(对齐十字缝,切边均匀顺直),右腋下7cm处夹缝商标(穿起计)。

6. 四线拷合绱脚口罗纹,三线拷光裆布并折边2cm,平车压1.5cm明线(线迹均匀顺直)。

7. 领圈压0.6cm明线(线迹均匀顺直)。

六、制图尺寸计算

以 3 个月大婴儿规格为例,采用规格演算法制图,制图时考虑坯布回缩率不考虑缝耗,制作裁剪样板时再把缝耗加进去。经测试,该坯布纵、横向回缩率均为 3% 。计算结果见表 3 – 63。

表 3 – 63　制图尺寸计算
单位:cm

序　号	部　位	计　算　方　法	尺寸
1	衣长	衣长规格 + 衣长规格×纵向回缩率 = 46 − 2(脚口罗纹高) + 44 ×3%	45.3
2	肩顶至裆	肩顶至裆 + 肩顶至裆×纵向回缩率 = 34 + 34 ×3%	35
3	$\dfrac{肩宽}{2}$	$\dfrac{肩宽规格20}{2}$。由于肩宽部位在缝制过程中容易受到拉伸,故不考虑回缩率	10
4	$\dfrac{胸围}{2}$	$\dfrac{胸围规格}{2} + \dfrac{胸围规格}{2}$×横向回缩率 = 13 + 13 ×3%	13.4
5	$\dfrac{臀围}{2}$	$\dfrac{臀围规格}{2} + \dfrac{臀围规格}{2}$×横向回缩率 = 14.5 + 14.5 ×3%	14.9
6	挂肩	挂肩规格11。由于挂肩部位在缝制过程中容易受到拉伸,故不考虑回缩率	11
7	$\dfrac{领宽}{2}$	$\dfrac{领宽规格10.5}{2}$。由于领宽部位在缝制过程中容易受到拉伸,故不考虑回缩率	5.25
8	前领深	前领深规格5。由于领深部位在缝制过程中容易受到拉伸,故不考虑回缩率	5
9	后领深	后领深规格1.5。由于领深部位在缝制过程中容易受到拉伸,故不考虑回缩率	1.5
10	脚口(拉量)	脚口规格13。属于小部位,不影响成衣的规格检测和验收,故不考虑回缩率	13
11	袖长	袖长规格 + 袖长规格×纵向回缩率 = 20 − 2(袖口罗纹高) + 18 ×3%	18.5
12	袖肥	袖肥规格10.5。属于小部位,不影响成衣的规格检测和验收,故不考虑回缩率	10.5
13	袖口宽(拉量)	袖口宽8.5。属于小部位,不影响成衣的规格检测和验收,故不考虑回缩率	8.5
14	袖口、脚口罗纹高	袖口、脚口罗纹高2。属于小部位,不影响成衣的规格检测和验收,故不考虑回缩率	2
15	立领高	立领高2.2。属于小部位,不影响成衣的规格检和测验收,故不考虑回缩率	2.2

七、制图

根据表 3 – 63 中计算所得尺寸,婴儿爬服前后片基本型制图及扣眼定位如图 3 – 129 所示,袖子、领子、裆布基本制图如图 3 – 130 所示。袖口罗纹、脚口罗纹尺寸在下面样板制作小节中直接计算。

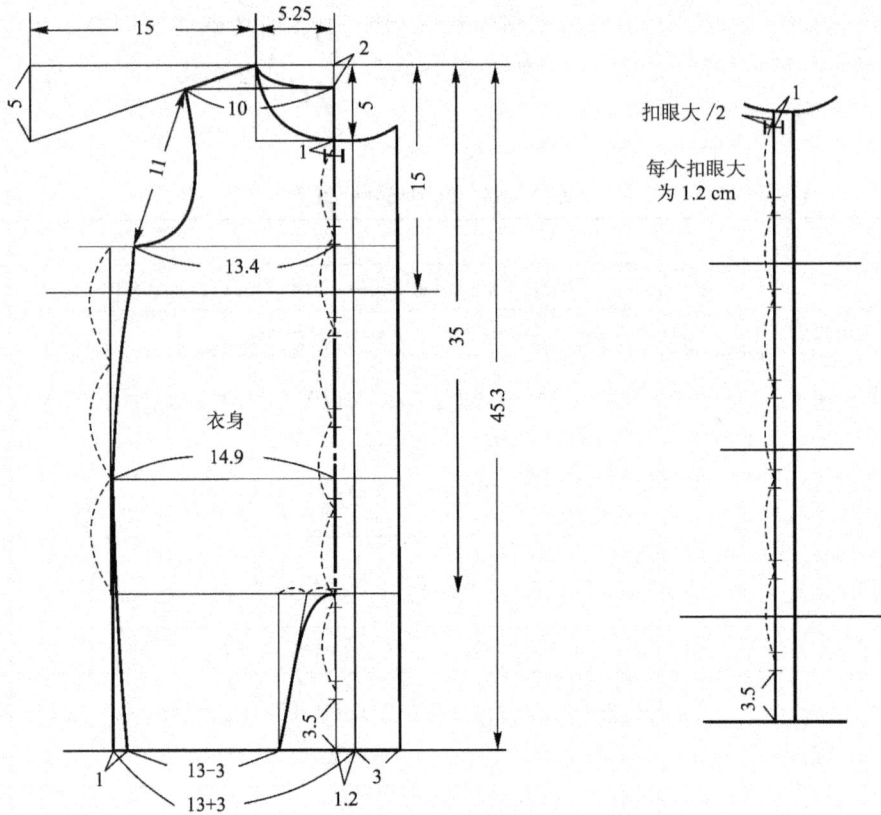

图 3－129

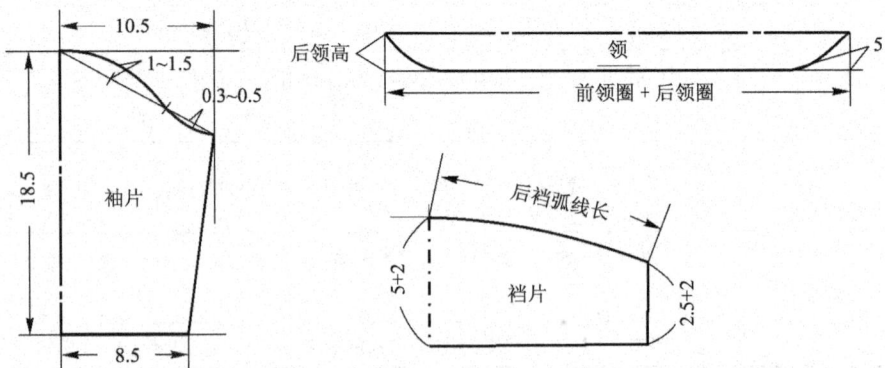

图 3－130

八、制图要领说明

1. 脚口处为了穿着时美观(即让脚口外侧的拼缝线和和内侧的扣眼向后倒),前后脚口宽按前脚口＋3cm,后脚口－3cm 来计算脚口宽尺寸。

2. 前中扣眼定位时先定第一粒横扣的位置再定最后一粒直扣的位置,为使 7 粒纽扣均匀分布,第一粒横扣以抬高 $\frac{1}{2}$ 的扣眼大点为起量点,最后一粒直扣眼位的中点为终止点,测出的长度进行 6 等分,再以等分点来定中间的 5 粒直扣眼位,如图 3 – 129 所示。

3. 衣身的袖窿弧线与袖子的袖山弧线等长,后衣身裆弧线与裆布的弧线等长,罗纹领的装领线与衣身的前后领弧线等长。

4. 袖口罗纹、脚口罗纹零部件形状简单,因此在制图中不进行尺寸计算。

九、样板制作

对制图加放缝份即成可供裁剪的毛样板。缝份加放如下:领圈、肩缝、袖窿、大身侧缝、后片裆部、袖山头、袖缝线、领子、裆布为四线拷边合缝,缝份均为 1cm;脚口、袖口四线拷边装罗纹,缝份为 1cm;前育克与前片的拼合处缝份为 1.5cm(折边宽 1.5cm)。

在前育克与前片折边 1.5cm 处打剪口;在前育克与前片的中心线与叠门线处打剪口;在前后衣片臀围线处打剪口;在后领中心点、领罗纹中心点、后片裆弧线中心点、裆布中心点、袖山头中点打剪口。

在样板上标注丝缕方向,并写明款式名称或款号、规格、衣片名称、衣片需裁剪的片数、衣片颜色等,见图 3 – 131 ~ 图 3 – 133。

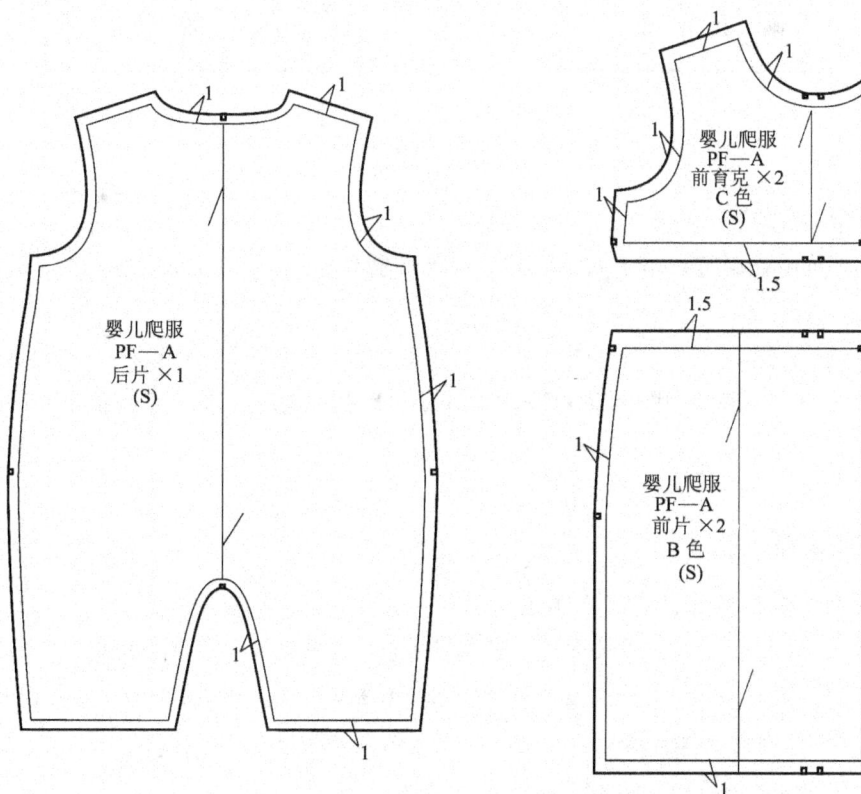

图 3 – 131

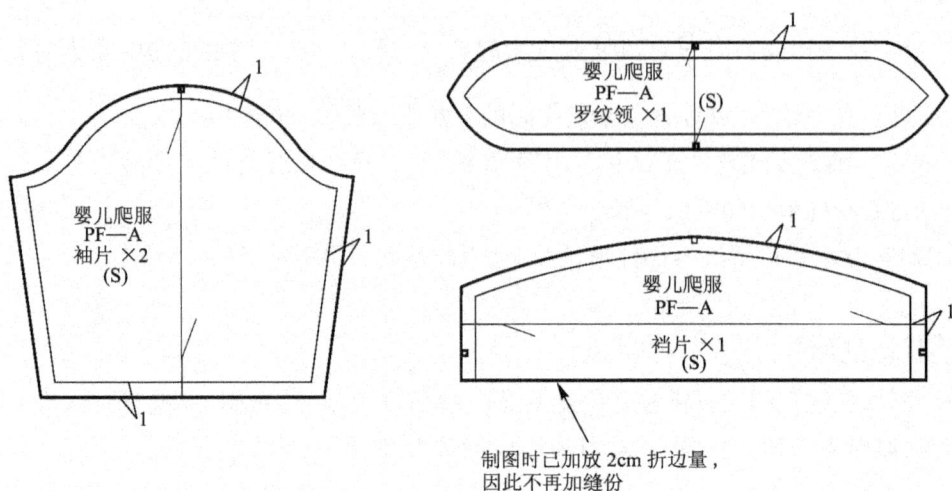

图 3 – 132

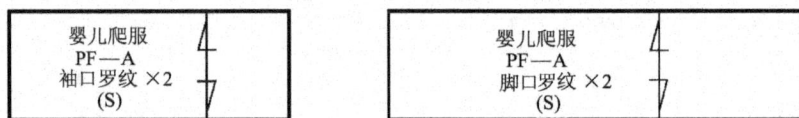

图 3 – 133

袖口罗纹(毛样):

长度:8.5cm(袖口宽尺寸)×2×80% +2cm(缝份);宽度:2cm(罗纹高)×2 +2cm(缝份)。

脚口罗纹(毛样):

长度:13cm(脚口宽尺寸)×2×80% +2cm(缝份);宽度:2cm(罗纹高)×2 +2cm(缝份)。

作业与指导

背心式婴儿爬服的打板及生产工艺设计

款式特征:领口、袖口单针双面光本身布滚边。前中开口钉4粒扣,前右片有小贴袋。前后片有纵向分割,侧拼块用 B 色面料。脚口2cm 高双针卷边,针距0.6cm(图 3 – 134)。

坯布成分:主料为 JC13.9tex(42 英支)汗布,克重为100g/m²。

辅料:商标(含尺码标),洗涤标。

成品规格:见表 3 – 64 所示。

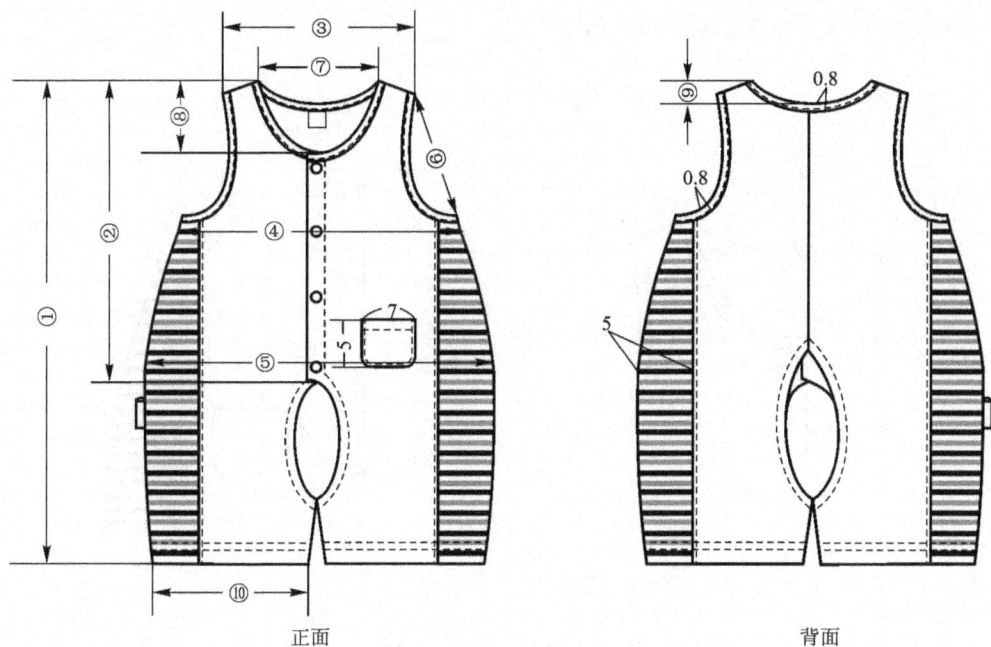

正面　　　　　　　　　　　　背面

图 3 - 134

表 3 - 64　成品规格　　　　　　　　　　　　　　　　　　单位:cm

代号	部位名称	尺　寸	代号	部位名称	尺　寸
①	衣长	45	⑥	挂肩	11.5
②	肩顶至裆	27	⑦	领宽	13
③	肩宽	21	⑧	前领深	6
④	胸围/2	31	⑨	后领深	2
⑤	臀围/2	38	⑩	脚口宽	16

要求:

1. 写出该款式的缝制工艺流程。

2. 写出该款式的缝制要求(包括用针、用线、线迹密度、缝迹类型、缝制具体要求等)。

3. 用表格列出制图尺寸计算方法及结果。

4. 1:5 制图(包括前后身、贴袋、门襟贴边、领及袖口的滚边,要求标注尺寸,线条符合要求,参见案例)。

5. 样板制作(格式及要求参见案例)。

要点提示:

1. 此款背心式婴儿爬服门襟贴边为拼接做法,而案例的挂面是直接与前片连在一起的,打样时应注意区分。

2. JC13.9tex(42 英支)汗布的纵向回缩率和横向回缩率均为 2%。

3. 后领商标及贴袋定位见图 3 – 135 所示。

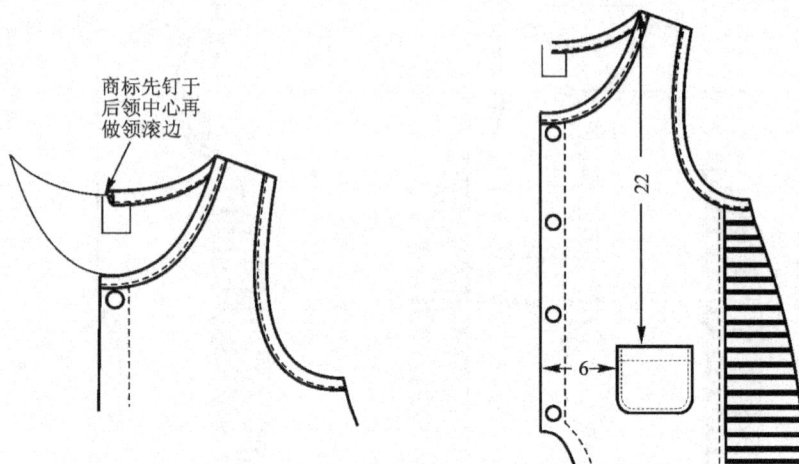

图 3 – 135

实训二十六　吊带衫的样板设计与生产工艺设计

一、款式说明

款式特征:领口、袖窿镶蕾丝花边,胸部横向分割线抽细褶,底摆双针卷边,肩带采用缎带,胸前蝴蝶结装饰,后背装橡筋,如图 3 – 136 所示。

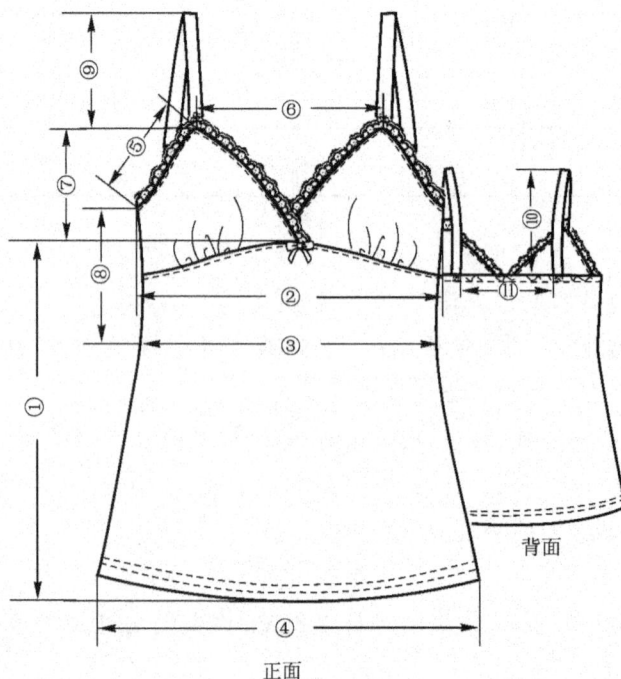

图 3 – 136

坯布成分:主料为 27.8tex(21 英支)弹力布。

辅料:蕾丝花边、缎带、橡筋,商标(含尺码标)、洗涤标。

二、成品规格及测量部位

成品规格见表 3 -65,测量部位见图 3 -136。

表 3 -65　成品规格　　　　　　　　　　　　单位:cm

| 代　号 | 部位名称 | 规　格　尺　寸 | | | 档差 | 公差 |
		155/80A S	160/84A M	165/88A L		
①	前中长	28	30	32	2	±1
②	$\dfrac{胸围}{2}$	39.5	42	44.5	2.5	±1
③	$\dfrac{腰围}{2}$	35.5	38	40.5	2.5	±1
④	$\dfrac{摆围}{2}$	41.5	44	46.5	2.5	±1
⑤	挂肩	11	12	13	1	±0.5
⑥	前领宽	22.5	23	23.5	0.5	±0.5
⑦	前领深	13.5	14	14.5	0.5	±0.5
⑧	胸围至腰长	16	16.5	17	0.5	±0.5
⑨	前肩带长	8.5	9	9.5	0.5	±0.5
⑩	后肩带长	17	17.5	18	0.5	±0.5
⑪	后肩带间距	14.5	15	15.5	0.5	±0.5
	肩带宽	2	2	2	0	±0.1
	后背拉量	39.5	42	44.5	2.5	±1
	后背松紧长	34.5	37	39.5	2.5	±1

三、缝纫线与缝纫用针要求

缝纫线要求:绱蕾丝时,面线用大身色涤纶线,底线用蕾丝色尼龙线;绱肩带时,面线采用大身色涤纶线,底线采用缎带色尼龙线;其余用大身主色涤纶线,钉商标配商标色涤纶线。

缝纫用针要求:见表 3 -66。

表 3 -66　缝纫用针要求

缝纫机种	平 缝 机	四线包缝机	双针卷边机	单针滚边机
缝纫用针	9#	9#	9#	9#
针迹密度(针/2cm)	10	9 ~9.5	9 ~9.5	9 ~9.5

四、缝制工艺流程

领口及袖窿片四线拷光→领口及袖窿处平车装蕾丝花边→上衣片分割线处按剪口收褶→上衣片前中心右压左按剪口重叠,平车固定→四线包缝拼合上、下衣片→后片上口四线拷光→后片平车缝橡筋→四线包缝合侧缝→双针卷下摆→钉小蝴蝶结→钉商标。

五、缝制要求

1. 领口及袖窿片四线拷光,线迹调好,弧度顺。

2. 蕾丝预缩后按尺寸剪蕾丝花边,肩高点处平车封三角 1cm 宽。

3. 领口及袖窿处平车装蕾丝花边,压 0.5cm 宽明线,蕾丝花边外露 2cm,吃势均匀,弧度顺。

4. 上衣片分割线处按剪口收褶,褶量 3cm,收褶后成品 6cm,收褶均匀。

5. 上衣片前中心右压左按剪口重叠,平车固定。

6. 四线包缝拼合上、下衣片,吃势均匀,左右对称,弧度顺;缝份倒向大身,平车切线 0.15cm 宽,缉线均匀。

7. 后片上口四线拷光,线迹调好。

8. 橡筋预缩后按尺寸剪后背橡筋,后片平车包紧橡筋,内折压 0.6cm 明线,吃势均匀,宽窄一致,不可压到橡筋。

9. 四线包缝合侧缝,不可起吊;洗涤标钉在左侧,下摆向上半成品 9cm 处,不可歪斜,袖底缝倒向后身,0.6cm 长 ×0.4cm 宽刹针。

10. 双针卷下摆,折边宽 2cm,针距 0.6cm,缉线均匀,弧度顺,接缝在左侧缝偏后重线 3cm。

11. 按尺寸剪肩带,平车钉肩带,反折后前片三角形固定,后片压 0.6cm 单线固定,不可断线。

12. 前片花边居中钉小蝴蝶结,要钉牢。

六、制图尺寸计算

以 M 号规格为例,采用规格演算法制图,制图时考虑坯布回缩率不考虑缝耗,制作裁剪样板时再把缝耗加进去。经测试,该坯布纵、横向回缩率均为 2%。计算结果见表 3 - 67。

表 3 - 67 制图尺寸计算　　　　　　　　　　　　　　　　　　　单位:cm

序号	部 位	计 算 方 法	尺寸
1	前中长	衣长规格 ÷(1 - 回缩率)= 30 ÷(1 - 2%)	30.6
2	$\dfrac{胸围}{2}$	$\dfrac{胸围规格}{2}$ ÷(1 - 回缩率)= 42 ÷(1 - 2%)	42.9
3	$\dfrac{腰围}{2}$	$\dfrac{腰围规格}{2}$ ÷(1 - 回缩率)= 38 ÷(1 - 2%)	38.8

序号	部　位	计　算　方　法	尺寸
4	$\dfrac{摆围}{2}$	$\dfrac{摆围规格}{2} \div (1-回缩率) = 44 \div (1-2\%)$	44.9
5	挂肩	挂肩规格12。由于挂肩部位在缝制过程中容易受到拉伸,故不考虑回缩率	12
6	前领宽	领宽规格23。由于领宽部位在缝制过程中容易受到拉伸,故不考虑回缩率	23
7	前领深	前领深规格14。由于领深部位在缝制过程中容易受到拉伸,故不考虑回缩率	14
8	胸围至腰长	胸腰长规格 $\div (1-回缩率) = 16.5 \div (1-2\%)$	16.8

七、制图

根据表3-67中计算所得尺寸,吊带衫基本型制图如图3-137所示,衣身变化如图3-138所示。

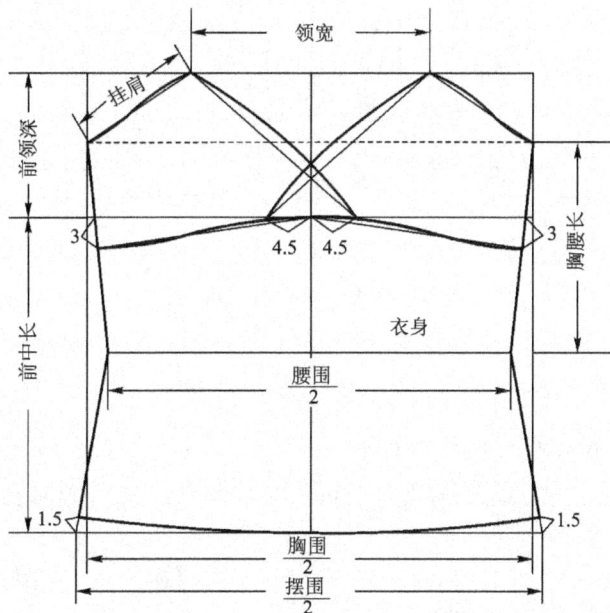

图 3 - 137

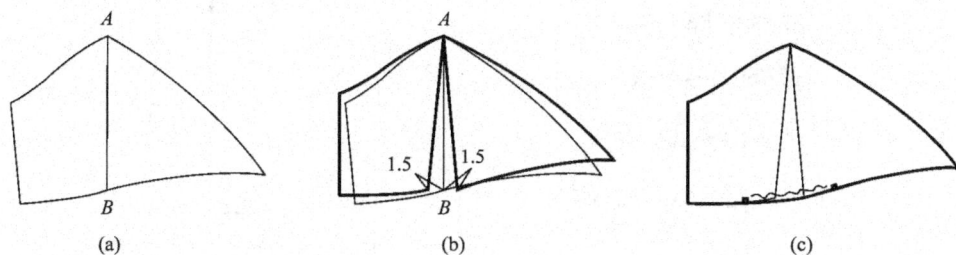

(a)　　　　　　　　(b)　　　　　　　　(c)

图 3 - 138

八、样板制作

对制图加放缝份即成可供裁剪的毛样板。缝份加放如下：大身底边缝份为2.5cm（折边宽2cm＋余量0.5cm）；大身侧缝、袖窿、分割缝为四线拷边合缝，缝份均为1cm；领口、袖窿平车装花边，放缝为1cm，后片领口处装松紧，松紧宽0.5cm，缝份为1cm。

在底边2.5cm处、腰节处、前上片收折裥处、前上片在前中心重叠处打上剪口。

在样板上标注丝绺方向，并写明款式名称或款号、规格、衣片名称、衣片需裁剪的片数等，如图3－139所示。

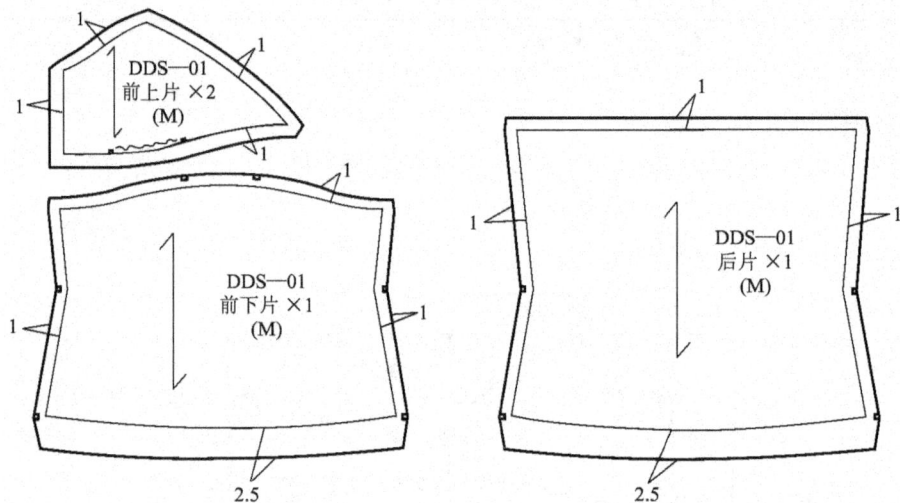

图3－139

作业与指导

花边吊带背心的打板及生产工艺设计

款式特征：前片装花边四道，四道花边沿纵向错落排列，吊带在肩部打花结（图3－140）。

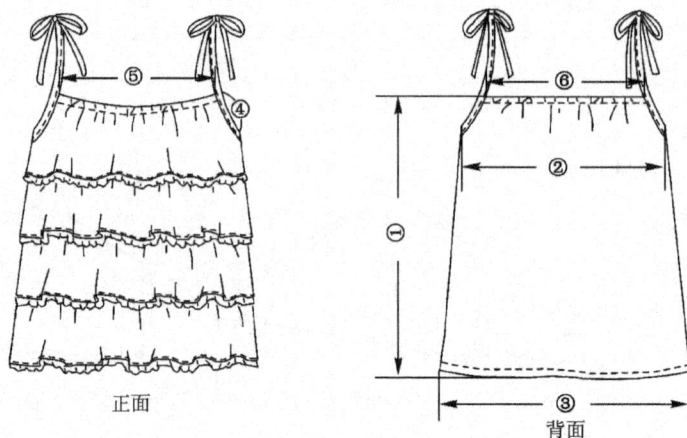

正面　　背面

图3－140

196

坯布成分:主料为27.8tex(21英支)弹力布。

辅料:商标(含尺码标),洗涤标。

成品规格:见表3-68。

表3-68　成品规格　　　　　　　　　　　　　　　　　单位:cm

序号	部位名称	规 格 尺 寸				公差
		S	M	L	档差	
①	后中长	37	39	41	2	±1
②	胸围	85	90	95	5	±2
③	摆围	89	94	99	5	±2
④	挂肩	11	11.5	12	0.5	±0.5
⑤	前领口宽(松量)	19	19.5	20	0.5	±0.5
	前领口宽(拉量)	23.5	24	24.5		
⑥	后领口宽(松量)	20.5	21	21.5	0.5	±0.5
	后领口宽(拉量)	25.5	26	26.5		

要求:

1. 写出该款式的缝制工艺流程。

2. 写出该款式的缝制要求(包括用针、用线、线迹密度、缝迹类型、缝制具体要求等)。

3. 用表格列出制图尺寸计算方法及结果。

4. 1:5制图(包括前后身及花边,要求标注尺寸,线条符合要求,参见案例)。

5. 样板制作(格式及要求参见案例)。

要点提示:

1. 前片花边宽度及明线要求如图3-141所示。

2. 27.8tex(21英支)弹力布的纵向回缩率和横向回缩率均为2%。

3. 商标钉于后领中心离线迹1cm处,品质标钉于左侧缝距离底边成品8cm处。

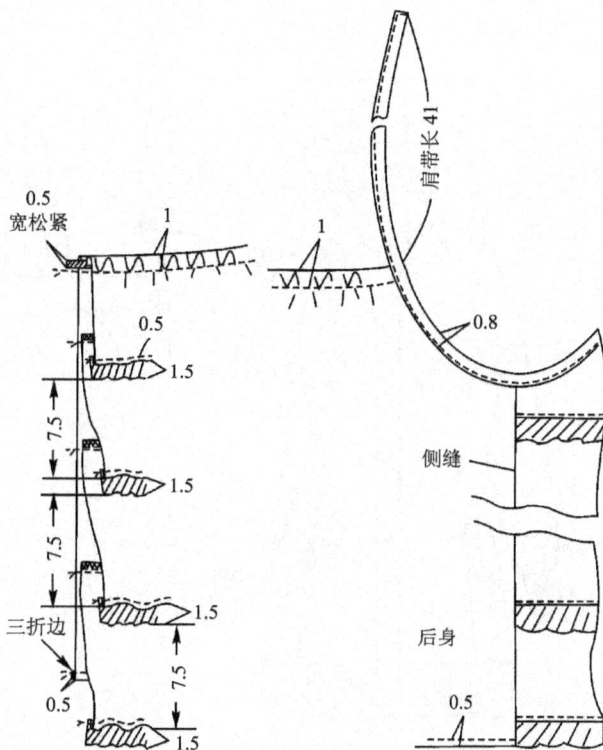

图3-141

实训二十七 风帽外套的样板设计与生产工艺设计

一、款式说明

款式特征:前后衣片公主线分割,收腰合体造型,下摆装 7cm 宽氨纶罗纹。公主线分割处及装袖处直接用平车毛缝搭接。前侧片有弧形侧袋,袋口装 2.5cm 宽氨纶罗纹。袖子为一片袖,袖口装 7cm 宽氨纶罗纹。大身布做 4cm 宽门襟,上钉 6 粒大身布装饰包扣,包扣下钉揿纽扣合。帽中与帽片拼合处,肩缝处,袋口、袖口、下摆罗纹及装门襟处用双针绷缝。帽檐做 2.5cm 双针,针距 0.6cm。主标钉于后领居中,尺码洗涤标钉于左衣片向上净 4cm 居中(不含罗纹),见图 3 – 142。

坯布成分:主料为 J36.4tex×2 + 58.3tex(32 英支/2 + 10 英支)绒布;70% 棉 30% 涤纶;克重为 290g/m²。

辅料:27.8tex + 7.7tex(21 英支 + 70 旦)1×1 氨纶罗纹,克重为 360g/m²;1cm 宽人字纱带;包扣;揿纽;主标、尺码洗涤标。

二、成品规格及测量部位

成品规格见表 3 – 69,测量部位见图 3 – 142。

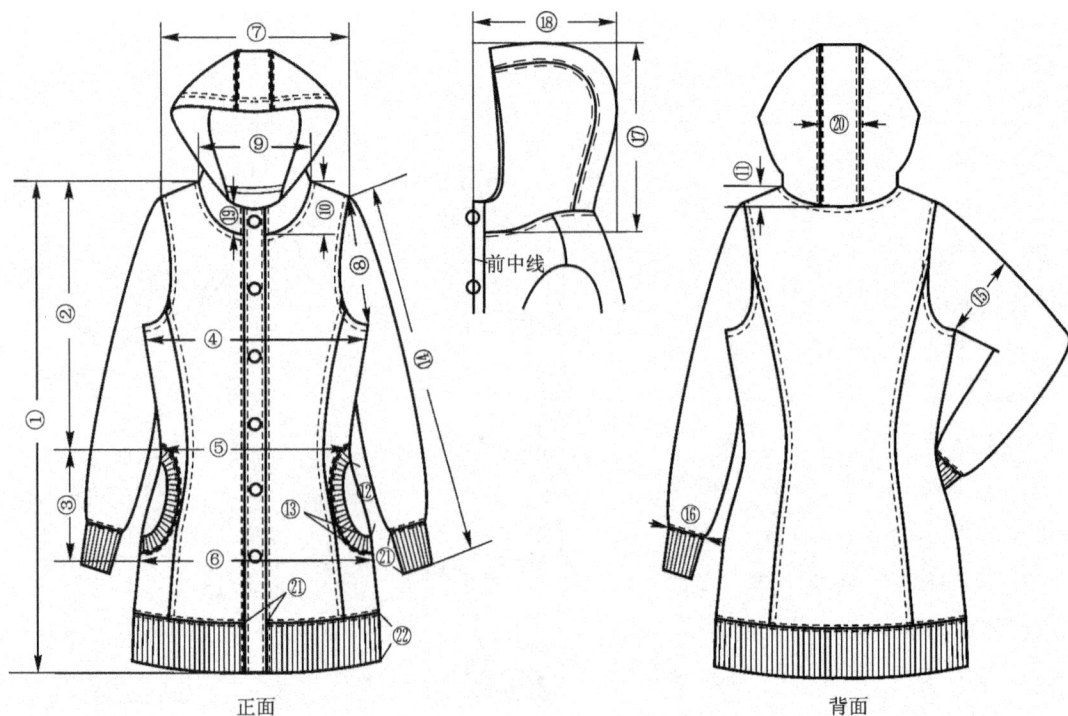

图 3 – 142

正面   背面

表3-69　成品规格　　　　　　　　　　　　　　　　单位:cm

代号	部位名称	规格尺寸				公差
		S	M	L	档差	
①	衣长	72	75	78	3	+2/-1
②	腰节高	37	38	39	1	±1
③	臀围高	18	18.5	19	0.5	—
④	$\frac{胸围}{2}$	43	45	47	2	±1.5
⑤	$\frac{腰围}{2}$	36	38	40	2	±1.5
⑥	$\frac{臀围}{2}$	45	47	49	2	±1.5
⑦	肩宽	37	38	39	1	±1
⑧	挂肩	19	20	21	1	±0.5
⑨	领宽	22	22.5	23	0.5	±0.5
⑩	前领深	8	8.5	9	0.5	±0.3
⑪	后领深	2	2	2	0	—
⑫	袋口大	12	12.5	13	0.5	±0.3
⑬	袋口罗纹	2.5			0	—
⑭	袖长	56	58	60	2	±1.2
⑮	袖肥	15.5	16.5	17.5	1	±0.5
⑯	袖口(拉量)	12	12.7	13.4	0.7	±0.5
⑰/⑱	帽子(高度/宽度)	38/31	38/31	38/31	1	±1
⑲	帽前中高	6			0	—
⑳	帽中宽	8			0	—
㉑	门襟	4			0	—
㉒	下摆罗纹、袖口罗纹	7			0	—

三、缝纫线与缝纫用针要求

缝纫线要求:所有缝合部位、缉明线及双针绷缝均采用大身色涤纶线。钉主标配主标色涤纶线。

缝纫用针要求:见表3-70所示。

表3-70　缝纫用针要求

缝纫机种	平缝机	三线包缝机	四线包缝机	双针绷缝机	套结机
缝纫用针	12#	14#	14#	14#	14#
针迹密度(针/2cm)	8~9	7~8	7~8	7~8	1cm长

四、缝制工艺流程

做袋→平车毛缝搭接前片与前侧片→平车毛缝搭接后片与后侧片→三线拷合帽子与帽中片→缝合处双针绷缝→平车装帽檐贴边→四线拷合前后肩缝→四线拷合装帽子→平车毛缝搭接袖窿与袖片→四线拷合前后衣片侧缝与袖底缝→平车拼合前后下摆罗纹→四线拷合装罗纹→双针绷缝缝合处→门襟粘薄纸衬→平车做门襟→三线拷合装门襟→双针绷缝缝合处→门襟打套结→钉商标。

五、缝制要求

1. 三线拷合袋口罗纹与前侧片,平车装小袋布,罗纹与前侧片拼合处做双针绷缝,见图3－143(a);四线拷合大小袋布,平车固定袋口罗纹、前侧片与大小袋布,见图3－143(b)。

2. 平车毛缝搭接前片与前侧片,见图3－143(c),平车毛缝搭接后片与后侧片(同前片与前侧片搭接)。

3. 三线拷合帽子与帽中片,双针绷缝缝合处,平车装帽檐贴边,贴边上压0.3cm明线(以防反吐,便于下道工序的缝纫),帽檐上压针距0.6cm,2.5cm宽双针。

4. 四线拷合前后肩缝,于后片放纱带,缝份倒向后片。

5. 四线拷合装帽子,帽中心与后领中心对齐,人字纱带包光缝伤,衣片领圈处压0.7cm明线。

6. 平车毛缝搭接袖窿与袖片(同前片与前侧片搭接)。

7. 四线拷合前后衣片侧缝与袖底缝,十字缝对齐,尺码洗涤标钉于左衣片向上净4cm居中(穿起计)。

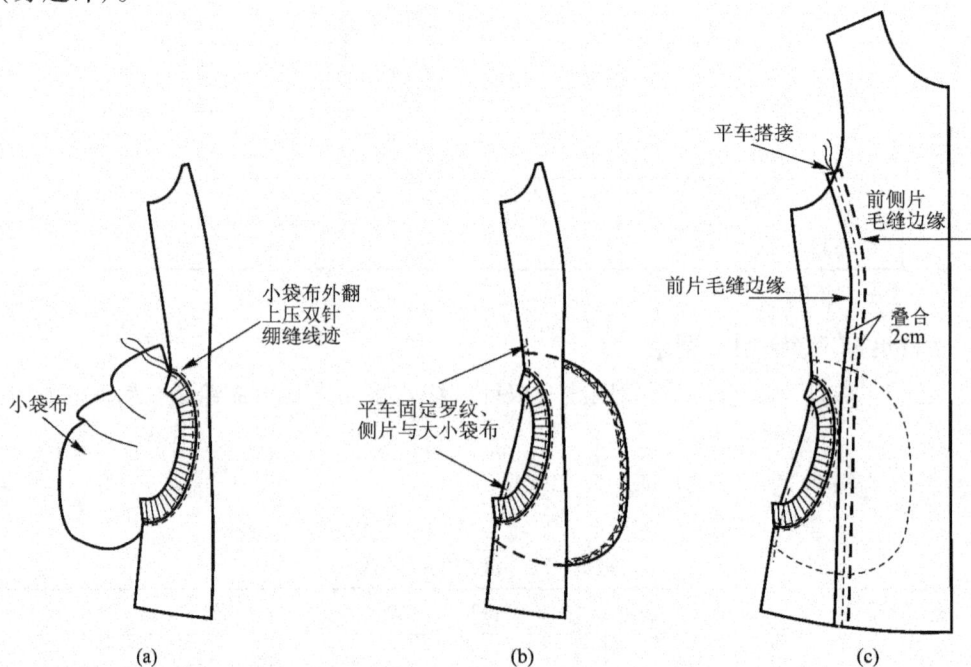

图3－143

8. 平车拼合前后下摆罗纹,四线拷合装罗纹,双针绷缝缝合处。

9. 门襟粘薄纸衬,平车做门襟,烫平门襟,三线拷合装门襟,双针绷缝缝合处,门襟上下两端各打1cm套结。

10. 主标两头折光钉于后领居中,两端缉线0.1cm。

六、制图尺寸计算

以S号规格为例,采用规格演算法制图,制图时考虑坯布回缩率不考虑缝耗,制作裁剪样板时再把缝耗加进去。经测试,该坯布纵、横向回缩率均为2.5%。计算结果见表3-71。

表3-71　制图尺寸计算　　　　　　　　　　　　　　单位:cm

序号	部位	计算方法	尺寸
1	衣长	衣长规格+衣长规格×纵向回缩率=72-7(下摆罗纹高)+65×2.5%	66.6
2	腰节高	腰节高规格+腰节高×纵向回缩率=37+37×2.5%	37.9
3	臀围高	臀围高规格18。小部位规格不考虑回缩率	18
4	$\frac{胸围}{2}$	$\frac{胸围规格}{2}+\frac{胸围规格}{2}×横向回缩率=21.5+21.5×2.5\%$	22
5	$\frac{腰围}{2}$	因胸围已加缩率,腰围规格直接按胸腰差7进行收省,即胸围规格(43)-腰围规格(36)	在胸围基础上收腰省7
6	$\frac{臀围}{2}$	因胸围已加缩率,臀围规格直接按胸臀差2进行加量,即臀围规格(45)-胸围规格(43)	在胸围基础上增加臀围量2
7	肩宽	$\frac{肩宽规格37}{2}$。由于肩宽部位在缝制过程中容易受到拉伸,故不考虑回缩率	18.5
8	挂肩	挂肩规格19。由于挂肩部位在缝制过程中容易受到拉伸,故不考虑回缩率	19
9	领宽	领宽规格22/2。由于领宽部位在缝制过程中容易受到拉伸,故不考虑回缩率	11
10	前领深	前领深规格8。由于领深部位在缝制过程中容易受到拉伸,故不考虑回缩率	8
11	后领深	后领深规格2。由于领深部位在缝制过程中容易受到拉伸,故不考虑回缩率	2
12	袖长	袖长规格+袖长规格×纵向回缩率=56-7(袖口罗纹高)+49×2.5%	50.2
13	袖肥	袖肥规格15.5。属于小部位,不影响成衣的规格检测和验收,故不考虑回缩率	15.5
14	袖口宽(拉量)	袖口宽规格12。属于小部位,不影响成衣的规格检测和验收,故不考虑回缩率	12
15	帽子(宽×高)	帽子规格29×38。小部位规格不考虑回缩率	29×38
16	帽前中高	帽前中高规格6。小部位规格不考虑回缩率	6
17	帽中宽	帽中宽规格8。小部位规格不考虑回缩率	8
18	门襟	门襟规格4。小部位规格不考虑回缩率	4
19	下摆罗纹、袖口罗纹	下摆罗纹、袖口罗纹规格7。小部位规格不考虑回缩率	7
20	袋口罗纹	袋口罗纹规格2.5。小部位规格不考虑回缩率	2.5

七、制图

根据表 3 - 71 中计算所得尺寸,公主线风帽外套前后衣片、袖片、帽子的基本制图及公主分割线、门襟、纽扣、袋位、袋布、帽中分割线、帽贴定位的基本制图如图 3 - 144 和图 3 - 145 所示。下摆罗纹、袋口罗纹、袖口罗纹和帽中的尺寸在样板制作中直接计算画图。

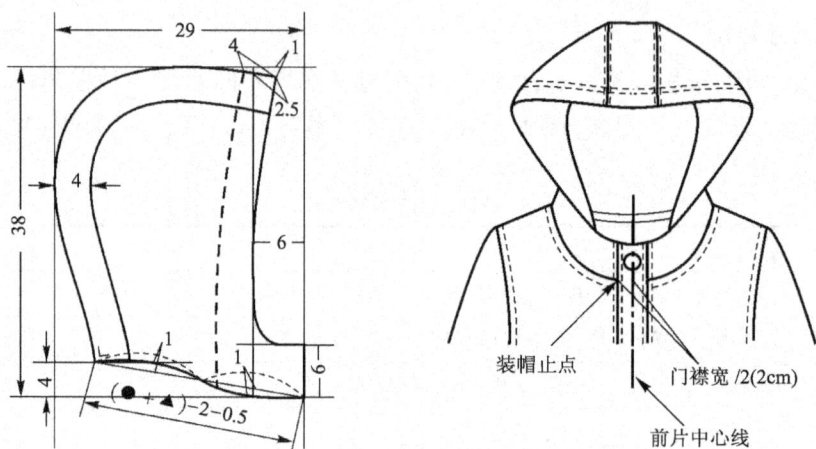

装帽止点

门襟宽 /2(2cm)

前片中心线

图 3 - 144

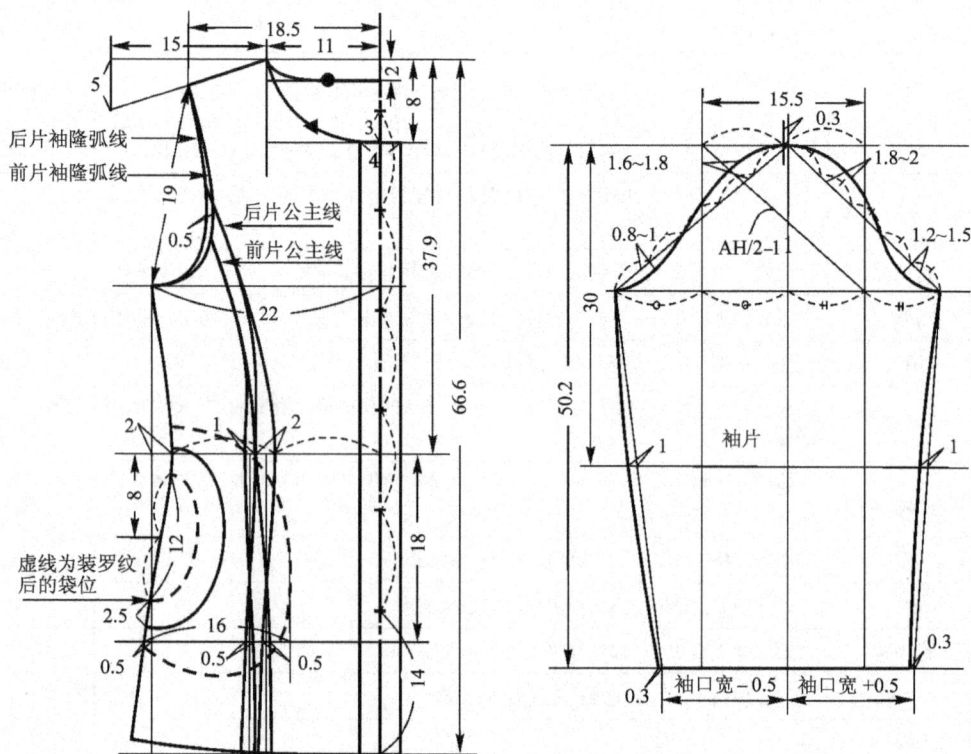

后片袖隆弧线
前片袖隆弧线

后片公主线
前片公主线

虚线为装罗纹
后的袋位

袖片

AH/2-1

袖口宽 - 0.5   袖口宽 +0.5

图 3 - 145

八、制图要领说明

1. $\dfrac{前胸宽}{2}$比$\dfrac{后背宽}{2}$小0.5cm。

2. 前片公主分割线较后片公主分割线更接近侧缝,腰省的分配遵循后腰围大于前腰围的原则(为使收腰造型美观起见)。

3. 大小袋布除侧缝和袋口处无放缝外,其余外围尺寸直接算毛样(可提高制板速度)。门襟在放缝时应加上下摆罗纹高度(7cm)和帽前中高度(6cm)的尺寸,再加缝耗。

4. 袖肘点与袖口宽连接时不直接连在袖口宽点上,因为此袖口宽是除去袖口罗纹高7cm的袖口宽,并非标准袖长处的袖口宽,因此在袖口处有一个0.3cm的偏差量,见图3 – 146所示。

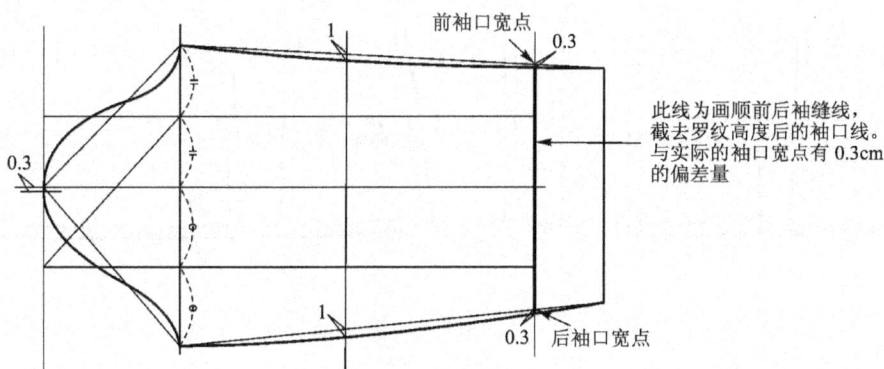

图3 – 146

5. 在确定帽子装领斜线的长度时应根据款式特征来计算,其长度为前后领弧线长度 – 2cm($\dfrac{1}{2}$门襟宽的量) – 0.5cm(直线画成弧线时尺寸会增加),帽宽为成品尺寸 – 2cm($\dfrac{1}{2}$门襟宽),见图3 – 144所示。

九、样板制作

对制图加放缝份即成可供裁剪的毛样板。缝份加放如下:肩缝、领圈、袖窿、下摆、公主分割线、前片中心、袖片四周、帽子四周,缝份均为1cm。

在后领中心、后下摆中心处打剪口;在前后片、前后侧片的腰节处打剪口;在袖山弧线的装袖对位处打剪口;在帽中、帽贴的中心点打剪口;在后下摆罗纹的中心点打剪口。

在样板上标注丝缕方向,并写明款式名称、款式号、裁片名称、裁片数量、规格等,如图3 – 147 ~ 图3 – 149所示。

门襟(毛样)的尺寸确定如下(图3 – 147):

长度:门襟长度(净长) + 7cm(下摆罗纹高) + 6cm(帽前中高度) + 2cm(缝份);宽度:4cm(净宽)×2 + 2cm(缝份)。

前后片下摆罗纹(毛样)的尺寸确定如下(图3 – 148):

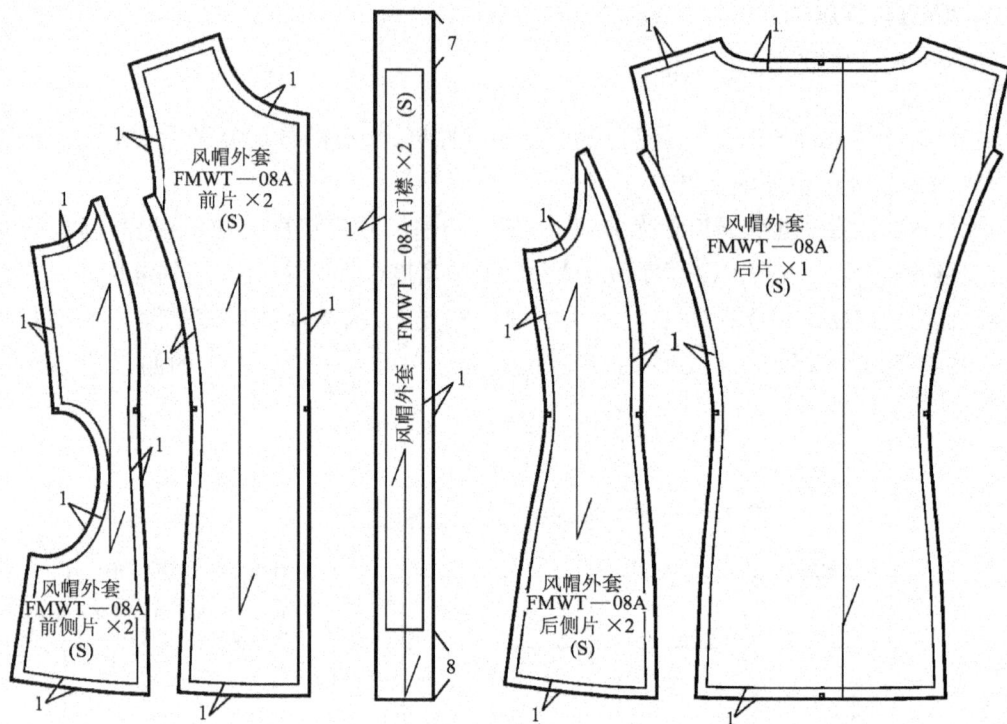

图 3－147

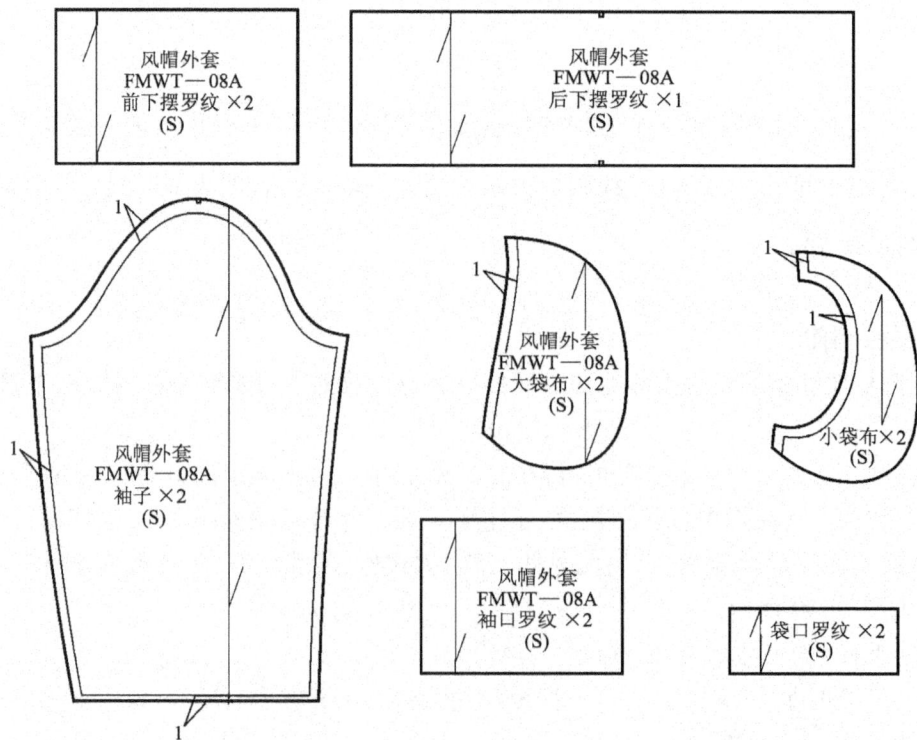

图 3－148

长度:前后片下摆长度(净长);宽度:7cm(净宽)×2+2cm(缝份)。

袖口罗纹(毛样)的尺寸确定如下(图3-148):

长度:袖口长度(毛长)×80%;宽度:7cm(净宽)×2+2cm(缝份)。

袋口罗纹(毛样)的尺寸确定如下(图3-148):

长度:袋口长度(毛长)×80%;宽度:2.5cm(净宽)×2+2cm(缝份)。

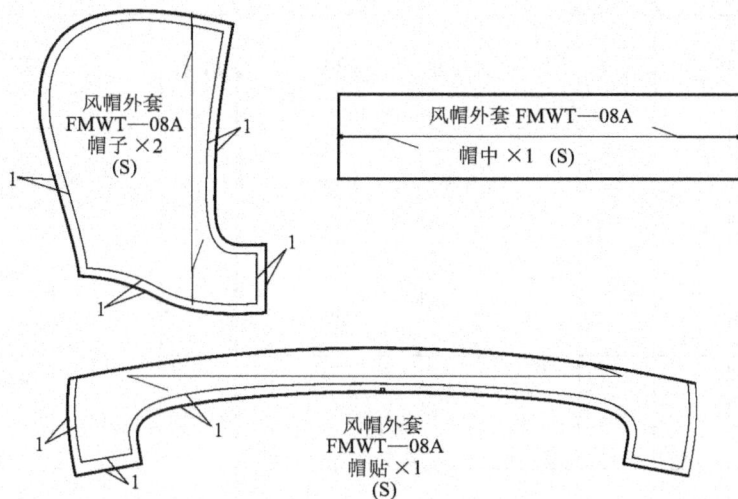

图3-149

十、推板

风帽外套的各部位档差见表3-72;选取中间号型规格样板作为母板,大身及袖子分别选定前后中心线、袖中线作为推板时的纵向公共线,大身胸围线、袖山高线作为推板时的横向公共线,在标准母板的基础上推出大号和小号标准样板。各部位档差及计算公式见表3-72,推板见图3-150~图3-152。

表3-72　各部位档差及计算公式　　　　　　　　　　　　　单位:cm

部位名称		部位代号	档差及计算公式			
			纵 档 差		横 档 差	
前片	小肩线	A	0.7	$\dfrac{整胸围档差}{6}$	0.25	$\dfrac{领宽档差}{2}$
		B	0.7	同A点	0.5	$\dfrac{肩宽档差}{2}$
	前中心线	C	0.2	A点档差(0.7)-领深档差(0.5)	0	由于是公共线,$C=0$
		D	2.3	衣长档差(3)-A点档差(0.7)	0	由于是公共线,$D=0$
		E	0	由于是公共点,$E=0$	0	由于是公共点,$E=0$
		F	0.3	腰节高档差(1)-A点档差(0.7)	0	由于是公共线,$F=0$
		G	0.8	F点档差(0.3)+臀围高档差(0.5)	0	由于是公共线,$G=0$

部位名称		部位代号	档差及计算公式			
			纵 档 差		横 档 差	
前片	分割线	H	0.23	$\dfrac{A\text{点档差}}{3}$	0.5	同 B 点(肩宽档差)
		I	0.23	同 H 点	0.5	同 H 点
		J	2.3	同 D 点(衣长档差)	0.5	$\dfrac{\frac{\text{臀围档差}}{2}}{2}$
		K	0	由于是公共点,$K=0$	0.5	$\dfrac{\frac{\text{胸围档差}}{2}}{2}$
		L	0.3	同 F 点	0.5	$\dfrac{\frac{\text{腰围档差}}{2}}{2}$
		M	0.8	同 G 点	0.5	$\dfrac{\frac{\text{臀围档差}}{2}}{2}$
前侧片	分割线	H'	0.23	同 H 点	0.25	$\dfrac{N\text{点档差}}{2}$
		I'	0.23	同 H' 点	0.25	同 H' 点
		J'	2.3	同 J 点	0	由于是公共线,$J'=0$
		K'	0	由于是公共点,$K'=0$	0	由于是公共点,$K'=0$
		L'	0.3	同 L 点	0	由于是公共线,$L'=0$
		M'	0.8	同 M 点	0	由于是公共线,$M'=0$
	侧缝线	N	0	由于是公共点,$N=0$	0.5	$\dfrac{\text{胸围档差}}{4}$
		O	2.3	同 J' 点	0.5	$\dfrac{\text{臀围档差}}{4}$
		P	0.3	同 L' 点	0.5	$\dfrac{\text{腰围档差}}{4}$
		Q	0.8	同 M' 点	0.5	$\dfrac{\text{臀围档差}}{4}$
	袋位	R	0.3	同 P 点	0.5	同 P 点
		S	0.8	袋口大档差(0.5)+ P 点档差(0.3)	0.5	同 P 点
后片	后中心线	C	0.7	A 点档差	0	由于是公共线,$C=0$
	分割线	H	0.35	$\dfrac{A\text{点档差}}{2}$	0.5	同 B 点(肩宽档差)
		I	0.35	同 H 点	0.5	同 H 点
	其余各点同前片					

部位名称		部位代号	档差及计算公式			
			纵 档 差		横 档 差	
后侧片	分割线	H'	0.35	同 H 点	0.25	$\dfrac{N\text{点档差}}{2}$
		I'	0.35	同 H' 点	0.25	同 H' 点
			其余各点同前侧片			
袖子	袖中线	A	0.5	$\dfrac{\text{整胸围档差}}{10}+0.1$（由于是合体袖）	0	由于是公共线，$A=0$
		B	1.5	袖长档差(2) $-A$ 点档差(0.5)	0	由于是公共线，$B=0$
	袖山高线	C	0	由于是公共线，$C=0$	1	袖肥档差
		D	0	由于是公共线，$D=0$	1	袖肥档差
	袖口线	E	1.5	同 B 点	0.7	袖口档差
		F	1.5	同 B 点	0.7	袖口档差
帽子	装领弧线	Y	0	帽子(宽×高)档差为0	1	领圈档差
	帽檐点	Z	0	同 Y 点	1	同 Y 点
	帽中	Z'	1	同 Z 点	0	帽中宽度档差为0
门襟	门襟	X	2.5	衣长档差(3) $-$ 前领深档差(0.5)	0	门襟宽度档差为0
下摆	前下摆罗纹	T	0	罗纹宽度档差为0	1	$\dfrac{\text{臀围档差}}{2}$
	后下摆罗纹	T	0	罗纹宽度档差为0	2	$\dfrac{\text{整臀围档差}}{2}$
袋布	大袋布	U	0	袋布宽档差为0	0.5	袋口大档差
	小袋布	U'	0	袋布宽档差为0	0.5	袋口大档差
袖口	袖口罗纹	V	0	罗纹宽度档差为0	1	整袖口档差×80%
袋口	袋口罗纹	W	0	罗纹宽度档差为0	0.4	袋口档差×80%

注　整胸围档差指的是一周胸围的档差，胸围档差指的是 $\dfrac{1}{2}$ 胸围的档差。其余腰围、臀围、袖口同胸围。

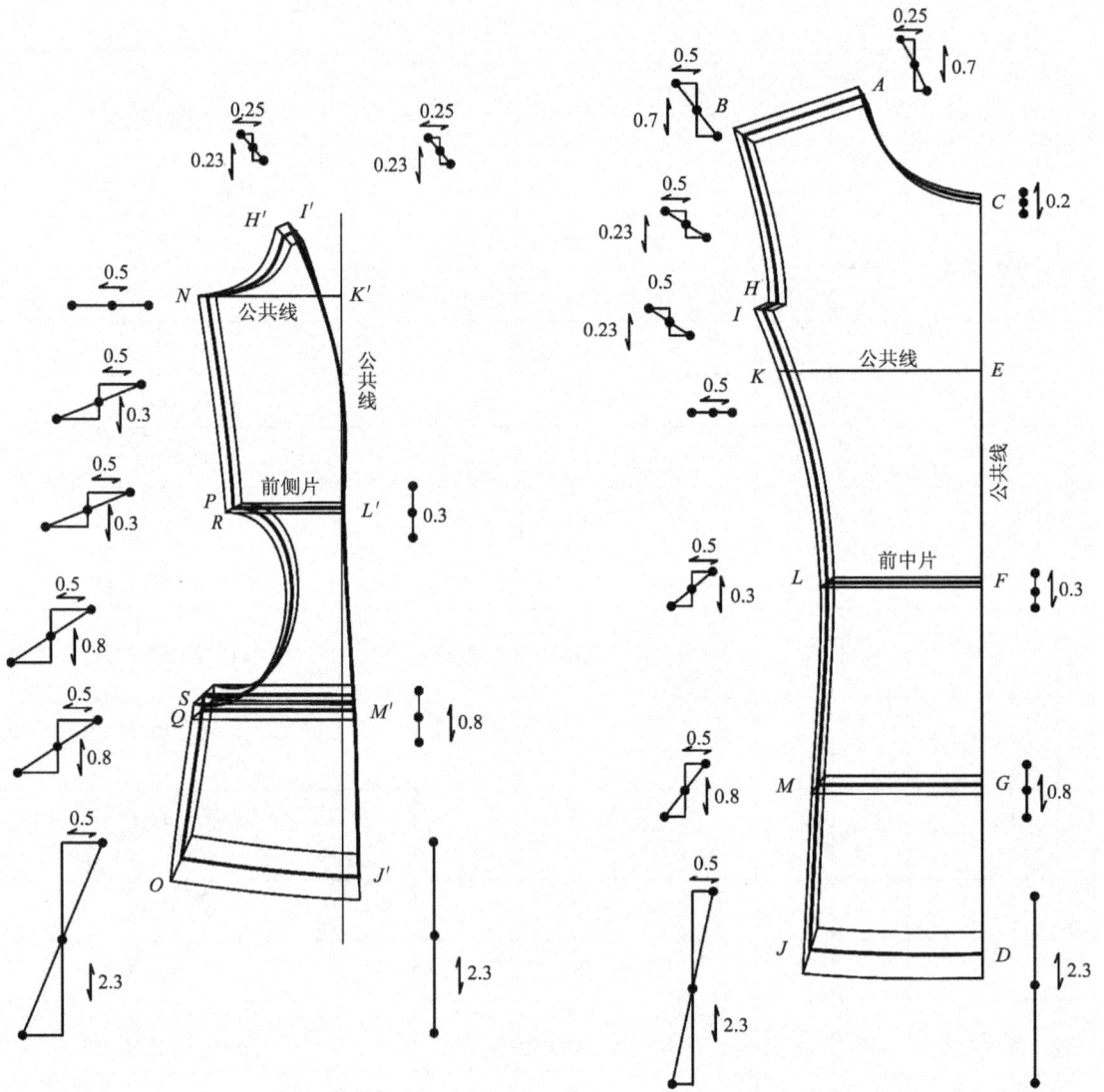

图 3 - 150

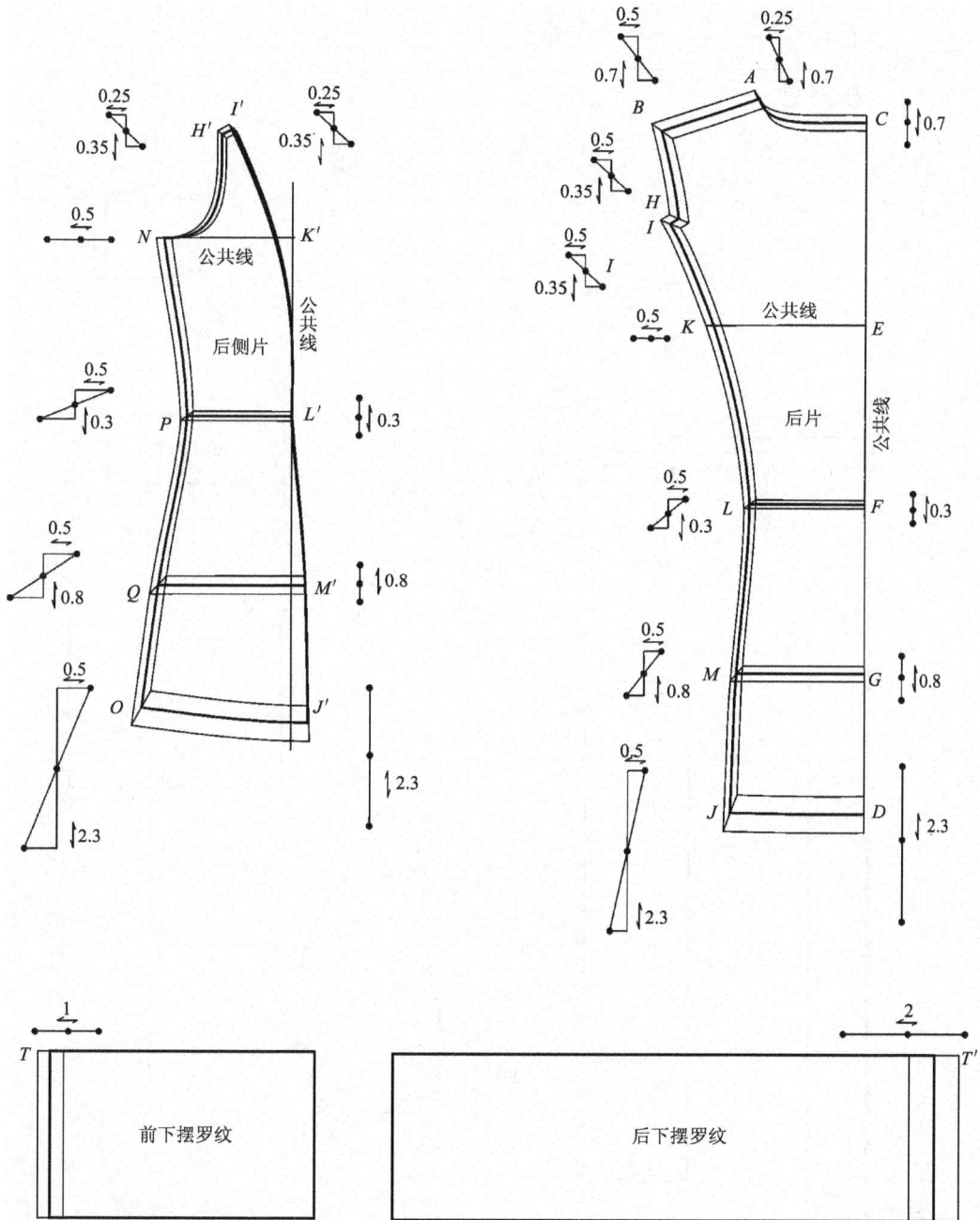

图 3 - 151

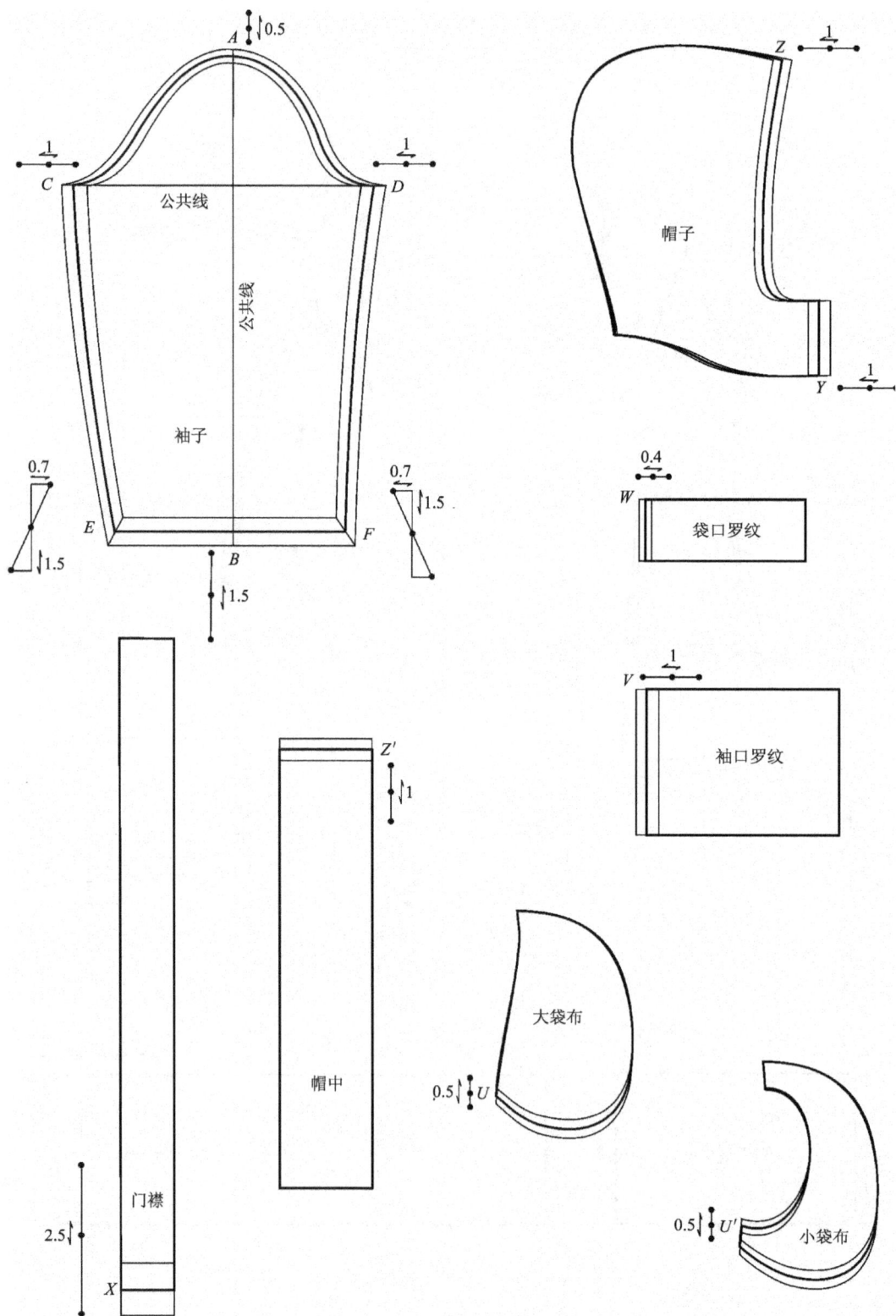

图 3－152

作业与指导

拉链风帽外套的打板及生产工艺设计

款式特征:明拉链风帽收腰外套。帽子有帽中分割,帽檐装 3cm×22cm 单层横机罗纹,装帽止点距前中 3cm。前后衣片公主线分割,分割线型如图 3-153 所示,下摆装 8cm 宽双层横机罗纹。前侧片装贴袋,袋口装 2.5cm 宽单层横机罗纹。袖子为一片袖,袖口装 8cm 宽双层横机罗纹。前中装明拉链,由下摆罗纹起装至前领深点止。帽中与帽片拼合处、袖口、下摆罗纹处用双针绷缝。帽檐、领圈、门襟、袋口缉 0.7cm 明线。主标钉于后领居中,尺码洗涤标钉于左衣片向上净 4cm 居中(不含罗纹),如图 3-153 所示。

坯布成分:主料为 36.4tex(16 英支)瑶粒绒,100% 涤纶,克重为 320g/m²。

辅料:2×2 横机罗纹;1cm 宽人字纱带;金属拷扣;主标、尺码洗涤标。

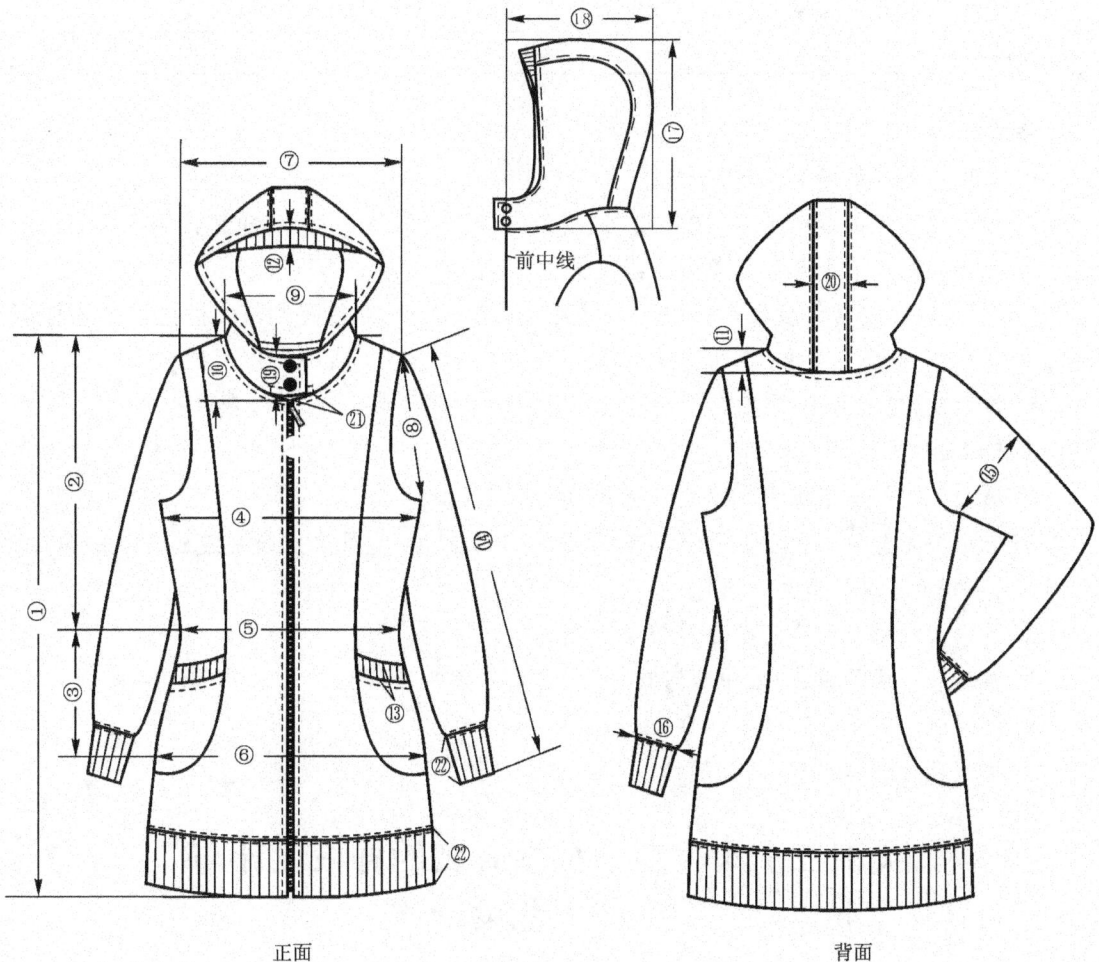

图 3-153

成品规格:见表 3-73。

表 3-73 成品规格 单位:cm

代 号	部位名称	尺 寸	代 号	部位名称	尺 寸
①	衣长	76	⑫	帽檐罗纹	3×22
②	腰节高	38	⑬	袋口罗纹宽	2.5
③	臀围高	18.5	⑭	袖长	60
④	$\frac{胸围}{2}$	46	⑮	袖肥	16.5
⑤	$\frac{腰围}{2}$	39	⑯	袖口(拉量)	13
⑥	$\frac{臀围}{2}$	48	⑰/⑱	帽子(高×宽)	38×32
⑦	肩宽	38	⑲	帽前中高	5
⑧	挂肩	20	⑳	帽中宽	9
⑨	领宽	22.5	㉑	装帽止点	3
⑩	前领深	8.5	㉒	下摆罗纹、袖口罗纹	8
⑪	后领深	2			

要求:

1. 写出该款式的缝制工艺流程。

2. 写出该款式的缝制要求(包括用针、用线、线迹密度、缝迹类型、缝制具体要求等)。

3. 用表格列出制图尺寸计算方法及结果。

4. 1:5 制图(包括前后衣片、前后衣片侧片、袖子、帽子、贴袋及各部位横机罗纹规格,要求标注尺寸,线条符合要求,参见案例)。

5. 样板制作(格式及要求参见案例)。

要点提示:

1. 瑶粒绒的纵向回缩率和横向回缩率均为 2.2%。

2. 前后公主分割线的位置及造型参照图 3-145 制图,此款公主分割线缝合方法为正面相对四线拷克(缝制与案例不同)。

3. 前后片收省量的合理分配要符合女性体形。

4. 帽檐装横机罗纹,帽前中超过前中线(造型与案例不同)。

5. 袖子制图时吃势可控制在 0~1cm。

6. 根据已知规格打样,细部规格按款式图比例结合实际比例确定。

实训二十八　高领抽褶时装的样板设计与生产工艺设计

一、款式说明

款式特征:高领抽褶套头衫。前片有袖窿分割片,分割线上有抽褶。衣长前长后短,袖口、下摆双针折边高 1.5cm,针距 0.3cm。主标钉于后领居中,尺码洗涤标钉于右衣片向上净

10cm 居中。见图 3 −154。

坯布成分：主料为 J18.2tex + 7.7tex（32 英支 + 70 旦）氨纶汗布；95% 粘胶纤维，5% 氨纶；克重为 130g/m² 。

辅料：主标、尺码洗涤标。

二、成品规格及测量部位

成品规格见表 3 −74，测量部位见图 3 −154。

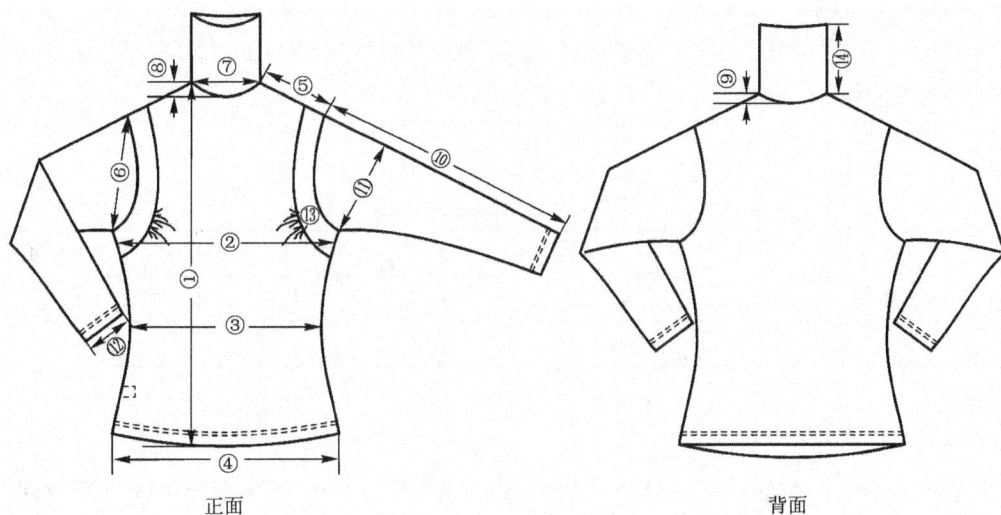

正面　　　　　　　　　　　　　背面

图 3 −154

表 3 −74　成品规格　　　　　　　　　　　　　　　　单位：cm

代号	部位名称	规 格 尺 寸				公差
		S	M	L	档差	
①	衣长	49	52	55	3	±1.5
②	$\frac{胸围}{2}$	37	40	43	3	±1
③	$\frac{腰围}{2}$	33	36	39	3	±1
④	$\frac{摆围}{2}$	37	40	43	3	±1
⑤	小肩宽	9.5	10	10.5	0.5	±0.2
⑥	挂肩	16	17	18	1	±0.5
⑦	领宽	16	17	18	1	±0.5
⑧	前领深	6	7	8	1	±0.2
⑨	后领深	2	2	2	0	—
⑩	袖长	50	53	56	3	±1.5
⑪	袖肥	13.5	14.5	15.5	1	±0.5

代号	部位名称	规 格 尺 寸				公差
		S	M	L	档差	
⑫	袖口宽	9	10	11	1	±0.5
⑬	抽褶间距	5	5	5	0	—
⑭	领高	10	10	10	0	±0.2

三、缝纫线与缝纫用针要求

缝纫线要求:所有缝合部位、双针折边均采用大身色涤棉线(面线),大身色尼龙线(底线)。钉主标配主标色涤棉线。

缝纫用针要求:见表3-75。

表3-75　缝纫用针要求

缝纫机种	平缝机	四线包缝机	双针绷缝机
缝纫用针	11#	11#	11#
针迹密度(针/2cm)	9	8	8

四、缝制工艺流程

平车前片袖窿分割处抽褶→四线拷合前片与袖窿分割片→四线拷合前后肩缝→四线拷合领子→四线拷合绱领→四线拷合绱袖子→四线拷合衣片侧缝与袖底缝→平双针卷袖口、下摆→钉商标。

五、缝制要求

1. 平车抽褶前片袖窿分割处,抽褶后长度为5cm。

2. 四线拷合前片与袖窿分割片。

3. 四线拷合前后肩缝,于后片放编织带,缝份倒向后片。

4. 四线拷合领子,四线拷合绱领,领子拼缝线位于后领圈距左肩缝1.5cm处(穿起计)。

5. 四线拷合绱袖子。

6. 四线拷合衣片侧缝与袖底缝,十字缝对齐,尺码洗涤标钉于右衣片向上净10cm居中(穿起计)。

7. 平双针卷袖口、下摆,高1.5cm,针距0.3cm。

8. 主标两头折光钉于后领居中,两端缉线0.1cm。

六、制图尺寸计算

以S号规格为例,采用规格演算法制图,制图时考虑坯布回缩率不考虑缝耗,制作样板时再把缝耗加进去。经测试,该坯布纵、横向回缩率均为5%。计算结果见表3-76。

表3-76　制图尺寸计算　　　　　　　　　　　　　　　　　　单位:cm

序号	部位	计算方法	尺寸
1	衣长	衣长规格 + 衣长规格 × 纵向回缩率 = 49 + 49 × 5%	51.5
2	$\dfrac{胸围}{2}$	$\dfrac{胸围规格}{2} + \dfrac{胸围规格}{2} ×$ 横向回缩率 = 18.5 + 18.5 × 5%	19.4
3	$\dfrac{腰围}{2}$	$\dfrac{腰围规格}{2} + \dfrac{腰围规格}{2} ×$ 横向回缩率 = 16.5 + 16.5 × 5%	17.3
4	$\dfrac{摆围}{2}$	摆围规格 37/2。由于下摆部位做双针卷边,在缝制过程中容易拉伸,故不考虑回缩	18.5
5	小肩宽	小肩宽规格 9.5。由于肩宽部位在缝制过程中容易受到拉伸,故不考虑回缩	9.5
6	挂肩	挂肩规格 16。由于挂肩部位在缝制过程中容易受到拉伸,故不考虑回缩	16
7	领宽	领宽规格 16/2。由于领宽部位在缝制过程中容易受到拉伸,故不考虑回缩	8
8	前领深	前领深规格 6。由于领深部位在缝制过程中容易受到拉伸,故不考虑回缩	6
9	后领深	后领深规格 2。由于领深部位在缝制过程中容易受到拉伸,故不考虑回缩	2
10	袖长	袖长规格 + 袖长规格 × 纵向回缩率 = 50 + 50 × 5%	52.5
11	袖肥	袖肥规格 13.5。属于小部位,不影响成衣的规格检测和验收,故不考虑回缩率	13.5
12	袖口宽	袖口宽规格 9。属于小部位,不影响成衣的规格检测和验收,故不考虑回缩率	9

七、制图

根据表3-76中计算所得尺寸,高领抽褶时装前后衣片、袖片的基本制图如图3-155所示。前片的褶量展开图如图3-156所示。领子的尺寸在样板制作中直接计算画图。

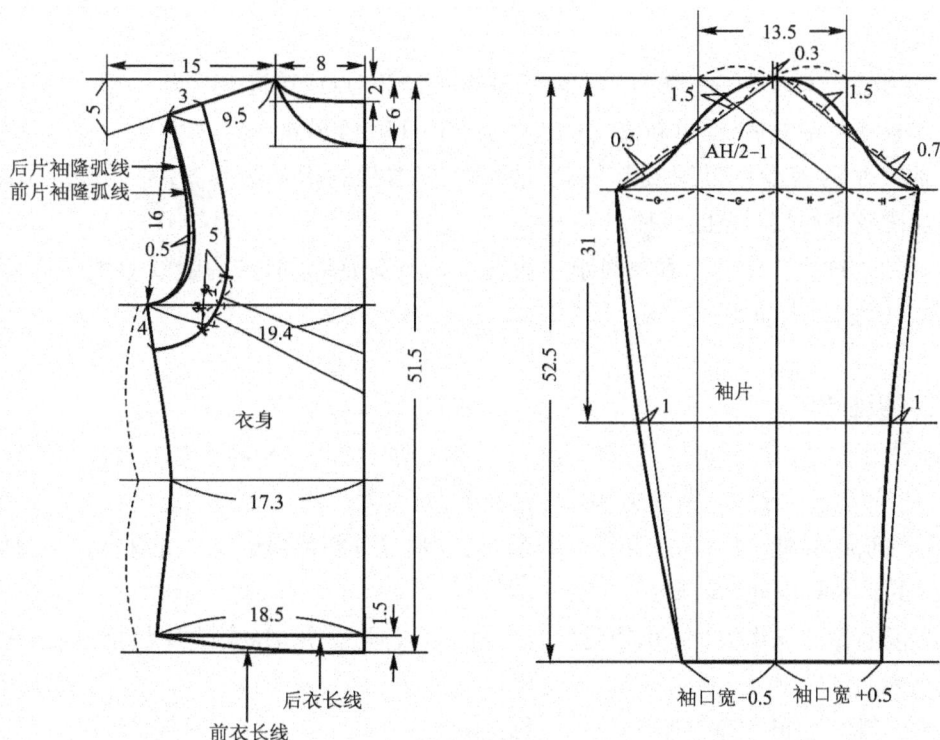

图3-155

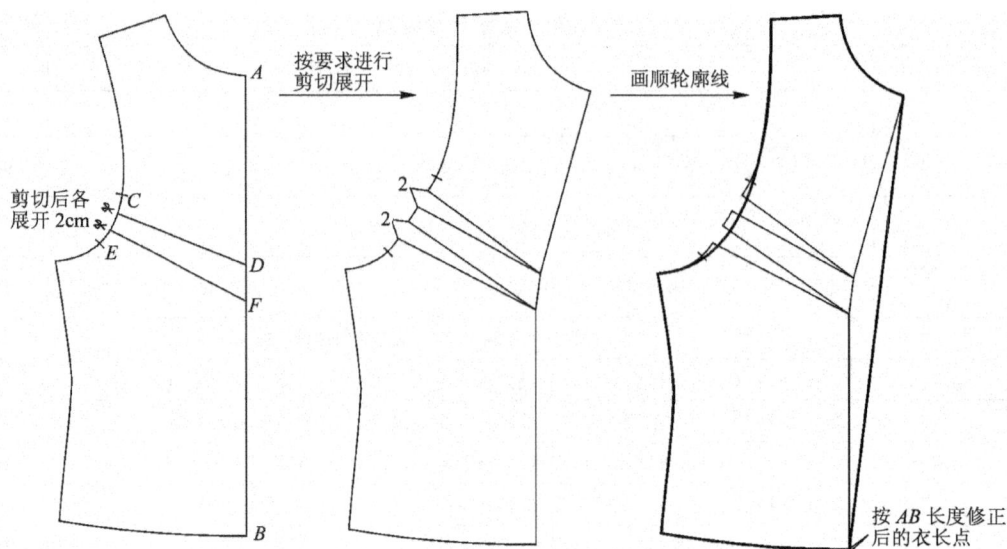

按要求进行剪切展开

画顺轮廓线

剪切后各展开2cm

按 AB 长度修正后的衣长点

图 3 - 156

八、制图要领说明

1. $\dfrac{前胸宽}{2}$ 比 $\dfrac{后背宽}{2}$ 小 0.5cm。

2. 画袖窿分割弧线时应与前片的袖窿弧线相对应,在保证宽度尺寸时,要注意线条的流畅美观。

3. 画剪切线 CD、EF 时,线条的方向尽可能对着 BP 点或接近 BP 点。

4. 展开所需褶量后,要重新修正样板,如图 3 - 156 所示。

5. 抽褶量的多少可根据实际外观效果来定,本款的褶量为 4cm,基本接近抽褶间距 5cm,属抽褶较密集较明显的一种。

6. 因领子拼缝线对位于后领圈距左肩缝 1.5cm 处,装领时与肩缝线对位更方便,领子的前后领中点处不打剪口。

九、样板制作

对制图加放缝份即成可供裁剪的毛样板。缝份加放如下:肩缝、领圈、袖窿、侧缝、袖山、袖缝处,缝份均为 1cm。衣片下摆、袖口,缝份 1.5cm。

在后领圈距肩缝 1.5cm 处、腰节处打剪口;在袖窿分割片抽褶对位处打剪口;在袖肘线、袖山弧线的装袖对位处打剪口。

在样板上标注丝绺方向,并写明款式名称、款式号、裁片名称、裁片数量、规格等,如图 3 - 157 所示。

领子(毛样)的尺寸确定如下(图 3 - 158):

长度:领圈尺寸 +2cm(缝份);宽度:10cm(高)×2(双层做领)+2cm(缝份)。

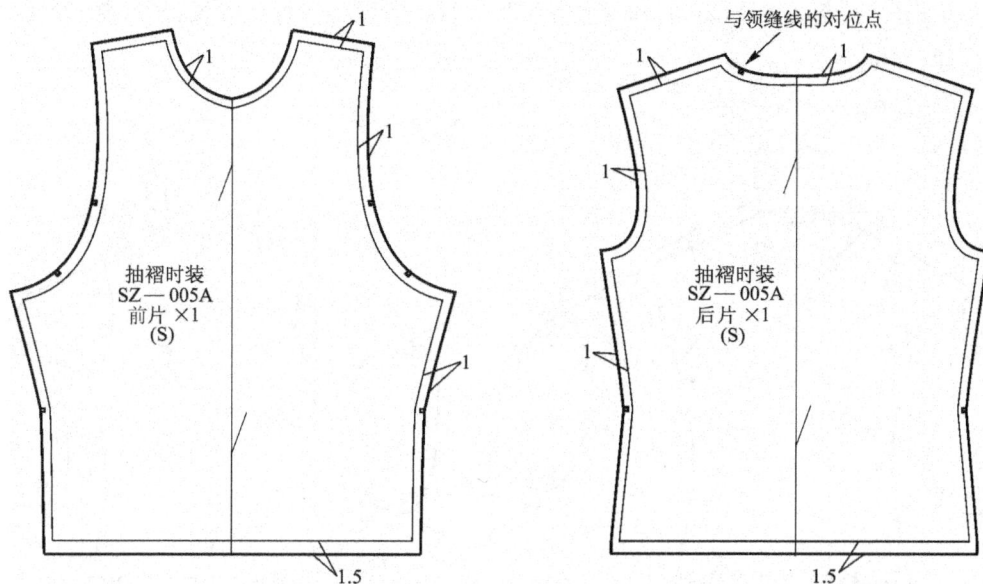

图 3 – 157

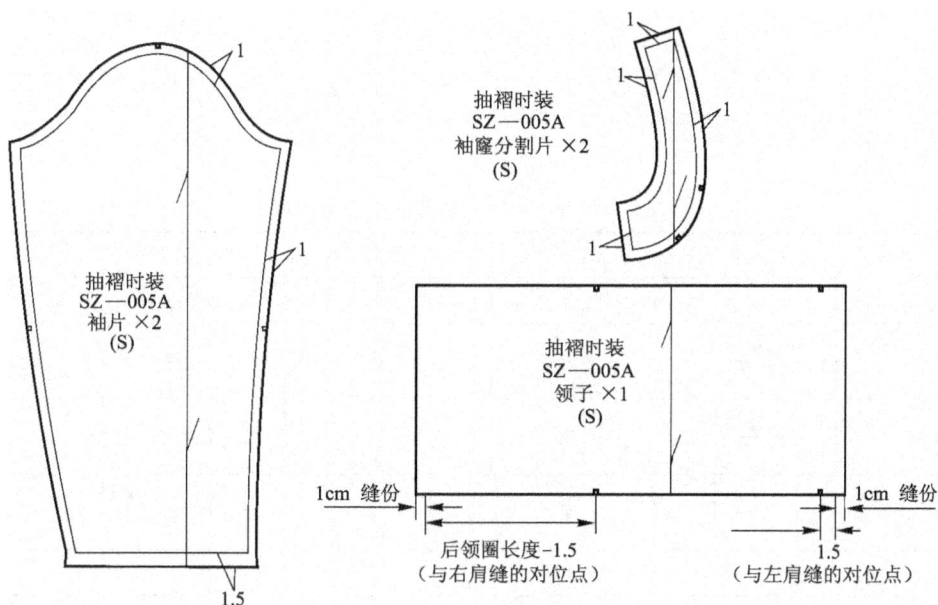

图 3 – 158

作业与指导

灯笼袖时装的打板及生产工艺设计

款式特征:该款为育克分割灯笼袖套头衫;前片有育克分割片,分割线上有抽褶;领子为抽橡筋堆领造型;袖子的袖肘以下为灯笼袖造型;衣长前长后短,下摆双针折边高 2m,针距 0.6cm;主标钉于后领居中,尺码洗涤标钉于右衣片向上净 10cm 居中,见图 3 –159。

坯布成分:主料为 C18.2tex(32 英支)+ T11.1tex(100 旦)的天鹅绒;75% 棉,25% 涤纶;克重为 160g/m²。

辅料:主标、尺码洗涤标。

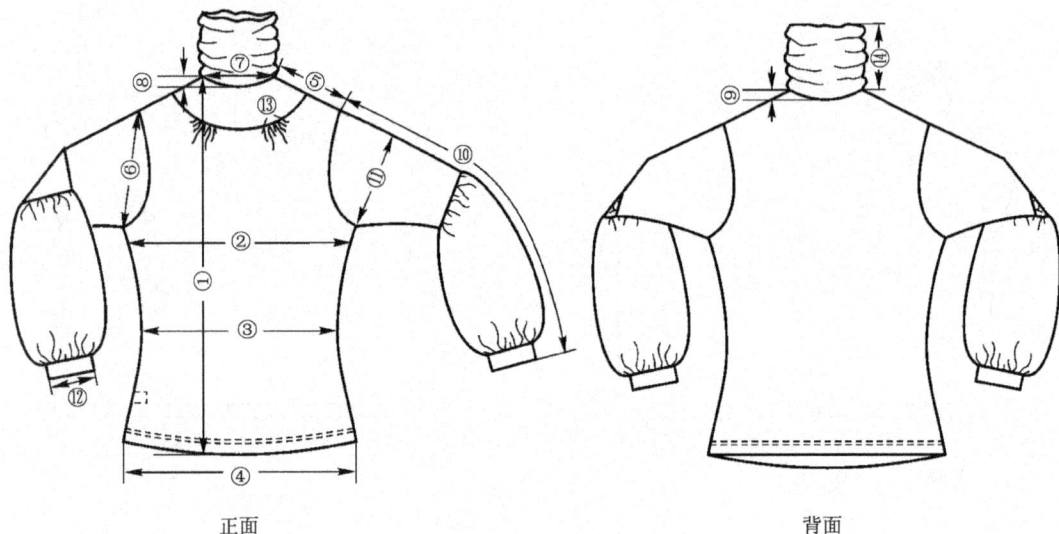

正面   背面

图 3 - 159

成品规格:见表 3 - 77。

表 3 - 77　成品规格　　　　　　　　　　　　　　　　　　　　单位:cm

代　号	部位名称	尺　寸	代　号	部位名称	尺　寸
①	衣长	52	⑧	前领深	7
②	$\frac{胸围}{2}$	40	⑨	后领深	2
③	$\frac{腰围}{2}$	36	⑩	袖长	53
④	$\frac{下摆}{2}$	40	⑪	袖肥	14
⑤	小肩	10	⑫	袖克夫(高×宽)	3×9
⑥	挂肩	17	⑬	抽褶间距	5
⑦	领宽	17	⑭	领高	8

要求:

1. 写出该款式的缝制工艺流程。

2. 写出该款式的缝制要求(包括用针、用线、线迹密度、缝迹类型、缝制具体要求等)。

3. 用表格列出制图尺寸计算方法及结果。

4. 1:5 制图(包括前后衣片、前育克、袖上片、袖下片、袖克夫、领子规格,要求标注尺寸,线条符合要求,参见案例)。

5. 样板制作(格式及要求参见案例)。

要点提示:

1. 天鹅绒的纵向回缩率和横向回缩率均为 3.5%。

2. 前育克分割线的位置及造型参照图 3 – 155 制图。

3. 抽褶量的多少根据款式图抽褶效果自定。

4. 领子抽褶后的高度为 8cm,制图时应加出抽褶量。

5. 袖子分割线位于袖肘线向上 2 ~4cm。

6. 根据已知规格打样,细部规格按款式图比例结合实际比例确定。

实训二十九　育克插肩袖时装的样板设计与生产工艺设计

一、款式说明

款式特征:该款为育克分割插肩袖拉链风帽开衫。前后衣片有育克分割,前育克左右各缉 6 条 0.5cm 宽塔克线装饰;在育克和衣片拼合线上各敲 6 个铆钉,后育克共敲 6 个铆钉;下摆装 10cm 宽罗纹;前衣片贴袋鼠袋,袋鼠袋袋口打 3 个 1cm 大褶裥,袋口装 2.5cm 宽罗纹,罗纹上敲 5 个铆钉;前片装明拉链,上压 0.7cm 明线;袖子为插肩袖,袖口装 8cm 宽罗纹;装帽款式,帽檐打气眼装帽绳装吊钟。见图 3 – 160。

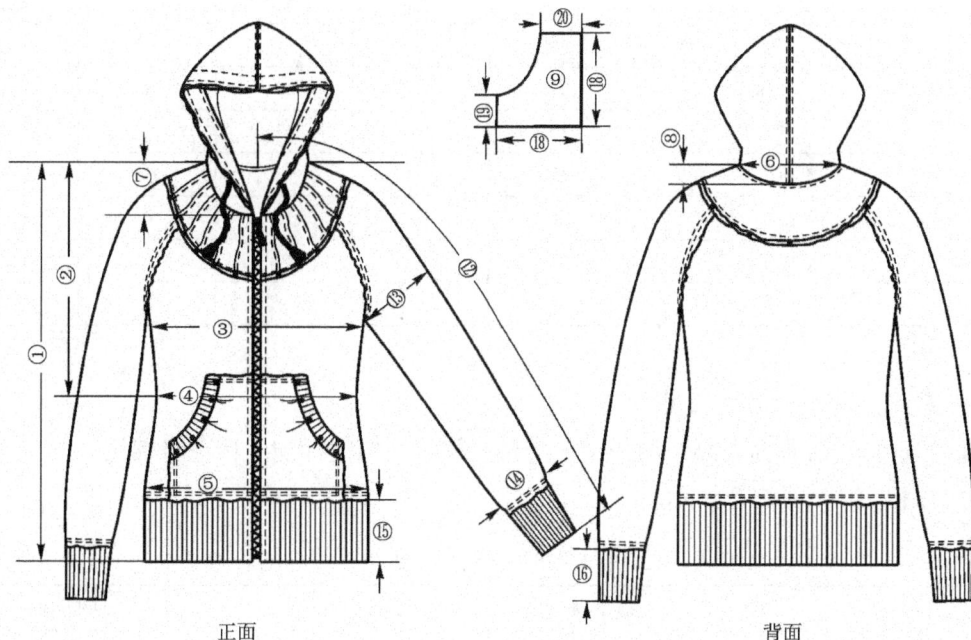

正面　　　　　　　　　　　　　背面

图 3 – 160

坯布成分:主料为 J36.4tex×2 + J58.3tex + 7.7tex(32 英支/2 + 10 英支 + 70 旦)的氨纶毛圈布;95% 棉,5% 氨纶;克重为 360g/m²。

辅料:主标、尺码洗涤标。

二、成品规格及测量部位

成品规格见表 3–78,测量部位见图 3–160。

表 3–78 成品规格   单位:cm

代 号	部 位 名 称	规 格 尺 寸				公差
		S	M	L	档差	
①	衣长	56	58	60	2	±1.5
②	腰节高	33	34	35	1	±0.5
③	$\frac{胸围}{2}$	42	44	46	2	±1
④	$\frac{腰围}{2}$	37	39	41	2	±1
⑤	$\frac{摆围}{2}$	42	44	46	2	±1
⑥	领宽	19	20	21	1	±0.5
⑦	前领深	7	8	9	1	±0.5
⑧	后领深	2.5	2.5	2.5	0	±0.1
⑨	贴袋(⑱/⑲/⑳)	18/5/7.5	18/5/7.5	18/5/7.5	0	±0.5
⑩	前育克位(前中/肩缝)	9.5/8.5	10/9	10.5/9.5	0.5	±0.3
⑪	后育克位(后中/肩缝)	9.5/8.5	10/9	10.5/9.5	0.5	±0.3
⑫	后中袖长	72	76	80	4	±1.5
⑬	袖肥	15	16	17	1	±0.5
⑭	袖口宽	12	12.5	13	0.5	±0.5
⑮	下摆罗纹高	10	10	10	0	±0.5
⑯	袖口罗纹高	8	8	8	0	±0.5
⑰	帽子(宽×高)	35×24	35×24	35×24	0	±0.5

三、缝纫线与缝纫用针要求

缝纫线要求:所有缝合部位均采用大身色涤棉线。钉主标配主标色涤棉线。

缝纫用针要求:见表 2 所示。

表 3–79 缝纫用针要求

缝纫机种	平 缝 机	四线包缝机	双针绷缝机
缝纫用针	14#	14#	14#
针迹密度(针/2cm)	8	8	8

四、缝制工艺流程

平车袋口打褶→做袋→钉袋→平车前育克打褶→平车贴前后育克贴条→平双针毛接前后袖与袖窿→四线拷合前后育克肩缝→平车毛接前后育克与前后衣片→平双针毛接袖口罗纹→平双针毛接下摆罗纹→四线拷合侧缝和袖底缝→帽片打气眼→四线拷合帽子→平车贴帽檐贴边→平车装拉链→四线拷合装帽子→平车压领圈门襟止口→前后育克处敲铆钉→穿帽绳→装吊钟→钉商标。

五、缝制要求

1. 平车袋口打褶裥,褶裥大 1.5cm,开口朝上。

2. 四线拷合袋口罗纹,敲袋口铆钉,平车双线贴袋,宽 0.7cm。

3. 平车前育克打褶裥,褶裥大 1cm,裥朝肩缝,平车贴前后育克贴条,贴条外露 0.7cm,如图 3 - 161(a)所示。

4. 平双针毛接前后插肩袖与袖窿,重叠 2cm,如图 3 - 161(b)所示。

5. 四线拷合前后育克肩缝,平车毛接前后育克与前后衣片,重叠 2.2cm。

6. 平双针毛接袖口罗纹和下摆罗纹,重叠 2cm(同袖窿拼接),四线拷合侧缝和袖底缝,袖口及下摆处塞头,尺码洗涤标钉于左衣片向上净 6cm 居中(穿起计)。

7. 帽片打气眼,四线拷合帽子,平车贴帽檐贴边,宽度两边留 1cm 压线,总宽宽 4cm。

8. 平车装拉链,四线拷合装帽子,平车压领圈、门襟止口,宽 0.7cm。

9. 前后育克处敲铆钉,穿帽绳装吊钟。

10. 主标两头折光钉于后领居中,两端缉线 0.1cm。

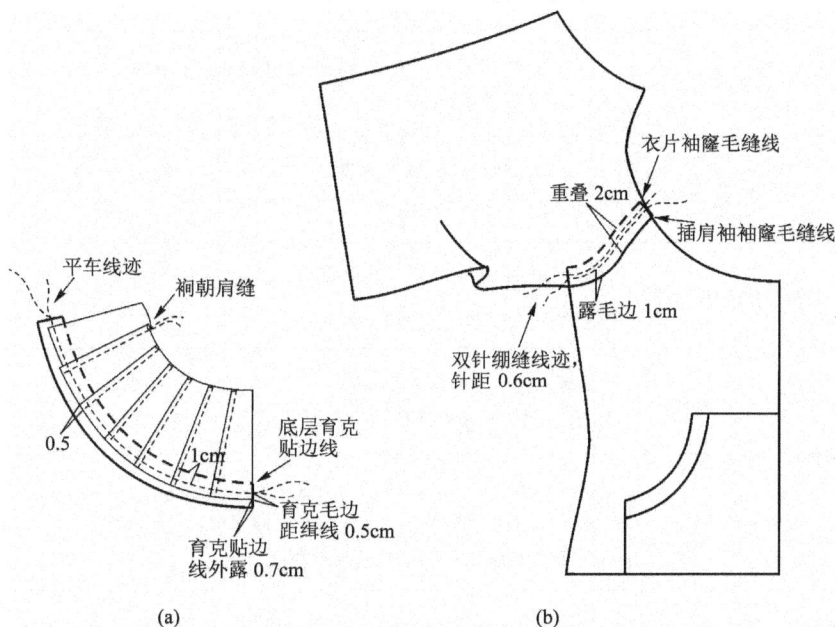

图 3 - 161

六、制图尺寸计算

以 M 号规格为例,采用规格演算法制图,制图时考虑坯布回缩率不考虑缝耗,制作裁剪样板时再把缝耗加进去。经测试,该坯布纵、横向回缩率均为 4.5%。计算结果见表 3 - 80。

表 3 - 80　制图尺寸计算　　　　　　　　　　　　　　　　单位:cm

序号	部　位	计 算 方 法	尺　寸
1	衣长	衣长规格 + 衣长规格 × 纵向回缩率 = 58 - 10(下摆罗纹高) + 48 × 4.5%	50.2
2	腰节高	腰节高规格 + 腰节高 × 纵向回缩率 = 34 + 34 × 4.5%	35.5
3	$\frac{胸围}{2}$	$\frac{胸围规格}{2}$ + $\frac{胸围规格}{2}$ × 横向回缩率 = 22 + 22 × 4.5%	23
4	$\frac{腰围}{2}$	因胸围已加缩率,腰围规格直接按胸腰差 2.5 进行侧缝收腰,即胸围规格(22) - 腰围规格(19.5)	在胸围基础上收腰省 2.5
5	$\frac{摆围}{2}$	同胸围	23
6	领宽	$\frac{领宽规格}{2}$。由于领宽部位在缝制过程中容易受到拉伸,故不考虑回缩率	10
7	前领深	前领深规格 7。由于领深部位在缝制过程中容易受到拉伸,故不考虑回缩率	8
8	后领深	后领深规格 2.5。由于领深部位在缝制过程中容易受到拉伸,故不考虑回缩率	2.5
9	贴袋(⑱/⑲/⑳)	贴袋(18/5/7.5)。属于小部位,不影响成衣的规格检测和验收,故不考虑回缩率	18/5/7.5
10	前育克位(前中/肩缝)	前育克位(10/9)。属于小部位,不影响成衣的规格检测和验收,故不考虑回缩率	10/9
11	后育克位(后中/肩缝)	后育克位(10/9)。属于小部位,不影响成衣的规格检测和验收,故不考虑回缩率	10/9
12	后中袖长	76 - 8(袖口罗纹高) + 0.5。由于袖长在整烫过程中容易受到拉伸而伸长,故不按纵向回缩率加回缩,而是直接加经验值 1.5	68.5
13	袖肥	袖肥规格 16。属于小部位,不影响成衣的规格检测和验收,故不考虑回缩率	16

序号	部　位	计　算　方　法	尺　寸
14	袖口宽	袖口宽规格12.5。属于小部位,不影响成衣的规格检测和验收,故不考虑回缩率	12.5
15	下摆罗纹高	下摆罗纹高10。属于小部位,不影响成衣的规格检测和验收,故不考虑回缩率	10
16	袖口罗纹高	袖口罗纹高8。属于小部位,不影响成衣的规格检测和验收,故不考虑回缩率	8

七、制图

根据表3－80中计算所得尺寸,育克插肩袖时装前衣片、前育克、前袖片、贴袋、门襟贴边的制图如图3－162所示。后衣片、后育克、后袖片及帽子的基本制图如图3－163所示。育克和贴袋的展开图如图3－164所示。下摆罗纹、袖口罗纹、袋口罗纹、帽檐贴边的尺寸在样板制作中直接计算画图如图3－167所示。

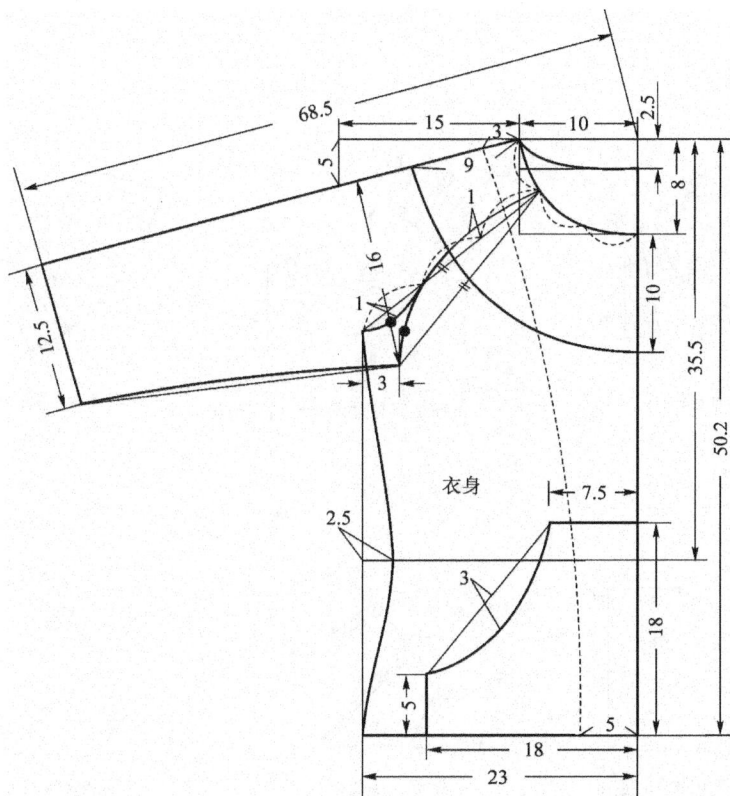

图3－162

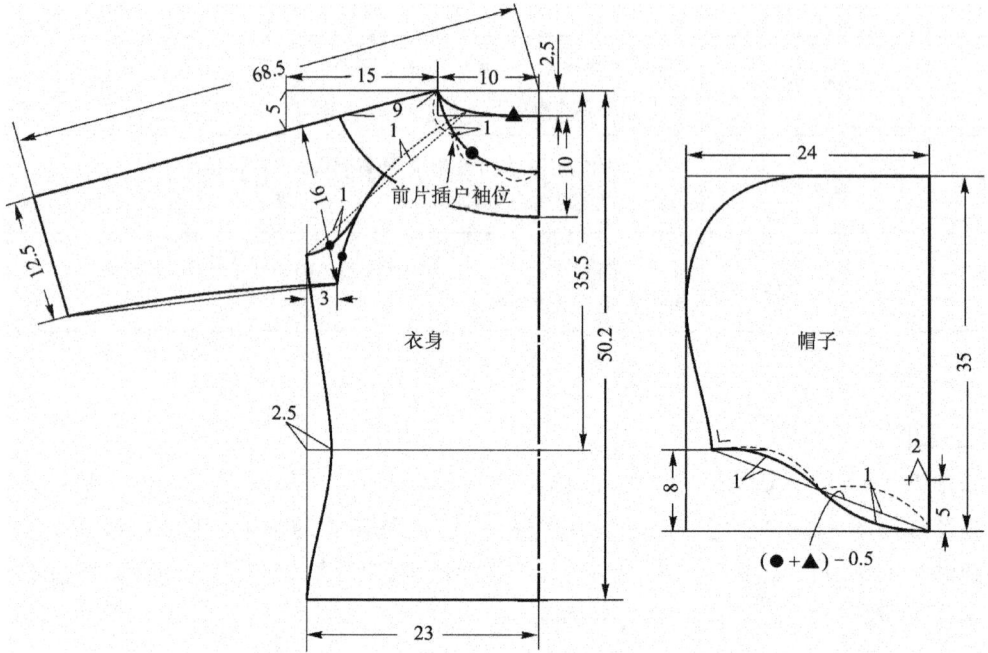

图 3 - 163

育克展开图：

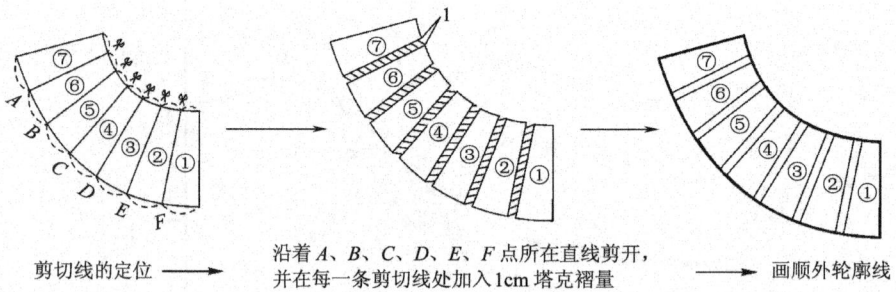

剪切线的定位 → 沿着 A、B、C、D、E、F 点所在直线剪开，→ 画顺外轮廓线
并在每一条剪切线处加入1cm塔克褶量

贴袋展开图：

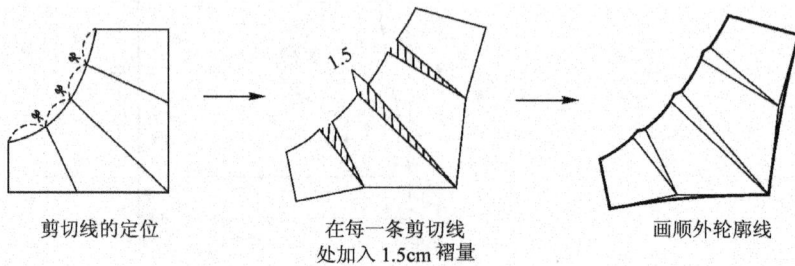

剪切线的定位 在每一条剪切线 画顺外轮廓线
处加入 1.5cm 褶量

图 3 - 164

八、制图要领说明

1. 此款式在下摆与袖口处为毛边设计,在计算衣长与袖长时直接算至毛边处,放缝时就不必再考虑衣长和下摆的缝份,只需在下摆和袖口罗纹的高度处放出2cm缝份。

2. 插肩袖袖长从后中起量,袖口线与袖中心线垂直。

3. 前后衣片的袖窿弧线与插肩袖的袖窿弧线等长。

4. 插肩袖前后袖子缝合在一起时,要保证前后领圈部分弧线圆顺。

5. 帽子的装领斜线长度按(前领圈＋后领圈－0.5cm)计算,等画为弧线时让弧线长度正好与前后领圈弧线等长,如图3－163所示。

6. 贴袋加放褶量后的袋口弧线处理:可把褶按方向折叠好,然后按放缝后的袋口弧线剪顺,如图3－164所示。

九、样板制作

对制图加放缝份即成可供裁剪的毛样板。缝份加放如下:前后衣片的育克分割线、侧缝、袖窿、袖子的育克分割线、袖窿、袖底缝、帽子的帽中线、装帽弧线处,缝份均为1cm;前后育克的领圈弧线、肩斜线、贴袋的袋口线、袋底线处,缝份均为1cm;前衣片的中心线、贴袋的中心线、前后育克的育克分割线处,缝份均为0.5cm,如图3－166和图3－167所示;前后育克贴边的缝份如图3－165所示。

在前片腰节处打剪口;在后片腰节处、后中线两端打剪口;在袖子中心点与育克的肩线对位处打剪口;帽子装帽弧线与肩线的对位处打剪口;后育克与后育克贴边的中心线两端打剪口;帽子帽檐贴边中点与后下摆罗纹的中点处打剪口;袋口与前育克的打褶处打剪口。

在样板上标注丝缕方向,并写明款式名称、款式号、裁片名称、裁片数量、规格等,如图3－165～图3－167所示。

前后片下摆罗纹(毛样)的尺寸确定如下(图3－167):

长度:前后片下摆长度(毛长)×90%;宽度:10cm(净宽)×2＋4cm(缝份)。

袖口罗纹(毛样)的尺寸确定如下:

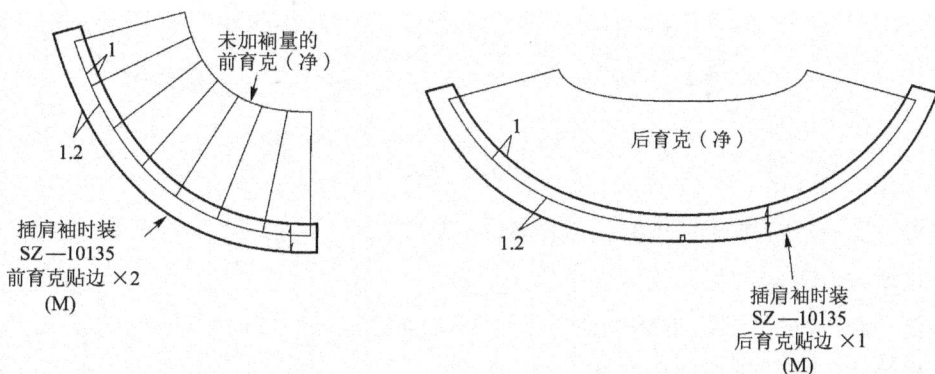

图3－165

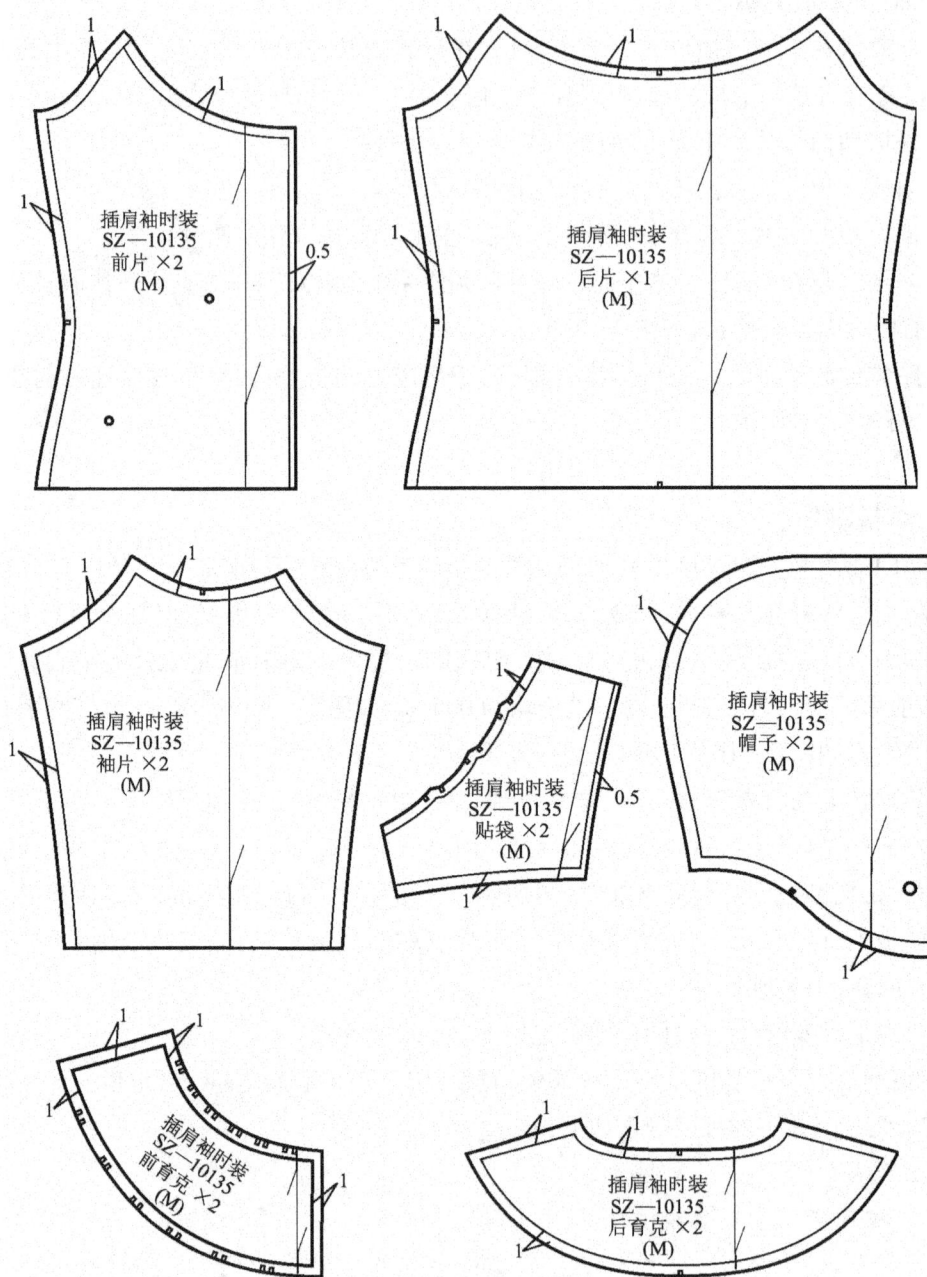

图 3 - 166

长度:袖口长度(毛长)×80%;宽度:8cm(净宽)×2＋4cm(缝份)。

袋口罗纹(毛样)的尺寸确定如下:

长度:袋口长度(毛长)×80%;宽度:2.5cm(净宽)×2＋2cm(缝份)。

帽檐贴边(毛样)的尺寸确定如下:

长度:帽檐毛长;宽度:4cm。

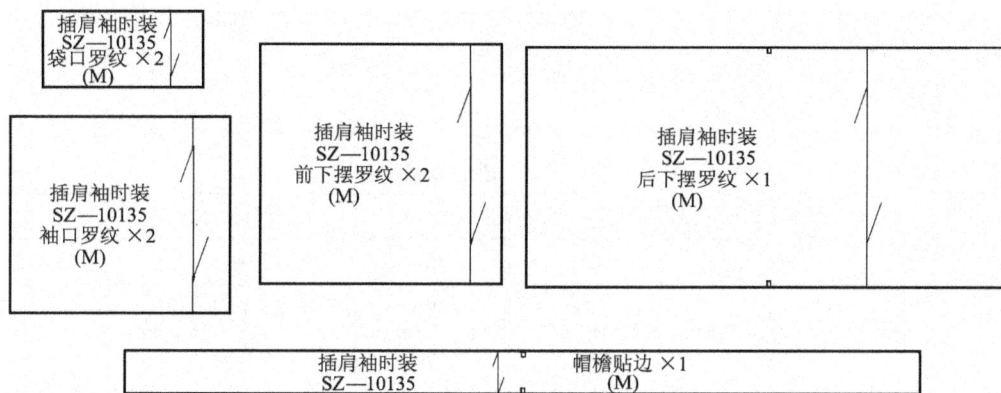

插肩袖时装
SZ—10135
袋口罗纹 ×2
(M)

插肩袖时装
SZ—10135
袖口罗纹 ×2
(M)

插肩袖时装
SZ—10135
前下摆罗纹 ×2
(M)

插肩袖时装
SZ—10135
后下摆罗纹 ×1
(M)

插肩袖时装
SZ—10135

帽檐贴边 ×1
(M)

图 3 – 167

作业与指导

打褶插肩袖时装的打板及生产工艺设计

款式特征:打褶插肩袖拉链风帽开衫。前衣片典型插肩袖分割,在左右袖片的插肩袖分割线上各打 3 个 2cm 大褶裥,褶朝袖口;左右前片各贴 1 个袋鼠贴袋,袋口上装装饰袋盖,上钉装饰扣 2 粒;后衣片插肩袖直至后中心,分割线距后领深 4cm;后片收 2 个 2cm 大腰省,省量外露,上压 0.1cm 明线;袖口、下摆装 5cm 宽罗纹,帽檐装 2.5cm 宽罗纹;前片装明拉链,上压 0.7cm 明线(图 3 – 168)。

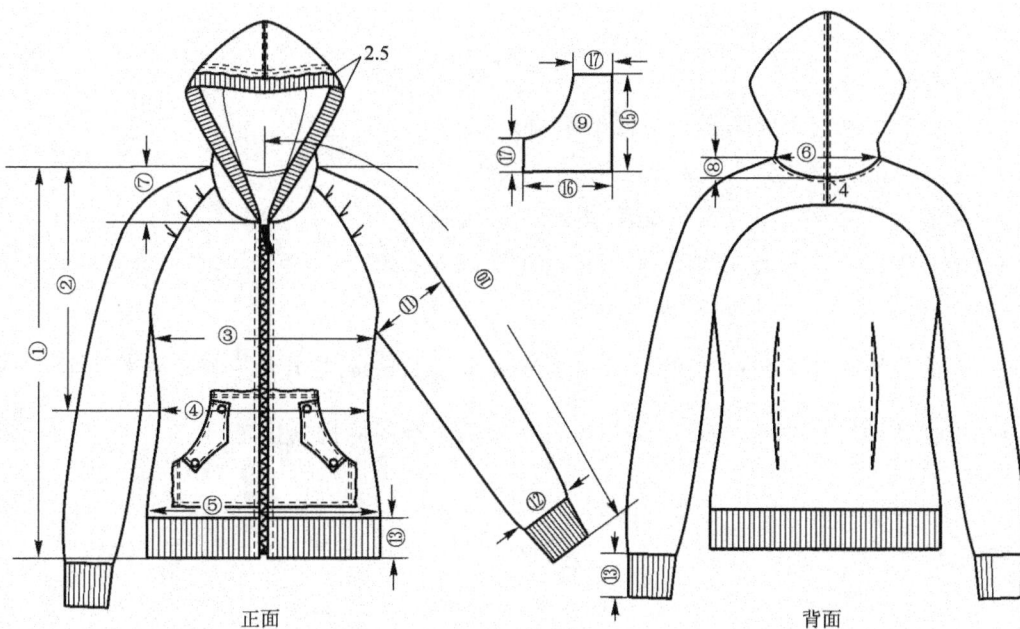

正面　　　　　　　　　　背面

图 3 – 168

坯布成分:主料为 J18.2tex(32 英支)的棉毛布;65% 棉,35% 涤纶;克重为 230g/m^2。

辅料:主标、尺码洗涤标。

成品规格:见表 3 - 81。

表 3 - 81 成品规格

单位:cm

代 号	部位名称	尺 寸	代 号	部位名称	尺 寸
①	衣长	56	⑧	后领深	2.5
②	腰节高	34	⑨	贴袋(⑮/⑯/⑰)	19/16/7
③	$\frac{胸围}{2}$	42	⑩	后中袖长	55
④	$\frac{腰围}{2}$	37	⑪	袖肥	15
⑤	$\frac{下摆}{2}$	42	⑫	袖口	12
⑥	领宽	18	⑬	袖口、下摆罗纹高	5
⑦	前领深	7	⑭	帽子(宽×高)含帽檐罗纹	25×36

要求:

1. 写出该款式的缝制工艺流程。

2. 写出该款式的缝制要求(包括用针、用线、线迹密度、缝迹类型、缝制具体要求等)。

3. 用表格列出制图尺寸计算方法及结果。

4.1:5 制图(包括前后衣片、袖子、帽子、贴袋、袋盖、袖口罗纹、下摆罗纹、帽檐罗纹规格,要求标注尺寸,线条符合要求,参见案例)。

5. 样板制作(格式及要求参见案例)。

要点提示:

1. 棉毛布的纵向回缩率和横向回缩率均为 2%。

2. 插肩袖的打褶位置根据款式图自定。

3. 袋盖的位置及大小根据贴袋尺寸结合款式图自定。

4. 贴袋的上端及靠侧缝的侧端直接毛缝留 1cm 压双线,其余部位折近做光,缉 0.7cm 明线;帽子与帽檐罗纹留 1cm 直接毛接。

5. $\frac{1}{2}$ 的胸腰差量为 5cm,前片和后片的侧腰各收 1.5cm,后片的 $\frac{1}{2}$ 腰围大处再收 2cm。

6. 根据已知规格打样,细部规格按款式图比例结合实际比例确定。

第四章　针织服装款式设计综合实训

● 本章知识点 ●

1. 裤装款式设计与生产工艺设计。

2. 裙装款式设计与生产工艺设计。

3. T恤款式设计与生产工艺设计。

4. 针织外套款式设计与生产工艺设计。

5. 针织服装的排料、用料计算。

6. 针织服装的缝制技术。

实训三十　T恤的设计与制作

一、实训目的与要求

1. 了解女式T恤及男式T恤的局部设计及整体款式设计要领。

2. 自行设计一个系列(4款)T恤,画出款式图。

3. 依据款式,设计规格尺寸、制作样板、画出排料图并计算用料。

4. 选出其中一款制作样衣。

二、实训材料与工具

1. 直尺、软尺、曲线板、剪刀、划粉、裁剪台、缝纫设备。

2. 绘图纸、样板纸、笔、针织面料等。

三、实训任务

1. 查找参考资料,自行设计系列款式。

2. 画出款式图,标明测量部位、测量方法并设计各部位规格尺寸。

3. 测试面料的缝制自然回缩率。

4. 计算样板各部位的规格尺寸,画出样板图,经检验核查后剪成纸样。

5. 排料,修正弯套部位。

6. 裁剪、缝制、检验成衣的穿着效果,修改使其达到预期效果。

四、实训报告要求及作业

1. 系列款式图上需附设计构思、灵感来源。

2. 需详细说明缝制自然回缩率的测试步骤及方法。

3. 制图线条流畅并符合要求、标注正确规范、构图合理、图纸整洁。

4. 样板上需标明刀眼位置、丝缕方向、产品名称、号型规格、样板名称及裁剪数量。

5. 工艺单内容需包括详细的缝制工艺流程、产品名称、编号、采用坯布名称、产品规格、用料门幅、段长、设计者、审核者等内容。

6. 所缝制的样衣需拍成照片附在报告上。

五、实训辅导材料

1. 服装外轮廓线的基本类型。服装的外形轮廓主要分为四种：

（1）H型。H型外轮廓呈长方形，宽肩、松腰，肩、腰、下摆宽度基本一致，给人以沉稳的感觉，如图4-1所示。

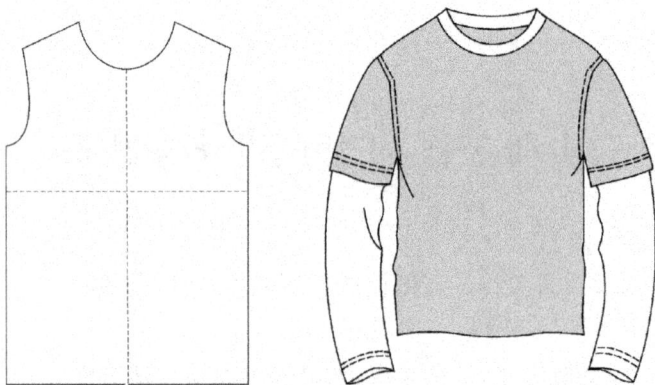

图4-1

（2）A型。A型造型上窄下宽，设计中通过削肩和提高腰线位置，使得宽大的下摆更具女性的妩媚，颇受女性喜欢，如图4-2所示。

图4-2

（3）X型。X型外形轮廓像大写的英文字母X，通过收紧腰身、夸张肩部和下摆形成，可体现女性的纤细和曲线美，如图4-3所示。

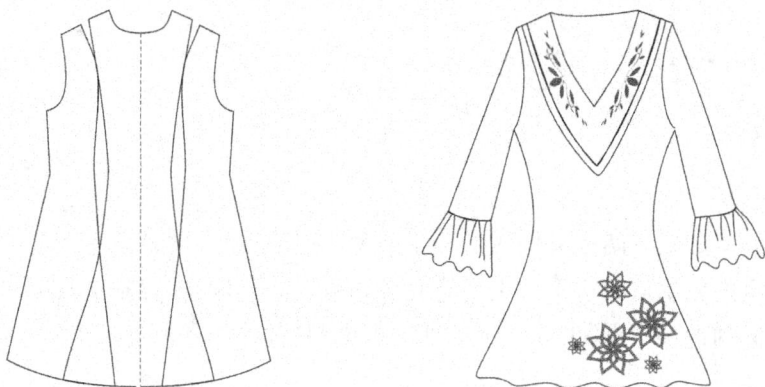

图4-3

（4）V型。V型外形轮廓呈倒三角，通过夸张肩部、收缩衣服下摆而形成，主要体现男性宽肩、挺拔的阳刚之美，如图4-4所示。

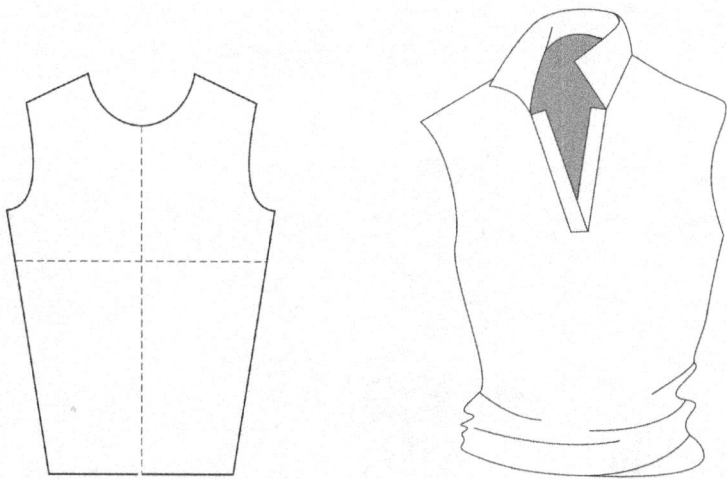

图4-4

2.T恤局部设计。

（1）衣领设计。衣领是服装上至关重要的一个部分，式样繁多，极富变化，既有外观形式上的变化又有内部结构的不同。

①衣领的分类。针织服装的领型从结构上分主要有挖领和添领两大类。

挖领是最基础、简单的领型，是针织服装的一大特色。它沿着颈根部的弧线弯曲度，与人体颈部自然地在服装的领口部位挖剪出各种形状的领窝，能表现人体的自然美，如图4-5所示。挖领领线必须准确把握颈部形态的特点和领型特点进行设计，否则易造成领线不圆顺、不贴体。通常的挖领有圆领、V 领、U 领、方形领、船领等,通过折边、滚边、饰边、加罗纹边等方法对边口加以工艺处理。这种处理方法既解决了针织面料容易脱散、卷边的问题,又利用面料的伸缩性能解决了穿脱的问题,而且形成了种类繁多的领部形态。

图 4 - 5

添领是由领口和领子两部分构成的领子造型,多用于针织的外衣中,但是 T 恤中也不乏此类领型。常见的领型从结构上分主要有立领、翻领、坦领和连帽领,如图 4-6 所示。不同的领型具有不同的造型特点,设计时更多地根据面料、款式的需要去考虑。

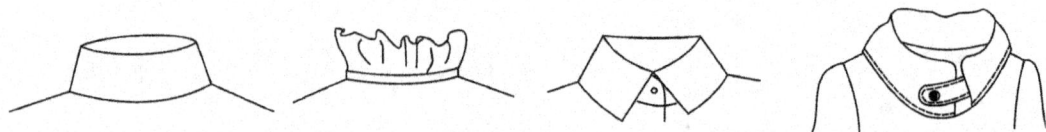

图 4 - 6

②T 恤衣领设计实例。

a. 女式 T 恤常见的挖领型。女式 T 恤常见的挖领领型如图 4-7 所示。

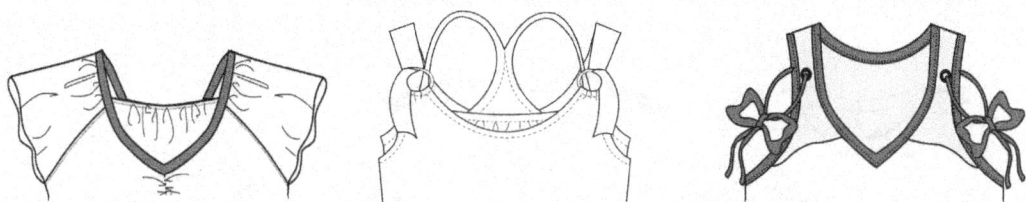

图 4 - 7

b. 女式 T 恤常见的添领型。女式 T 恤常见的添领型如图 4 - 8 所示。

图 4 - 8

c. 男式 T 恤常见的挖领型。男式 T 恤常见的挖领型如图 4 – 9 所示。

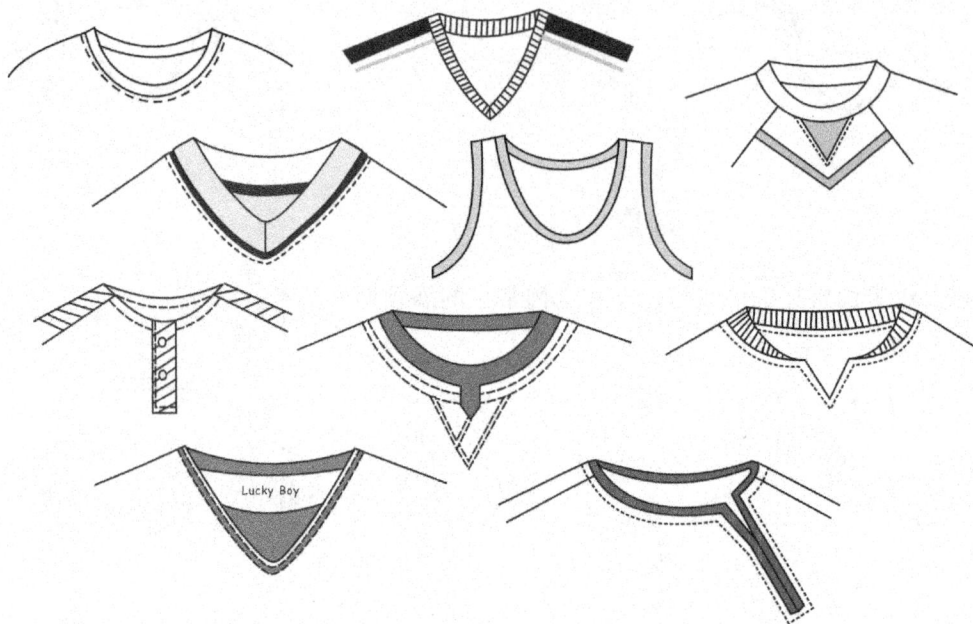

图 4 – 9

d. 男式 T 恤常见的添领型。男式 T 恤常见的添领型如图 4 – 10 所示。

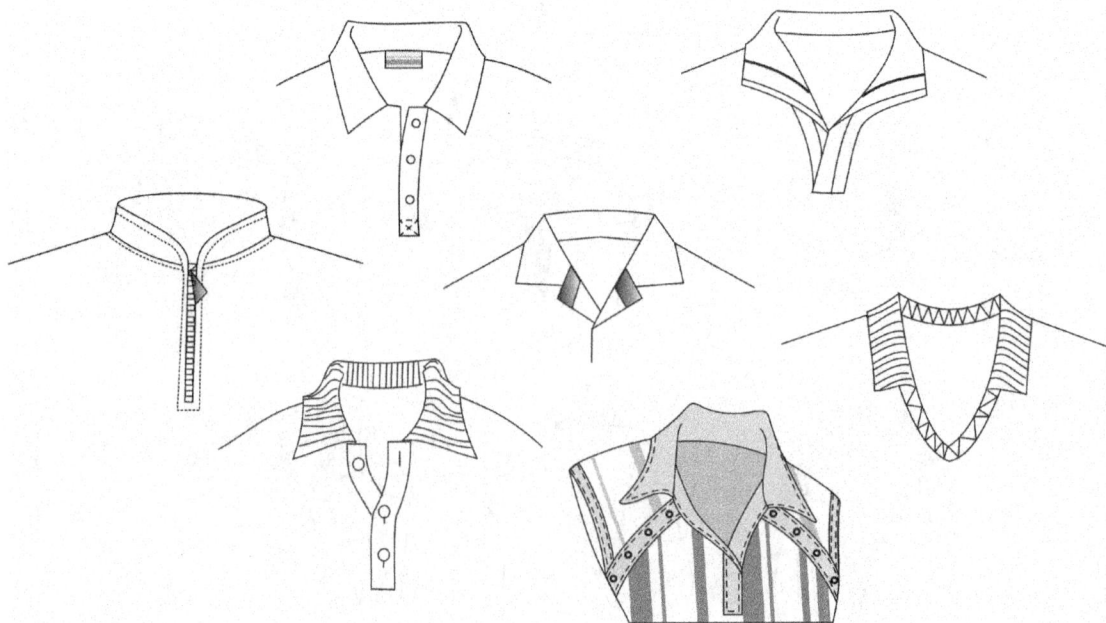

图 4 – 10

（2）肩袖设计。肩袖造型包括袖窿与袖子两个部分,千变万化的袖子样式就是由各种形态的袖窿、袖山、袖口、袖形的长短肥瘦,再配合多变的装接缝纫方法而构成的。

①衣袖的分类。袖型的分类方法较多,按袖片的数目多少可分为单片袖、双片袖、三片袖和多片袖;按袖子装接方法的不同可分为装袖、插肩袖、连裁袖和组合袖;按袖子的形态特点可分为灯笼袖、喇叭袖、花瓣袖、羊腿袖等。归纳起来,常见的袖型主要有以下四种（图4－11）:

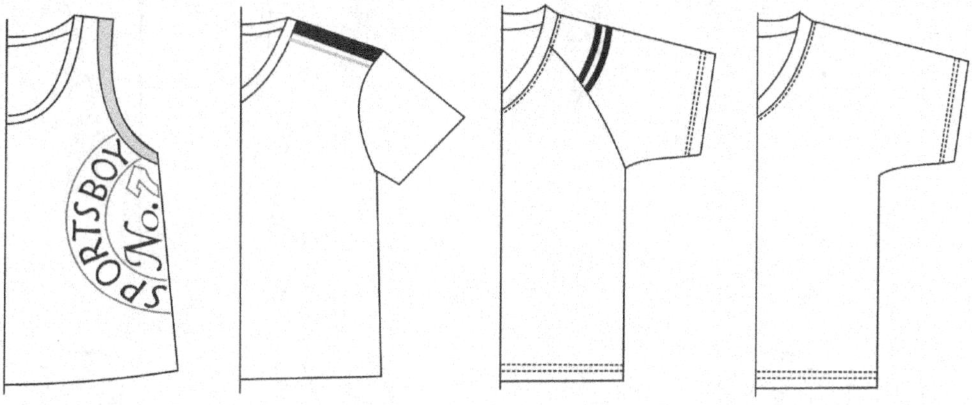

| 无袖 | 装袖 | 插肩袖 | 连身袖 |

图 4－11

a. 无袖,即直接由袖窿构成的袖型,常见于夏季服装中。针织服装可以通过滚边、折边、饰边等方法对袖窿进行工艺处理,结构上多体现为合体型。

b. 装袖,即袖片与衣身在人体肩峰处分开。针织服装中装袖多以平袖的形态出现,通常其袖山长度与袖窿长度相吻合,缝合后肩缝平服、自然。在造型上有合体和宽松之分,多为一片袖。

c. 插肩袖,即将衣片的一部分转化成了袖片,视觉上增加了手臂的修长感。插肩袖的袖窿和袖身的结构线颇具特色,流杨简洁而宽松,行动较方便自如。运动装中常采用这种袖型,它还适用于所有服装,如大衣、风衣、短上衣、连衣裙等。依据不同的造型,插肩袖还有全插肩、半插肩之分,结构上还有一片插肩袖和两片插肩袖等。

d. 连身袖,又称中式袖,特点是袖子与衣身连为一体(无袖窿线)。这是衣袖一体、呈平面形态的袖型。衣袖下垂时,构成自然倾斜或圆顺的肩部造型,腋下则出现微妙的柔软沂纹,具有东方传统服饰的特点。我国古代的传统服装中多采用此种类型的袖子。连身袖穿着舒适,手臂活动不受拘束,属于宽松型,现多用于时装以及日常休闲时穿的长衫、晨衣、浴衣、家居服、海滩服。

总之,袖子的长短、肥瘦造型都是以服装主体结构造型为基础的,应该与主体结构相协调,形成整体美。除了袖子造型上的变化外,在面料的选用上,袖子可以采用与大身相同的面料,也可以采用不同的面料,如大身用针织面料、袖子采用机织面料,反之亦可。面料肌理的变化、袖型的多样都可以大大丰富针织服装的造型。

②T恤衣袖设计实例。

a. 女式T恤常见的袖型。女式T恤常见的袖型如图4－12所示。

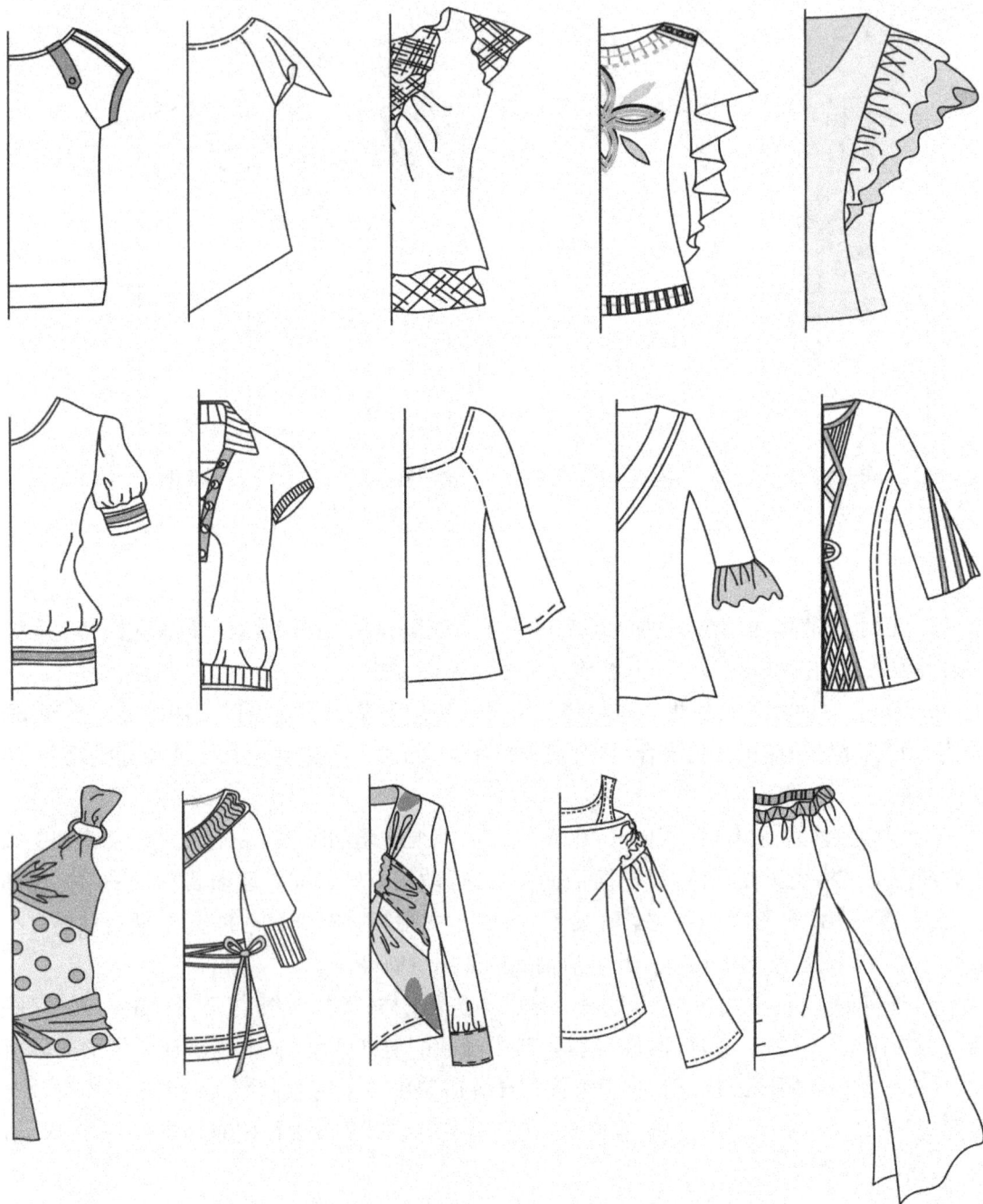

图4－12

　　b. 男式 T 恤常见的袖型。男式 T 恤常见的袖型如图 4－13 所示。

　　c. T 恤图案设计。服装上的图案种类繁多,有些是面料中已经织好的花纹,有些是通过后加工印染或者刺绣、粘贴而形成的。图案题材很多,大致有动物题材、植物题材、人物题材,等等,当然分类方法不同,分出的种类也不同。下面提供几种题材以供参考。

图 4－13

动物题材图案设计如图 4 – 14 所示。

图 4 – 14

植物题材图案设计如图 4 – 15 所示。

图 4 – 15

卡通题材图案设计如图 4 – 16 所示。

图 4 – 16

运动题材图案设计如图 4 – 17 所示。

图 4 – 17

文字题材图案设计如图 4 - 18 所示。

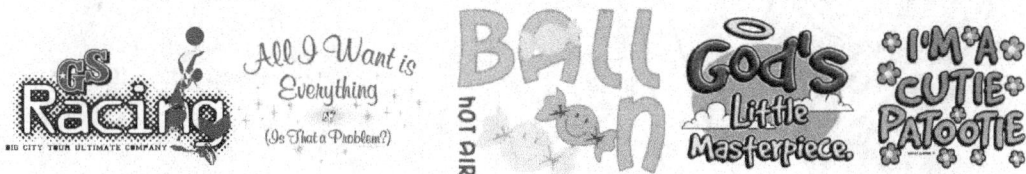

图 4 - 18

其他题材图案设计如图 4 - 19 所示。

图 4 - 19

（3）T 恤款式设计参考实例。

①女式 T 恤款式设计实例。女式 T 恤款式设计实例如图 4 - 20 所示。

图 4 - 20

图 4－20

图 4-20

②男式 T 恤款式设计实例。男式 T 恤款式设计实例如图 4 - 21 所示。

图 4 - 21

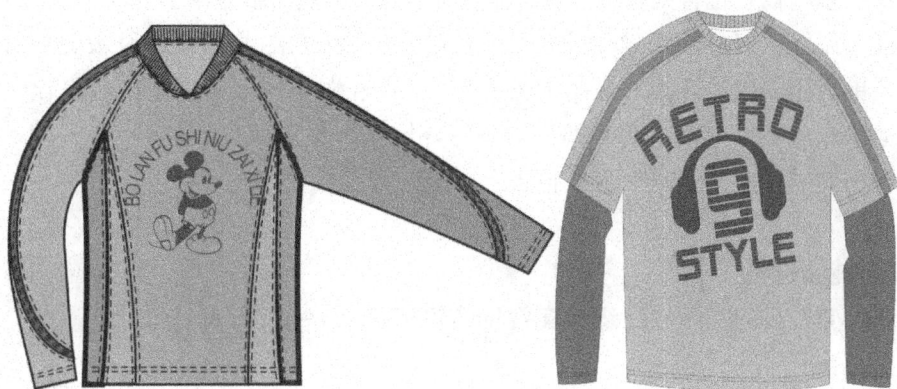

图 4 - 21

实训三十一　针织外套的设计与制作

一、实训目的与要求

1. 了解针织外套的局部设计及整体款式设计要领。
2. 自行设计一个系列(4 款)针织外套,画出款式图。
3. 依据款式,设计规格尺寸、制作样板、画出排料图并计算用料。
4. 选出其中一款制作出成衣。

二、实训材料与工具

1. 直尺、软尺、曲线板、剪刀、划粉、裁剪台、缝纫设备。
2. 绘图纸、样板纸、笔、针织面料等。

三、实训任务

1. 查找参考资料,自行设计系列款式。
2. 画出款式图,标明测量部位、测量方法并设计各部位规格尺寸。
3. 测试面料的缝制自然回缩率。
4. 计算样板各部位的规格尺寸,画出样板图,经检验核查后剪成纸样。
5. 排料,修正弯套部位。
6. 裁剪、缝制、检验成衣的穿着效果,修改使其达到预期效果。

四、实训报告要求及作业

1. 系列款式图上需附设计构思、灵感来源。
2. 需详细说明缝制自然回缩率的测试步骤及方法。

3. 制图线条流畅并符合要求、标注正确规范、构图合理、图纸整洁。

4. 样板上需标明刀眼位置、丝缕方向、产品名称、号型规格、样板名称及裁剪数量。

5. 工艺单内容需包括详细的缝制工艺流程、产品名称、编号、采用坯布名称、产品规格、用料门幅、段长、设计者、审核者等内容。

6. 所缝制的样衣需拍成照片附在报告上。

五、实训辅导材料

1. 针织外套常见的领型。针织外套常见的领型如图 4 - 22 所示。

图 4 - 22

2. 针织外套/运动衫常见的袖型。针织外套/运动衫常见的袖型如图 4 - 23 所示。

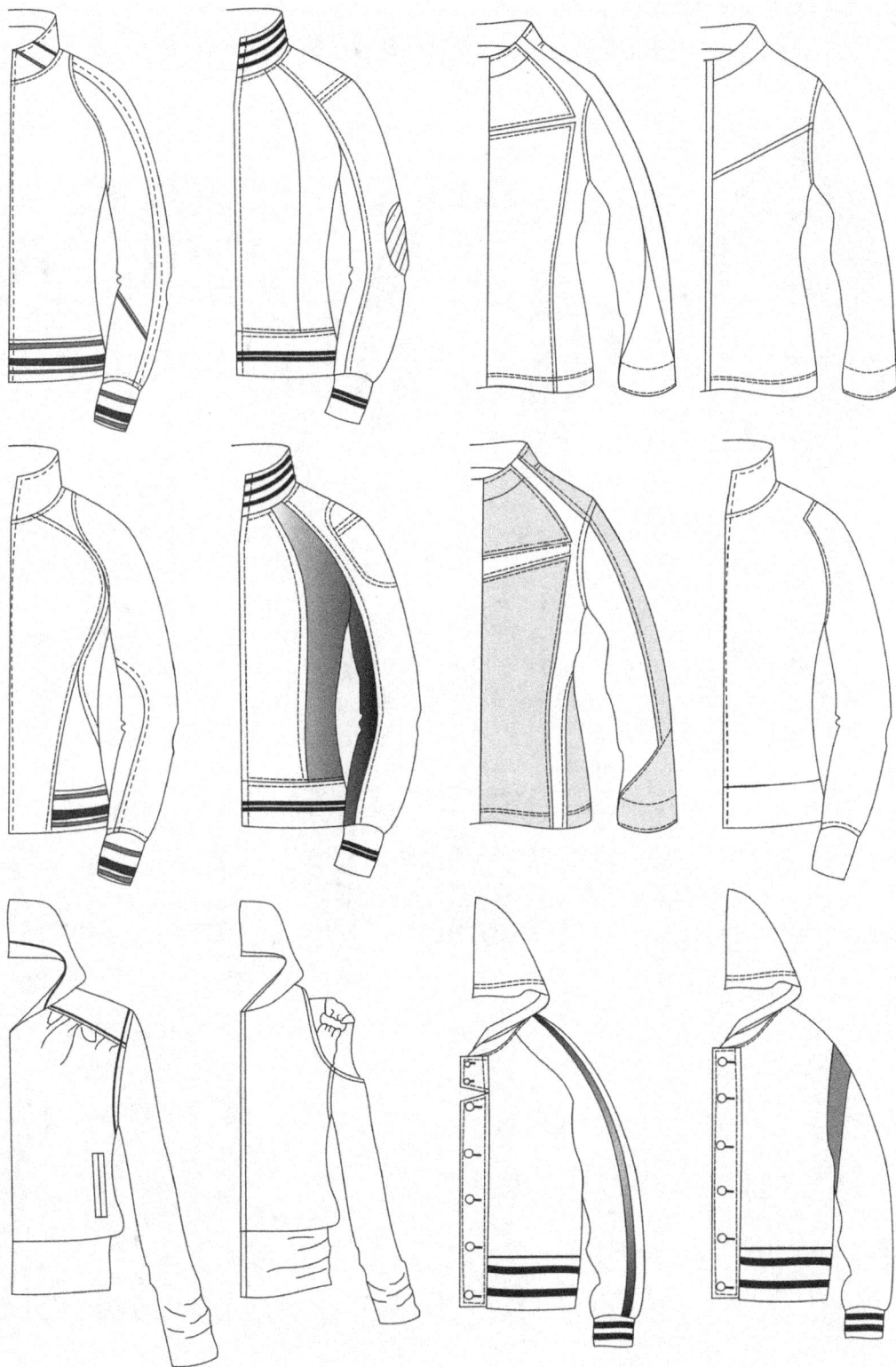

图 4 – 23

3. 针织外套款式设计参考实例。

（1）女针织外套款式设计实例。女针织外套款式设计实例如图 4 – 24 所示。

图 4 – 24

图 4 - 24

图 4 – 24

（2）男针织外套款式设计实例。男针织外套款式设计实例如图 4 – 25 所示。

图 4 – 25

图 4 - 25

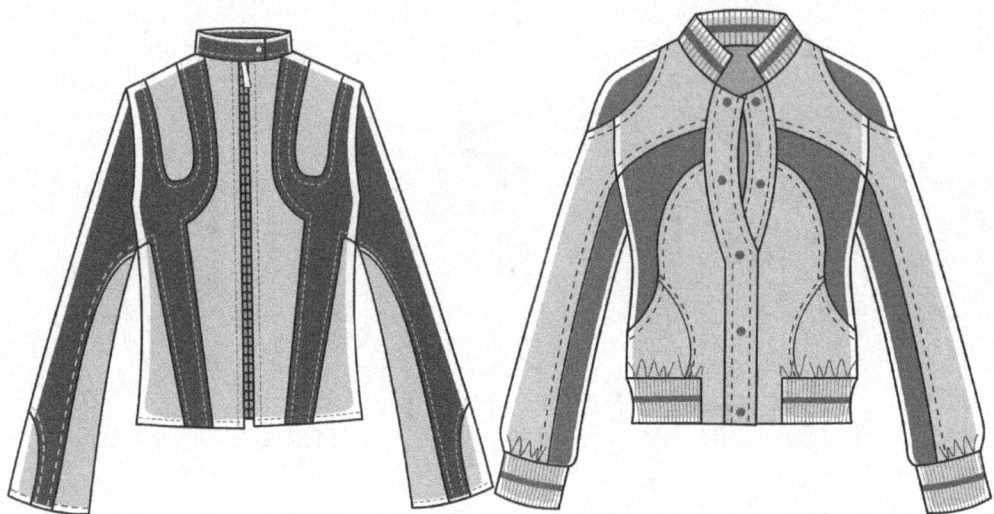

图 4 – 25

实训三十二　针织裙装/裤装的设计与制作

一、实验目的与要求

1. 了解针织裙装/裤装的整体款式设计要领。
2. 自行设计一个系列(4 款)针织裙装/裤装,画出款式图。
3. 依据款式,设计规格尺寸、制作样板、画出排料图并计算用料。
4. 选出其中一款制作出样衣。

二、实验材料与工具

1. 直尺、软尺、曲线板、剪刀、划粉、裁剪台、缝纫设备。
2. 绘图纸、样板纸、笔、针织面料等。

三、实验步骤与方法

1. 查找参考资料,自行设计系列款式。
2. 画出款式图,标明测量部位、测量方法并设计各部位规格尺寸。
3. 测试面料的缝制自然回缩率。
4. 计算样板各部位的规格尺寸,画出样板图,经检验核查后剪成纸样。
5. 排料,修正弯套部位。
6. 裁剪、缝制,检验成衣的穿着效果,修改使其达到预期效果。

四、实验报告要求及作业

1. 系列款式图上需附设计构思、灵感来源。

2. 需详细说明缝制自然回缩率的测试步骤及方法。

3. 制图线条流畅并符合要求、标注正确规范、构图合理、图纸整洁。

4. 样板上需标明刀眼位置、丝缕方向、产品名称、号型规格、样板名称及裁剪数量。

5. 工艺单内容需包括详细的缝制工艺流程、产品名称、编号、采用坯布名称、产品规格、用料门幅、段长、设计者、审核者等内容。

6. 所缝制的样衣需拍成照片附在报告上。

五、实验辅导材料

1. 针织半截短裙款式设计参考实例。针织半截短裙款式设计参考实例如图 4－26 所示。

图 4－26

2. 针织套裙款式设计参考实例。针织套裙款式设计参考实例如图 4－27 所示。

图 4 - 27

图 4 - 27

3. 针织短裤款式设计参考实例。针织短裤款式设计参考实例如图 4 – 28 所示。

图 4 - 28

图 4 – 28

4. 针织长裤款式设计参考实例。针织长裤款式设计参考实例如图 4 – 29 所示。

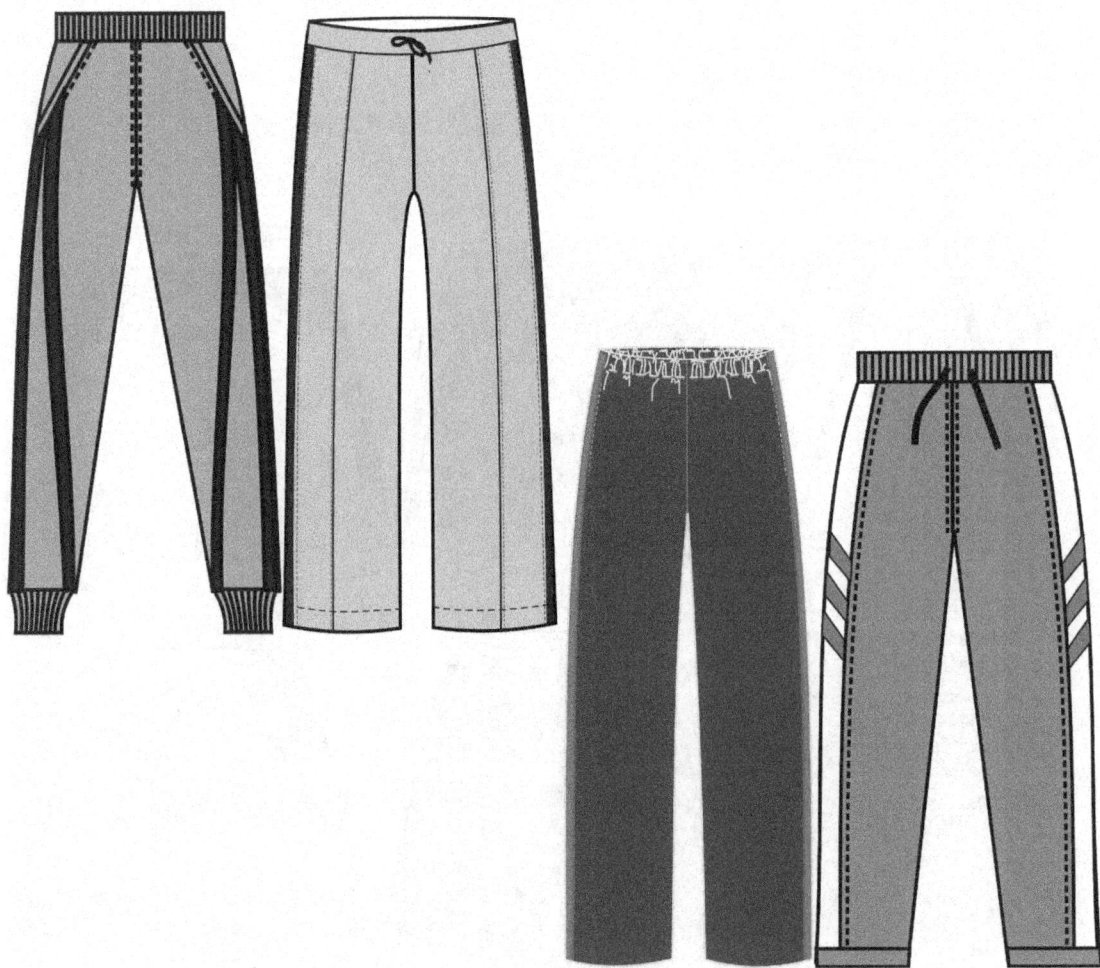

图 4 – 29

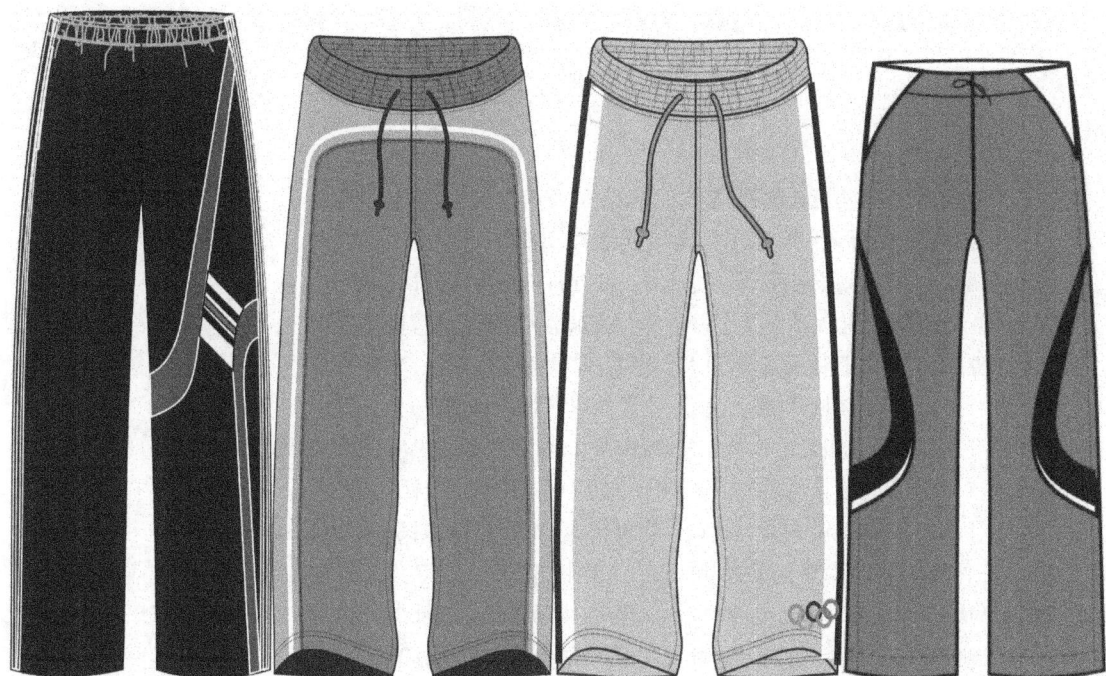

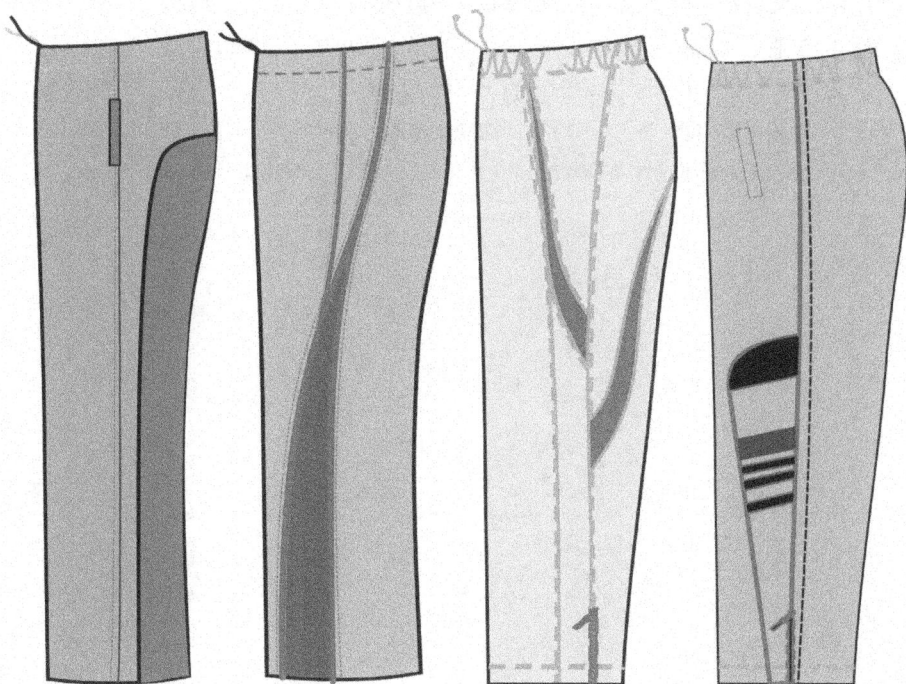

图 4－29

参考文献

[1] 印建荣.内衣结构设计教程[M].北京:中国纺织出版社,2006.

[2] 宋哲.服装机械[M].北京:中国纺织出版社,2000.

[3] 杨明才.工业缝纫设备手册[M].南京:江苏科学技术出版社,1996.

[4] 彭立云.服装结构制图与工艺[M].南京:东南大学出版社,2005.

[5] 彭立云.服装工业制板与推板[M].南京:东南大学出版社,2006.

[6] 薛福平.针织服装设计[M].北京:中国纺织出版社,2002.

[7] 毛莉莉,等.针织服装结构与工艺设计[M].北京:中国纺织出版社,2006.

[8] 李津.针织服装设计与生产工艺[M].北京:中国纺织出版社,2005.

[9] 马仲岭.CorelDRAW 童装款式设计案例精选[M].北京:人民邮电出版社,2007.

[10] 马仲岭.CorelDRAW 运动装款式设计案例精选[M].北京:人民邮电出版社 2007.

[11] 贺庆玉.针织服装设计与生产[M].北京:中国纺织出版社,2007.

[12] 桂继烈.针织服装设计基础[M].北京:中国纺织出版社,2001.

[13] 刘国联.成衣生产技术管理[M].北京:高等教育出版社,2003.

[14] 李世波,金惠琴.针织缝纫工艺[M].3 版.北京:中国纺织出版社,2006.

[15] 蒋蕙钧.服装材料[M].南京:江苏科学技术出版社,2004.

[16] 杨明才.工业缝纫设备手册[M].南京:江苏科学技术出版社,1996.

[17] 袁仄.服装设计学[M].北京:中国纺织出版社,2000.

[18] 孙金阶.服装机械原理[M].北京:中国纺织出版社,2004.

[19] 邹奉元.服装工业样板制作原理与技巧[M].杭州:浙江大学出版社,2006.

书目:针织类

书 名	作 者	定价(元
英汉汉英针织词汇	本书编委会	80.00
针织工业词典	孙锋	68.00
针织工程手册(经编分册)	本书编委会	45.00
针织工程手册(纬编分册)	本书编委会	45.00
针织工程手册(人造毛皮分册)	本书编委会	45.00
针织工程手册(染整分册)	本书编委会	30.00
羊毛衫生产简明手册	孟家光	35.00
【普通高等教育"十一五"国家级规划教材(高职高专)】		
针织服装设计与生产	贺庆玉	35.00
【纺织高等教育"十一五"部委级规划教材】		
针织学(双语)	宋广礼等译	40.00
针织厂设计(第二版)	李津等	45.00
针织工艺概论(第二版)	赵展谊	32.00
【普通高等教育"十五"国家级规划教材】		
针织学	龙海如	32.00
【纺织高职高专"十一五"部委级规划教材】		
羊毛衫生产工艺(第二版)	丁钟复	28.00
针织工艺概论(第二版)	赵展谊	32.00
【纺织高等教育"十五"部委级规划教材】		
针织服装设计与生产工艺	李津	38.00
羊毛衫设计与生产工艺	孟家光	45.00
【纺织高等教育教材】		
成形针织产品设计与生产	宋广礼	30.00
横机羊毛衫生产工艺与 CAD	姚晓林	32.00
针织英语(第二版)	刘正芹、汪黎明等	38.00
针织物组织与产品设计	杨尧栋等	38.00
针织工艺与设备	许吕崧等	30.00
针织服装设计	宋小霞	39.80
【纺织职业技术教育教材】		
针织工艺学(经编分册)	沈雷等	22.00
针织工艺学(纬编分册)	贺庆玉	28.00
针织服装设计	薛福平	24.00
针织概论(第二版)	贺庆玉	20.00
【其他】		
横机羊毛衫生产工艺设计(第二版)	杨荣贤	28.00
针织面料跟单	李志民等	29.80
针织生产技术 380 问	沈大齐　桂训虞	32.00
经编工艺设计与质量控制	许期颐等	28.00
针织大圆机的使用与维护	李志民等	20.00
针织大圆机新产品开发	李志民等	28.00

注　若本书目中的价格与成书价格不同,则以成书价格为准。中国纺织出版社市场营销部门市、函购电话:
(010)64168110 或登陆我们的网站查询最新书目。
中国纺织出版社网址:www.c-textilep.com